CMP BOOKS
机工工控

自动化技术轻松入门丛书

第**2**版
2th EDITION

S7-200 SMART
PLC
完全精通教程

微课版

向晓汉 ◎ 主编

U0258265

机械工业出版社
CHINA MACHINE PRESS

本书从基础和实用出发，主要内容包括 S7-200 SMART PLC 入门、PLC 通信和变频器。全书分两个部分，第一部分为基础入门，主要介绍 S7-200 SMART PLC 的硬件和接线、STEP 7-Micro/WIN SMART 软件的使用、PLC 的编程语言、编程方法与调试；第二部分为提高与应用，包括 PLC 的通信、PLC 在过程控制中的应用、PLC 在变频调速中的应用和运动控制等。

本书内容丰富，重点突出，强调知识的实用性，几乎每章都配有实用的例题，便于读者模仿学习，另外每章配有习题供读者训练。大部分实例都有详细的软件、硬件配置清单，并配有接线图和程序。本书的资源中有重点内容的程序和操作视频资料，扫描书中二维码即可获得或观看。

本书可以作为工程技术人员学习 S7-200 SMART PLC 的参考书，也可以作为大中专院校机电类、信息类专业的教材。

图书在版编目（CIP）数据

S7-200 SMART PLC 完全精通教程／向晓汉主编. —2 版. —北京：机械工业出版社，2024.6

（自动化技术轻松入门丛书）

ISBN 978-7-111-75152-6

Ⅰ. ①S… Ⅱ. ①向… Ⅲ. ①PLC 技术-教材 Ⅳ. ①TM571.6

中国国家版本馆 CIP 数据核字（2024）第 038343 号

机械工业出版社（北京市百万庄大街22号　邮政编码100037）

策划编辑：李馨馨　　　　　　　责任编辑：李馨馨　王　荣

责任校对：曹若菲　丁梦卓　　　责任印制：刘　媛

涿州市般润文化传播有限公司印刷

2024 年 7 月第 2 版第 1 次印刷

184mm×260mm · 17.5 印张 · 445 千字

标准书号：ISBN 978-7-111-75152-6

定价：69.80 元

电话服务　　　　　　　　　　　网络服务

客服电话：010-88361066　　　机 工 官 网：www.cmpbook.com

　　　　　010-88379833　　　机 工 官 博：weibo.com/cmp1952

　　　　　010-68326294　　　金 书 网：www.golden-book.com

封底无防伪标均为盗版　　　机工教育服务网：www.cmpedu.com

前　　言

随着计算机技术的发展，以可编程序控制器、变频器调速和计算机通信等技术为核心的新型电气控制系统逐渐取代了传统的继电器电气控制系统，并广泛应用于各行业。由于西门子 S7-200 系列 PLC 具有很高的性价比，因此在工控市场占有非常大的份额，应用十分广泛。S7-200 SMART PLC 是 S7-200 系列 PLC 升级版本，而且价格略低，应用前景广泛。本书力求简单和详细，用较多的实例引领读者入门，让读者读完入门部分后，能完成简单的工程。应用部分精选实际工程案例，供读者模仿学习，以提高解决实际问题的能力。为了使读者能更好地掌握相关知识，我们在总结长期的教学经验和工程实践的基础上，联合相关企业人员，共同编写了本书，力争使读者通过阅读就能学会 S7-200 SMART PLC。

本书的第 1 版已经出版了十年，深受广大工程人员欢迎，拥有众多的读者，并且被多所学校选作教材。近些年，西门子的 S7-200 SMART PLC 进行了多次固件升级，增加了很多功能，因此技术更新和读者的需求是这次改版的主要动力。此外，新一代的工控人有着和以往不同的学习习惯，新媒体对这一代人产生了深远影响。为了适应这种变化，编者特意制作了微课，读者只需扫描二维码便可观看微课视频，再配合文字讲解，学习效果一定会更好。

我们在编写过程中，将一些生动的微课实例融入书中，以提高读者的学习兴趣。本书与其他相关书籍相比，具有以下特点。

1）用实例引导学习。本书的大部分章节用精选的例子进行讲解，如用例子说明现场通信实现的全过程。

2）重点的例子都包含软硬件的配置方案图、原理图和程序，而且为确保正确性，所有程序都已经在 PLC 上运行通过。

3）对于重点章节，配有微课视频，便于读者学习。

4）本书实用性强，实例很容易进行工程移植，以方便学以致用。

5）本书与时俱进，融入当前的热点新技术，如 SINAMICS V90 伺服驱动系统、智能仪表和扫码器等，热点新技术选入本书并作为工作任务，这确保了内容的先进性。

全书共分 10 章。第 3、4、5、6、8、10 章由无锡职业技术学院的向晓汉编写，第 1、2 章由西安中诺工业自动化科技有限公司的郭浩编写，第 7、9 章由无锡雷华科技有限公司陆彬编写。本书由向晓汉任主编，陆金荣任主审。

由于编者水平有限，缺点和错误在所难免，敬请读者批评指正，编者将万分感激！

编　者

目　　录

PLC 基础

本章介绍介绍 PLC（可编程序控制器）的功能、特点、应用范围、在我国的使用情况、结构和工作原理等知识，还有 PLC 外围电路常用低压电器，使读者初步了解 PLC，为学习本书后续内容做必要准备。

1.1 认识 PLC

1.1.1 PLC 是什么

PLC 是可编程序控制器的简称，国际电工委员会（IEC）于 1985 年对 PLC 做了如下定义：PLC 是一种数字运算操作的电子系统，专为在工业环境下应用而设计。它采用可编程序的存储器，用来在其内部存储执行逻辑运算、顺序控制、定时、计数和算术运算等操作的指令，并通过数字、模拟的输入和输出，控制各种类型的机械或生产过程。PLC 及其有关设备，都应按易于与工业控制系统连成一个整体、易于扩充功能的原则设计。PLC 是一种工业计算机，其种类繁多，不同厂家的产品有各自的特点，但作为工业标准设备，PLC 又有一定的共性。知名品牌的 PLC 外形如图 1-1 所示。

a) 西门子PLC　　b) 罗克韦尔（AB）PLC　　c) 三菱PLC　　d) 信捷PLC

图 1-1　知名品牌的 PLC 外形

1.1.2 PLC 的发展历史

20 世纪 60 年代以前，汽车生产线的自动控制系统基本上都是由继电器控制装置构成。当时每次改型都直接导致继电器控制装置的重新设计和安装，美国福特汽车公司创始人亨利·福特曾说过："不管顾客需要什么，我生产的汽车都是黑色的。"从侧面反映汽车改型和升级换代比较困难。为了改变这一现状，1969 年，美国通用汽车（GM）公司公开招标，要求用新的装置取代继电器控制装置，并提出十项招标指标，要求编程方便、现场可修改程序、维修方便、采用模块化设计、体积小及可与计算机通信等。同一年，美国数字设备公司（DEC）研制出了世界上第一台 PLC，即 PDP-14，在美国通用汽车公司的生产线上试用成功，并取得了令人满意的效果，PLC 从此诞生。由于当时的 PLC 只能取代继电器、接触器控制，功能仅限于逻辑运算、计时和计数等，所以被称为可编程逻辑控制器（Programmable Logic Controller）。伴随着微电子技术、控制技术与信息技术的不断发展，PLC 的功能不断增强。美国电气制造商协会（NEMA）于 1980 年正式将其命名为可编程序控制器（PC），由于它的简称和个人计算机的简称相同，容易混淆，因此在我国，很多人仍然习惯称 PLC。

　　由于 PLC 具有易学易用、操作方便、可靠性高、体积小、通用灵活和使用寿命长等一系列优点，因此很快就在工业中得到了广泛应用。同时，这一新技术也受到其他国家的重视。1971 年日本引进这项技术，很快研制出日本第一台 PLC；1973 年欧洲研制出第一台 PLC；我国从 1974 年开始研制，1977 年国产 PLC 正式投入工业应用。

　　20 世纪 80 年代以来，随着电子技术的迅猛发展，以 16 位和 32 位中央处理器（CPU）构成的微机化 PLC 得到快速发展，例如美国通用电气（GE）公司的 RX7i 使用的是赛扬 CPU，其主频达 1 GHz，信息处理能力几乎和个人计算机相当，使得 PLC 在设计、性能价格比以及应用方面有了突破，不仅控制功能增强、功耗和体积减小、成本下降、可靠性提高以及编程和故障检测更为灵活方便，而且随着远程 I/O（输入输出）与通信网络、数据处理和图像显示的发展，PLC 已经普遍用于控制复杂的生产过程。PLC 已经成为工厂自动化的三大支柱（PLC、机器人、CAD/CAM）之一。

1.1.3　PLC 的应用范围

　　目前，PLC 在国内外已广泛应用于专用机床、机床、控制系统、楼宇自动化、钢铁、石油、化工、电力、建材、汽车、纺织机械、交通运输、环保以及文化娱乐等各行各业。随着 PLC 性价比不断提高，其应用范围还将不断扩大，其应用场合可以说是无处不在，具体应用大致可归纳为如下六类。

1. 顺序控制

　　顺序控制是 PLC 最基本、最广泛的应用领域，它取代了传统的继电器顺序控制。PLC 用于单机控制、多机群控制和自动化生产线的控制，如数控机床、注塑机、印刷机械、电梯控制和纺织机械等。

2. 计数和定时控制

　　PLC 为用户提供了足够的定时器和计数器，并设置相关的定时和计数指令，PLC 的计数器和定时器精度高、使用方便，可以取代继电器系统中的时间继电器和计数器。

3. 位置控制

　　目前大多数的 PLC 制造商都提供拖动步进电动机或伺服电动机的单轴或多轴位置控制模块，这一功能广泛用于各种机械，如金属切削机床和装配机械等。

4. 模拟量处理

　　PLC 通过模拟量的 I/O 模块，实现模拟量与数字量的转换，并对模拟量进行控制，有的还具有 PID（比例积分微分）控制功能，可用于锅炉的水位、压力和温度控制等。

5. 数据处理

　　现代的 PLC 具有算术运算、数据传递、转换、排序和查表等功能，也能完成数据的采集、分析和处理。

6. 通信联网

PLC 的通信包括 PLC 之间、与上位计算机以及与其他智能设备之间的通信。PLC 系统与通用计算机可以直接或通过通信处理单元、通信转接器相连构成网络，实现信息的交换，并可构成"集中管理、分散控制"的分布式控制系统，满足工厂自动化系统的需要。

1.1.4 PLC 的分类与性能指标

1. PLC 的分类

（1）按组成结构形式分类 可以将 PLC 分为两类：一类是整体式（单元式）PLC，其特点是电源、中央处理单元和 I/O 接口都集成在一个机壳内；另一类是标准模板式结构化（组合式）PLC，其特点是电源模板、中央处理单元模板和 I/O 模板等在结构上是相互独立的，可根据具体的应用要求，选择合适的模块，安装在固定的机架或导轨上，构成一个完整的 PLC 应用系统。

（2）按 I/O 点数分类

① 小型 PLC。小型 PLC 的 I/O 点数一般在 128 点以下。

② 中型 PLC。中型 PLC 采用模块化结构，其 I/O 点数一般在 256~1024 点之间。

③ 大型 PLC。大型 PLC 的 I/O 点数一般在 1024 点以上。

2. PLC 的性能指标

各厂家的 PLC 虽然各有特色，但其主要性能指标是相同的。

（1）I/O 点数 I/O 点数是最重要的一项技术指标，是指 PLC 面板上连接外部输入、输出的端子数，常被称为点数，用输入与输出点数的和表示。I/O 点数越多表示 PLC 可接入的输入器件和输出器件越多，控制规模越大。I/O 点数是进行 PLC 选型时最重要的指标之一。

（2）扫描速度 扫描速度是指 PLC 执行程序的速度，以 ms/K 为单位，即执行 1K（1K＝1024）步指令所需的时间。1 步占 1 个地址单元。

（3）存储容量 存储容量通常用字（W）、字节（B）或位（bit）来表示。有的 PLC 用"步"来衡量，1 步占用 1 个地址单元。存储容量表示 PLC 能存放多少用户程序，例如，型号为 FX2N-48MR 的三菱 PLC 存储容量为 8000 步。有的 PLC 的存储容量可以根据需要配置，有的 PLC 的存储器可以扩展。

（4）指令系统 指令系统表示该 PLC 编程功能的强弱。指令越多，编程功能就越强。

（5）内部寄存器（继电器） PLC 内部有许多寄存器，用来存放变量、中间结果和数据等，还有许多辅助寄存器可供用户使用。因此寄存器的配置也是衡量 PLC 功能的一项指标。

（6）扩展能力 扩展能力是反映 PLC 性能的重要指标之一。PLC 除了主控模块外，还可配置实现各种特殊功能的功能模块，如 AD（模数）模块、DA（数模）模块、高速计数模块和远程通信模块等。

1.1.5 知名 PLC 介绍

1. 国外 PLC 品牌

目前 PLC 在我国得到了广泛的应用，很多知名厂家的 PLC 在我国都有应用。

1）美国是 PLC 生产大国，有 100 多家 PLC 生产厂家。其中 AB 公司（罗克韦尔）的 PLC 产品规格比较齐全，主推大中型 PLC，如 PLC-5 系列。GE 也是知名 PLC 生

微课：
认识 PLC

产厂商，大中型 PLC 产品系列有 RX3i 和 RX7i 等。德州仪器也生产大、中、小全系列 PLC 产品。

2）欧洲的 PLC 产品也久负盛名。德国的西门子公司、AEG 公司和法国的 TE 公司都是欧洲著名的 PLC 制造商，其中西门子公司的 PLC 产品与 AB 公司的 PLC 产品齐名。

3）日本的小型 PLC 具有一定的特色，性价比较高，比较有名的品牌有三菱、欧姆龙、松下、富士、日立和东芝等，在小型机市场，日系 PLC 的市场份额曾经高达 70%。

2. 国产 PLC 品牌

我国有超过 30 家自主品牌的 PLC 生产厂家。从技术角度来看，国产小型 PLC 与国际知名品牌小型 PLC 差距并不大。有的国产 PLC 针对亚洲用户的使用习惯开发了许多方便的指令，其应用越来越广泛。例如，深圳汇川、无锡信捷、北京和利时和台北台达等公司生产的微型 PLC 已经比较成熟，其可靠性在许多应用中得到了验证，已经被用户广泛认可。然而，大中型 PLC 与国外品牌之间还存在一定的差距。

如果没有自主可控的 PLC 技术，PLC 作为一个计算机产品，有被恶意攻击的可能，所以工程技术人员习惯使用自主可控自动控制设备是非常关键的。

1.2　PLC 的结构和工作原理

1.2.1　PLC 的硬件组成

PLC 种类繁多，但其基本结构和工作原理相同。PLC 的功能结构区由 CPU、存储器和 I/O 接口三部分组成，如图 1-2 所示。

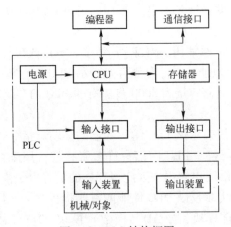

图 1-2　PLC 结构框图

1. CPU

CPU 的功能是完成 PLC 内所有的控制和监视操作。CPU 一般由控制器、运算器和寄存器组成。CPU 通过数据总线、地址总线和控制总线与存储器、I/O 接口电路连接。

2. 存储器

PLC 使用两种类型的存储器：一种是 ROM（只读存储器），如 EPROM（可擦编程只读存储器）和 EEPROM（电擦除可编程只读存储器），另一种是可读写的 RAM（随机存储器）。PLC 的存储器分为五个区域，如图 1-3 所示。

图1-3　存储器的区域划分

程序存储器的类型是ROM，PLC的操作系统存放在这里，操作系统的程序由制造商固化，通常不能修改。存储器中的程序负责解释和编译用户编写的程序、监控I/O口的状态、对PLC进行自诊断和扫描PLC中的程序等。系统存储器属于RAM，主要用于存储中间计算结果、数据和系统管理，有的PLC厂家用系统存储器存储一些系统信息如错误代码等，系统存储器不对用户开放。I/O状态存储器属于RAM，用于存储I/O装置的状态信息，每个输入模块和输出模块都在I/O映像表中分配一个地址，而且这个地址是唯一的。数据存储器属于RAM，主要用于数据处理功能，为计数器、定时器、算术计算和过程参数提供数据存储。有的厂家将数据存储器细分为固定数据存储器和可变数据存储器。用户存储器的类型可以是RAM、EPROM和EEPROM，高档的PLC还可以用FLASH存储器。用户存储器主要用于存放用户编写的程序。存储器的关系如图1-4所示。

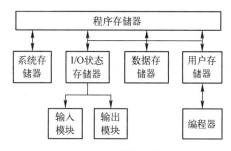

图1-4　存储器的关系

ROM可以用来存放系统程序，PLC断电后再上电，系统内容不变且重新执行。ROM也可用来固化用户程序和一些重要参数，以免因偶然操作失误而造成程序和数据的破坏或丢失。RAM中一般存放用户程序和系统参数。当PLC进行编程工作时，CPU从RAM中取指令并执行。用户程序执行过程中产生的中间结果也在RAM中暂时存放。RAM通常由CMOS型集成电路组成，功耗小，但断电时内容消失，所以一般使用大电容或后备锂电池保证掉电后PLC的内容在一定时间内不丢失。

3. I/O接口

PLC的输入和输出信号可以是数字量或模拟量。I/O接口是PLC内部弱电（Low Power）信号和工业现场强电（High Power）信号联系的桥梁。I/O接口主要有两个作用：一是利用内部的电隔离电路将工业现场和PLC内部进行隔离，起保护作用；二是调理信号，可以把不同的信号（如强电、弱电信号）调理成CPU可以处理的信号（5 V、3.3 V或2.7 V等）。I/O接口如图1-5所示。

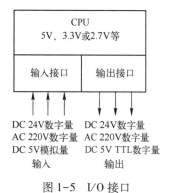

图1-5　I/O接口

I/O 接口模块是 PLC 系统中最大的部分，I/O 接口模块通常需要电源，输入电路的电源可以由外部提供，对于模块化的 PLC 还需要背板（安装机架）。

（1）输入接口电路

1）输入接口电路的组成和作用。输入接口电路由接线端子、信号调理和电平转换电路、状态显示电路、电隔离电路与多路选择开关模块组成，如图 1-6 所示。现场信号必须连接在接线端子才可能将信号输入到 CPU 中，接线端子提供了外部信号输入的物理接口；信号调理和电平转换电路十分重要，可以将工业现场的信号（如强电 AC 220 V 信号）转化成电信号（CPU 可以识别的弱电信号）；当外部有信号输入时，输入模块上有指示灯显示，状态显示电路比较简单；当线路中有故障时，它帮助用户查找故障，由于氖灯或 LED（发光二极管）灯的寿命比较长，所以通常用氖灯或 LED 灯；电隔离电路主要利用电隔离器件将工业现场的机械或者电输入信号和 PLC 的 CPU 信号隔开，它能确保过高的电干扰信号和浪涌不串入 PLC 的 CPU，起保护作用，通常有三种隔离方式，用得最多的是光隔离，其次是变压器隔离和干簧继电器隔离；多路选择开关接受调理完成的输入信号，并存储在多路选择开关模块中，当输入循环扫描时，多路选择开关模块中的信号输送到 I/O 状态存储器中。

图 1-6 输入接口电路的组成

2）输入信号和输入设备。输入信号可以是离散信号，也可以是模拟信号。当输入信号是离散信号时，输入设备的类型可以是按钮、转换开关、继电器（触点）、行程开关、接近开关和压力继电器等；当输入信号是模拟信号时，输入设备的类型可以是力传感器、温度传感器、流量传感器、电压传感器、电流传感器和压力传感器等。I/O 接口如图 1-7 所示，具体接线在第 2 章讲解。

（2）输出接口电路

1）输出接口电路的组成和作用。输出接口电路由多路选择开关模块、信号锁存器、电隔离电路、状态显示电路、输出电平转换电路和接线端子组成，如图 1-8 所示。在输出扫描期间，多路选择开关模块接收来自映像表中的输出信号，并对这个信号的状态和目标地址进行译码，最后将信息送给信号锁存器；信号锁存器将多路选择开关模块的信号保存起来，直到下一次更新；输出模块的电隔离电路作用和输入模块的一样，但是由于输出信号比输入信号强得多，因此要求输出模块隔离电磁干扰和浪涌的能力更高，PLC 的电磁兼容性（EMC）好，适用于绝大多数的工业场合；输出电平转换电路将隔离电路送来的信号放大成可以足够驱动现场设备的信号，放大器件可以是双向晶闸管、晶体管和干簧继电器等；接线端子用于将输出模块与现场设备的连接。

2）PLC 有三种输出接口形式：继电器输出、晶体管输出和晶闸管输出。继电器输出的 PLC 的负载电源可以是直流电源或交流电源，但输出响应频率较低，其内部电路如图 1-9 所示。晶体管输出的 PLC 负载电源是直流电源，输出响应频率较高，其内部电路如图 1-10 所示。晶闸管输出的 PLC 的负载电源是交流电源，西门子 S7-1200 PLC 的 CPU 模块暂时还没有晶闸管输出形式的产品出售，但三菱 FX 系列有这种产品。选型时要特别注意 PLC 的输出形式。

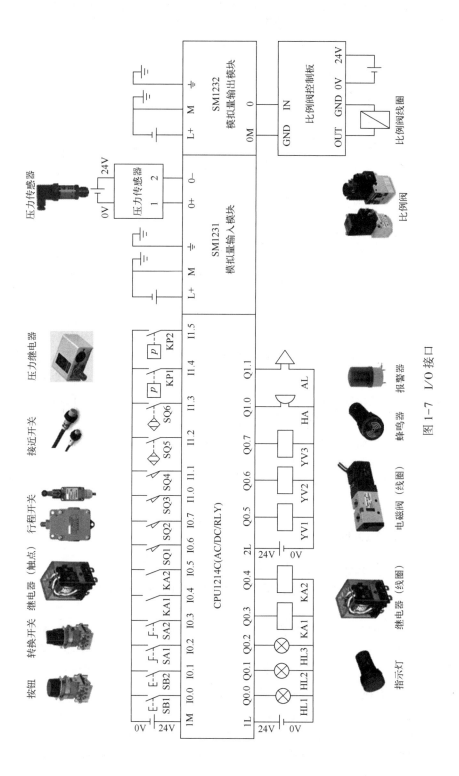

图 1-7 I/O 接口

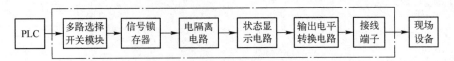

图1-8　输出接口电路的组成

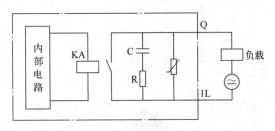

图1-9　继电器输出的 PLC 内部电路

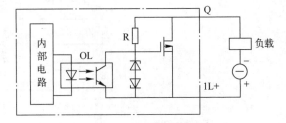

图1-10　晶体管输出的 PLC 内部电路

3）输出信号和输出设备。输出信号可以是离散信号，也可以是模拟信号。当输出信号是离散信号时，输出设备的类型可以是各类指示灯、继电器（线圈）、电磁阀（线圈）、蜂鸣器和报警器等，如图1-7所示。当输出信号是模拟信号时，输出设备的类型可以是比例阀、AC 驱动器（如交流伺服驱动器）、DC 驱动器、模拟量仪表、温度控制器和流量控制器等。

【关键点】继电器输出型 PLC 虽然响应速度慢，但其驱动能力强，一般为 2A，这是继电器输出型 PLC 的一个重要的优点。一些特殊型号的，PLC，如西门子 LOGO! 逻辑控制模块中某些型号的驱动能力可达 5A 或 10A，能直接驱动接触器。此外，从图1-9中可以看出，继电器输出型 PLC 一般的误接线通常不会引起 PLC 内部器件的烧毁（不允许电压高于 AC 220 V）。因此，继电器输出型 PLC 是选型时的首选，在工程实践中，用得比较多。

晶体管输出型 PLC 的输出电流一般小于 1A，西门子 S7-1200 的输出电流为 0.5A（西门子有的型号的 PLC 输出电流为 0.75A），可见晶体管输出型 PLC 的驱动能力较小。此外，从图1-10中可以看出，晶体管输出型 PLC 一般的误接线可能会引起 PLC 内部器件的烧毁，所以要特别注意。

1.2.2　PLC 的工作原理

PLC 是一种存储程序的控制器。用户根据某一对象的具体控制要求，编制好控制程序后，用编程器将程序输入到 PLC（或用计算机下载到 PLC）的用户存储器中寄存。PLC 的控制功能就是通过运行用户程序来实现的。

PLC 运行程序的方式与微型计算机相比有较大的不同。微型计算机运行程序时，一旦执行到 END 指令，程序运行便结束；而 PLC 从 0 号存储地址所存放的第一条用户程序开始，在无中断或跳转的情况下，按存储地址号递增的方向顺序逐条执行用户程序，直到 END 指令结束，然后再从头开始执行，周而复始地重复，直到停机或从运行（RUN）切换到停止（STOP）工作状态。PLC 这种执行程序的方式被称为扫描工作方式。每扫描完一次程序就构成一个扫描周期。另外，PLC 对输入、输出信号的处理与微型计算机不同。微型计算机对输入、输出信号实时处理，而 PLC 对输入、输出信号集中批处理。下面具体介绍 PLC 的扫描工作方式，PLC 内部运行和信号处理示意如图1-11所示。

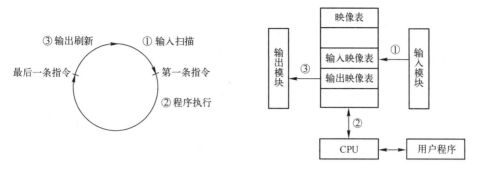

图 1-11　PLC 内部运行和信号处理示意图

PLC 的扫描工作方式主要分为三个阶段：输入扫描、程序执行和输出刷新。

1. 输入扫描

PLC 在开始执行程序之前，首先扫描输入端，按顺序将所有输入信号读入到寄存器-输入状态的输入映像寄存器中，这个过程被称为输入扫描。PLC 在运行程序时，所需的输入信号不是实时取输入端子上的信息，而是取输入映像寄存器中的信息。在本工作周期内这个采样结果的内容不会改变，只有到下一个扫描周期的输入扫描阶段才被刷新。PLC 的扫描速度取决于 CPU 的时钟速度。

2. 程序执行

PLC 完成了输入扫描工作后，按顺序对从 0 号地址的程序开始进行逐条扫描执行，并分别从输入映像寄存器、输出映像寄存器和辅助继电器中获得所需的数据进行运算处理，再将程序执行的结果写入输出映像寄存器中保存。但这个结果在全部程序未被执行完毕之前不会送到输出端子上，也就是物理输出是不会改变的。扫描时间取决于程序的长度、复杂程度和 CPU 的功能。

3. 输出刷新

在执行到 END 指令，即执行完所有用户程序后，PLC 将输出映像寄存器中的内容送到输出锁存器中进行输出，驱动用户设备。扫描时间取决于输出模块的数量。

从以上的介绍可以知道，PLC 程序扫描特性决定了 PLC 的输入和输出状态并不能在扫描的同时改变，例如一个按钮开关输入信号的输入刚好在输入扫描之后，那么这个信号只有在下一个扫描周期才能被读入。

上述三个阶段是 PLC 的软件处理过程，所需要的时间可以认为就是程序扫描时间。扫描时间通常由三个因素决定：一是 CPU 的时钟速度，越高档的 CPU，时钟速度越快，扫描时间越短；二是 I/O 模块的数量，I/O 模块数量越少，扫描时间越短；三是程序的长度，程序越短，扫描时间越短。一般 PLC 执行容量为 1K 步的程序需要的扫描时间是 1~10 ms。

图 1-12 所示为 PLC 循环扫描工作过程。

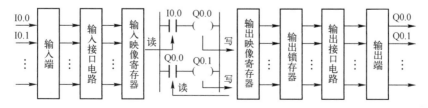

图 1-12　PLC 循环扫描工作过程

1.2.3　PLC 的立即输入、输出功能

一般 PLC 都有立即输入功能和立即输出功能。

1. 立即输入功能

立即输入功能适用于对反应速度要求很严格的场合，如几毫秒的时间对于控制来说十分关键的情况。立即输入时，PLC 立即挂起正在执行的程序，扫描输入模块，然后更新特定的输入状态到输入映像表，最后继续执行剩余的程序。立即输入过程如图 1-13 所示。

2. 立即输出功能

立即输出功能就是输出模块在处理用户程序时，能立即被刷新。立即输出时，PLC 临时挂起（中断）正常运行的程序，将输出映像表中的信息输送到输出模块，立即进行输出刷新，然后再回到程序中继续运行。立即输出过程如图 1-14 所示。需要注意的是，立即输出功能并不能立即刷新所有的输出模块。

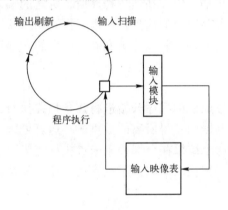

图 1-13　立即输入过程

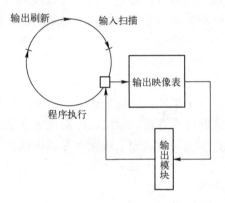

图 1-14　立即输出过程

习　　题

一、简答题

1. PLC 的主要性能指标有哪些？

2. PLC 主要用在哪些场合？

3. PLC 是怎样分类的？

4. PLC 的发展趋势是什么？

5. PLC 的结构主要有哪几个部分？

6. PLC 的输入和输出模块主要有哪几个部分？每部分的作用是什么？

7. PLC 的存储器可以细分为哪几个部分？

8. 简述 PLC 的扫描过程。

9. 举例说明哪些常见设备可以作为 PLC 的输入设备和输出设备。

10. 什么是立即输入和立即输出？在哪种场合应用？

二、选择题

1. PLC 是在（　　）基础上发展起来的。

A. 继电器控制系统   B. 单片机   C. 工业计算机   D. 机器人

2. 工业中直流控制电压一般是（ ）。

  A. 24 V   B. 36 V   C. 110 V   D. 220 V

3. 工业中控制电压一般是（ ）。

  A. 交流   B. 直流   C. 混合式   D. 交变电压

4. 电磁兼容性英文缩写是（ ）。

  A. MAC   B. EMC   C. CME   D. AMC

5. 工厂自动化的三大支柱是（ ）。

  A. 机器人   B. PLC   C. CAD/CAM   D. 机器视觉

第2章

S7-200 SMART PLC 的硬件介绍

本章主要介绍 S7-200 SMART PLC 的 CPU 模块及其扩展模块的技术性能和接线方法，以及 S7-200 SMART PLC 的安装和电源的需求计算。

2.1 S7-200 SMART PLC 概述

S7-200 SMART PLC 的 CPU 标准型模块中有 20 点、30 点、40 点和 60 点四类，每类又分为继电器输出和晶体管输出两种形式。经济型 CPU 模块中也有 20 点、30 点、40 点和 60 点四类，目前只有继电器输出形式。

2.1.1 西门子 S7 系列模块简介

德国的西门子公司是欧洲最大的电子和电气设备制造商之一，生产的 SIMATIC PLC 在欧洲处于领先地位。其第一代 PLC 是 1975 年投放市场的 SIMATIC S3 系列控制系统。1979 年，西门子公司将微处理器技术应用到 PLC 中，研制出了 SIMATIC S5 系列，取代了 S3 系列，目前 S5 系列产品仍然有小部分在工业现场使用。20 世纪末，西门子公司又在 S5 系列的基础上推出了 S7 系列产品。最新的 SIMATIC 产品为 SIMATIC S7 和 C7 等几大系列。C7 是基于 S7-300 系列 PLC 性能制造，同时集成了 HMI（人机界面）。

SIMATIC S7 系列产品分为通用逻辑模块（LOGO!）、S7-200 PLC、S7-200 SMART PLC、S7-1200 PLC、S7-300 PLC、S7-400 PLC 和 S7-1500 PLC 七个产品系列。S7-200 PLC 是在西门子公司收购的小型 PLC 的基础上发展而来的，因此其指令系统、程序结构和编程软件与 S7-300/400 PLC 有区别，在西门子 PLC 产品系列中是一个特殊的产品。S7-200 SMART PLC 是 S7-200 PLC 的升级版本，是西门子家族的新成员，于 2012 年 7 月发布，其绝大多数的指令和使用方法与 S7-200 PLC 类似，编程软件也与 S7-200 PLC 类似，而且在 S7-200 PLC 中运行的程序，大部分都可以在 S7-200 SMART PLC 中运行。S7-1200 PLC 是在 2009 年推出的新型小型 PLC，定位在 S7-200 PLC 和 S7-300 PLC 产品之间。S7-300/400 PLC 由西门子的 S5 系列发展而来，是西门子公司最具竞争力的 PLC 产品。2013 年西门子公司又推出了新品 S7-1500 PLC 系列产品。西门子 SIMATIC 控制器的定位、主要任务和性能特征见表 2-1。

表 2-1　西门子 SIMATIC 控制器的定位、主要任务和性能特征

序号	控制器	定位	主要任务和性能特征
1	LOGO!	低端的独立自动化系统中简单的开关量解决方案和智能逻辑控制器	简单自动化 作为时间继电器、计数器和辅助继电器的替代开关设备 模块化设计，柔性应用 有数字量、模拟量和通信模块 用户界面友好，配置简单 使用拖放功能和智能电路开发
2	S7-200 PLC/ S7-200CN PLC	低端的离散自动化系统和独立自动化系统中使用的紧凑型逻辑控制器模块	串行模块结构、模块化扩展 紧凑设计，CPU 集成 I/O 实时处理能力，高速计数器和报警输入和中断 易学易用的软件 多种通信选项
3	S7-200 SMART PLC	低端的离散自动化系统和独立自动化系统中使用的紧凑型逻辑控制器模块，是 S7-200 PLC 的升级版本	串行模块结构、模块化扩展 紧凑设计，CPU 集成 I/O 集成了 PROFINET 接口 实时处理能力，高速计数器和报警输入和中断 易学易用的软件 多种通信选项
4	S7-1200 PLC	低端的离散自动化系统和独立自动化系统中使用的小型控制器模块	可升级及灵活的设计 集成了 PROFINET 接口 集成了强大的计数、测量、闭环控制及运动控制功能 直观高效的 STEP 7 Basic 工程系统可以直接组态控制器和 HMI
5	S7-300 PLC	中端的离散自动化系统中使用的控制器模块	通用型应用和丰富的 CPU 模块种类 高性能 模块化设计，紧凑设计 由于使用 MMC（微存储卡）存储程序和数据，系统免维护
6	S7-400 PLC	高端的离散和过程自动化系统中使用的控制器模块	特别强的通信和处理能力 定点加法或乘法的指令执行速度最快为 0.03 μs 大型 I/O 框架和最高 20 MB 的主内存 快速响应，实时性强，垂直集成 支持热插拔和在线 I/O 配置，避免重启 具备等时模式，可以通过 PROFIBUS 控制高速机器
7	S7-1500 PLC	中高端系统中使用的控制器模块	S7-1500 PLC 控制器除了包含多种创新技术之外，还设定了新标准，最大程度提高生产效率。无论是小型设备还是对速度和准确性要求较高的复杂设备装置都适用 SIMATIC S7-1500 PLC 无缝集成到 TIA 博途软件，极大提高了工程组态的效率

2.1.2　S7-200 SMART PLC 的产品特点

S7-200 SMART PLC 是在 S7-200 PLC 的基础上发展而来的，它具有一些新的优良特性，具体有以下八个方面。

1. 机型丰富，选择更多

提供不同类型、I/O 点数丰富的 CPU 模块，单体 I/O 点数最高可达 60 点，可满足大部分小型自动化设备的控制需求。另外，CPU 模块有标准型和经济型供用户选择，对于不同的应用需求，产品配置更加灵活，以便最大限度地控制成本。

2. 选件扩展，精确定制

新颖的信号板设计可扩展通信端口、数字量通道、模拟量通道。在不额外占用电控柜空

间的前提下，信号板扩展能更加贴合用户的实际配置，提高产品的利用率，同时降低用户的扩展成本。

3. 高速芯片，性能卓越

配备西门子专用高速处理器芯片，基本指令执行时间可达 0.15 μs，在同级别小型 PLC 中遥遥领先。一颗强有力的"芯"，能在应对烦琐的程序逻辑及复杂的工艺要求时表现得从容不迫。

4. 以太互联，经济便捷

CPU 模块本体标配以太网（Ethernet）接口，集成了强大的以太网通信功能。通过一根普通的网线即可将程序下载到 PLC 中，方便快捷，省去了专用编程电缆。而且以太网接口还可与其他 CPU 模块、触摸屏、计算机进行通信，轻松组网。

5. 三轴脉冲，运动自如

CPU 模块本体最多集成三路高速脉冲输出，频率高达 100 kHz，支持 PWM/PTO（脉冲宽度调制/脉冲串输出）输出方式以及多种运动模式，可自由设置运动包络，配以方便易用的向导设置功能，快速实现设备调速、定位等功能。

6. 通用 SD 卡，方便下载

本机集成 Micro SD 卡插槽，使用市面上通用的 Micro SD 卡即可实现程序的更新和 PLC 固件升级，极大地方便了客户工程师对最终用户的服务支持，也省去了因 PLC 固件升级而返厂服务的不便。

7. 软件友好，编程高效

在继承西门子编程软件强大功能的基础上，STEP 7-Micro/WIN SMART 编程软件融入了更多的人性化设计，如新颖的带状式菜单、全移动式界面窗口、方便的程序注释功能、强大的密码保护等，还能在体验强大功能的同时，大幅提高开发效率，缩短产品上市时间。

8. 完美整合，无缝集成

SIMATIC S7-200 SMART PLC、SMART LINE 触摸屏和 SINAMICS V20 变频器完美整合，为 OEM（原始设备制造商）客户带来高性价比的小型自动化解决方案，满足客户对于人机交互、控制和驱动等功能的全方位需求。

2.2 S7-200 SMART PLC 的 CPU 模块及其接线

2.2.1 S7-200 SMART PLC 的 CPU 模块介绍

全新的 S7-200 SMART PLC 带来两种不同类型的 CPU 模块——标准型和经济型，全方位满足不同行业、不同客户、不同设备的各种需求。标准型作为可扩展 CPU 模块，可满足对 I/O 规模有较大需求、逻辑控制较为复杂的应用；而经济型 CPU 模块直接通过单机本体满足相对简单的控制需求。

1. S7-200 SMART PLC 的 CPU 外部介绍

S7-200 SMART PLC 的 CPU 将微处理器、集成电源和多个数字量 I/O 点集成在一个紧凑的盒子中，形成功能比较强大的 S7-200 SMART PLC，其外形如图 2-1 所示。以下按照图中序号为顺序介绍 S7-200 SMART PLC 外部各部分的功能。

1）集成以太网口，用于的程序下载、设备组网。它使程序下载更加方便快捷，节省了购买专用通信电缆的费用。

2）通信及运行状态指示灯，用于显示 PLC 的工作状态，如运行状态、停止状态和强制状态等。

3）导轨安装卡子，用于安装时将 PLC 锁紧在 35 mm 的标准导轨上，安装便捷。同时此 PLC 也支持螺钉式安装。

4）接线端子。S7-200 SMART PLC 所有模块的输入、输出接线端子均可拆卸，而 S7-200 PLC 没有这个优点。

5）扩展模块接口，用于连接扩展模块，插针式连接使模块连接更加紧密。

图 2-1　S7-200 SMART PLC 外形

6）通用 Micro SD 卡，支持程序下载和 PLC 固件更新。

7）指示灯。I/O 点接通时，指示灯会亮。

8）信号扩展版安装处。信号板扩展实现精确化配置，同时不占用电控柜空间。

9）RS-485 串口，用于串口通信，如自由口通信、USS 通信和 Modbus 通信等。

2. S7-200 SMART PLC 的 CPU 技术性能

西门子公司的 CPU 是 32 位的。西门子公司提供多种类型的 CPU，以适应各种应用要求，不同的 CPU 有不同的技术参数，CPU ST40（DC/DC/DC）的规格表见表 2-2。读懂这个规格表是很重要的，设计者在选型时，必须要参考这个表格。例如选用晶体管输出时，输出电流为 0.5A，若使用这个点控制一台电动机的起停，设计者必须考虑这个电流是否能够驱动接触器，从而决定是否增加一个中间继电器。

表 2-2　CPU ST40（DC/DC/DC）的规格表

序号	技术参数		说明
常规规范			
1	可用电流（EM 总线）		最大 1400 mA（DC 5 V）
2	功耗		18 W
3	可用电流（DC 24 V）		最大 300 mA（传感器电源）
4	数字量输入电流消耗（DC 24 V）		所用的每点输入 4 mA
CPU 特征			
1	用户存储器	程序	24 KB
		用户数据	16 KB
		保持性	最大 10 KB
2	板载数字量 I/O		24/16
3	过程映像大小		256 位输入/256 位输出
4	位存储器（M）		256 位
5	信号模块扩展		最多 6 个

序号	技术参数	说明
	CPU 特征	
6	信号板扩展	最多 1 个
7	高速计数器	单相时，4 个 200 kHz，2 个 30 kHz；A/B 相时，2 个 100 kHz，2 个 20 kHz，总共 6 个
8	脉冲输出	3 个，每个 100 kHz
9	存储卡	Micro SD 卡（可选）
10	实时时钟精度	每月 120 s
	性能	
1	布尔运算	每条指令用时 0.15 μs
2	移动字	每条指令用时 1.2 μs
3	实数数学运算	每条指令用时 3.6 μs
	支持的用户程序元素	
1	累加器数量	4 个
2	定时器的类型/数量	非保持型（TON、TOF）：192 个 保持型（TONR）：64 个
3	计数器数量	256 个
	通信	
1	端口数	以太网：1 个 PN 口
		串行端口：1 个 RS-485 口
		附加串行端口：（带有可选 RS-232/485 信号板）
2	HMI 设备	每个端口 8 个
3	连接	以太网 8 个，串行端口 4 个
4	数据传输速率	以太网：10/100 Mbit/s RS-485 系统协议：9600 bit/s、19200 bit/s 和 187500 bit/s RS-485 自由端口：1200~115200 bit/s
5	隔离（外部信号与 PLC 逻辑侧）	以太网：变压器隔离，AC 1500 V RS-485：无
6	电缆类型	以太网：CAT5e 屏蔽电缆 RS-485：PROFIBUS 网络电缆
	数字量 I/O	
1	电压范围（输出）	DC 20.4~28.8 V
2	每点的额定最大输出电流	0.5 A
3	额定电压（输入）	4 mA 时 DC 24 V，额定值
4	允许的连续电压（输入）	最大 DC 30 V

3. S7-200 SMART PLC 的 CPU 工作方式

CPU 前面板即存储卡插槽的上部有三盏指示灯，用于显示当前工作方式。指示灯为绿色，表示运行工作方式；指示灯为红色，表示停止工作方式；标有 "SF" 的灯亮，表示系统故障，PLC 停止工作。

CPU 处于运行工作方式时，PLC 按照自己的工作方式运行用户程序。运行工作方式可以通过 PLC 上的旋钮设定，也可以在编译软件中设定。

CPU 处于停止工作方式时，不执行程序。进行程序的上传和下载时，都应将 CPU 置于停止工作方式。停止工作方式可以通过 PLC 上的旋钮设定，也可以在编译软件中设定。

2.2.2 S7-200 SMART 系列 CPU 模块的接线

微课：
CPU 模块的
接线

1. CPU Sx40 的输入端接线

S7-200 SMART 系列 CPU 的输入端接线与三菱 FX 系列的输入端接线不同，后者不需要接入直流电源，其电源由系统内部提供，而 S7-200 SMART 系列 CPU 的输入端必须接入直流电源。

下面以 CPU Sx40 为例介绍输入端的接线。1M 为输入端的公共端子，与 DC 24 V 电源相连，电源有两种连接方法，分别对应 PLC 的 NPN 型和 PNP 型接法。当电源的负极与公共端子相连时，为 PNP 型接法，如图 2-2 所示，N 和 L1 端子为交流电的电源接入端子，通常为 AC 120~240 V，为 PLC 提供电源，当然也有直流供电的；当电源的正极与公共端子相连时，为 NPN 型接法，如图 2-3 所示，M 和 L+端子为 DC 24 V 的电源接入端子，为 PLC 提供电源，当然也有交流供电的，注意这对端子不是电源输出端子。

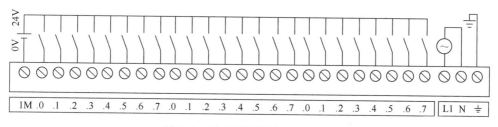

图 2-2 输入端的接线（PNP 型）

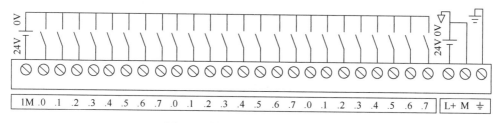

图 2-3 输入端的接线（NPN 型）

初学者往往不容易区分 PNP 型和 NPN 型的接法，经常混淆，只要记住以下方法，就不会出错：把 PLC 作为负载，以输入开关（通常为接近开关）为对象，若信号从开关流出（信号从开关流出，向 PLC 流入），则 PLC 的输入端接线为 PNP 型接法；把 PLC 作为负载，以输入开关（通常为接近开关）为对象，若信号从开关流入（信号从 PLC 流出，向开关流入），则 PLC 的输入端接线为 NPN 型接法。三菱的 FX 系列 PLC（FX3U 除外）只支持 NPN 型接法。

【例 2-1】有一台 CPU Sx40，输入端有一个三线 PNP 型接近开关和一个二线 PNP 型接近开关，应如何接线？

解 对于 CPU Sx40，公共端接电源的负极；对于三线 PNP 型接近开关，只要将其正、负极分别与电源的正、负极相连，将信号线与 PLC 的 I0.0 相连即可；对于二线 PNP 型接近开关，只要将电源的正极分别与其正极相连，将信号线与 PLC 的 I0.1 相连即可，如图 2-4

所示。

2. CPU Sx40 的输出端接线

S7-200 SMART 系列 CPU 的数字量输出有两种形式：一种是 24 V 直流输出（即晶体管输出），另一种是继电器输出。标注"CPU ST40（DC/DC/DC）"的含义是：第一个"DC"表示供电电源电压为 DC 24 V；第二个"DC"表示输入端的电源电压为 DC 24 V；第三个"DC"表示输出端电压为 DC 24 V。在 CPU 的输出端接线端子旁边印刷有"DC 2 V OUTPUTS"字样，"T"的含义就是晶体管输出。标注"CPU SR40（AC/DC/继电器）"的含义是："AC"表示供电电源电压为 AC 120~240 V，通常用 AC 220 V；"DC"表示输入端的电源电压为 DC 24 V；"继电器"表示输出为继电器输出。在 CPU 的输出端接线端子旁边印刷有"RELAY OUTPUTS"字样，"R"的含义就是继电器输出。

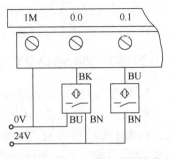

图 2-4　例 2-1 输入端的接线

目前 DC 24 V 输出只有一种形式，即 PNP 型输出，也就是常说的高电平输出。这一点与三菱 FX 系列 PLC 不同，三菱 FX 系列 PLC（FX3U 除外，FX3U 有 PNP 型和 NPN 型两种可选择的输出形式）为 NPN 型输出，也就是低电平输出。理解这一点十分重要，特别是利用 PLC 进行运动控制（如控制步进电动机时）时，必须考虑这一点。

晶体管输出的 CPU 输出端接线（PNP 型）如图 2-5 所示。继电器输出没有方向性，可以是交流信号，也可以是直流信号，但不能使用 220 V 以上的交流电，特别是 380 V 的交流电容易误接入。继电器输出的 CPU 输出端接线如图 2-6 所示，可以看出，输出端是分组安排的，每组既可以是直流电源，也可以是交流电源，而且每组电源的电压大小可以不同，接直流电源时，没有方向性。在接线时，务必看清接线图。M 和 L+端子为 DC 24 V 的电源输出端子，为传感器供电，注意这对端子不是电源输入端子。

在给 CPU 进行供电接线时，一定要分清是哪一种供电方式，如果把 AC 220 V 接到 DC 24 V 供电的 CPU 上，或者不小心接到 DC 24 V 传感器的输出电源上，都会造成 CPU 的损坏。

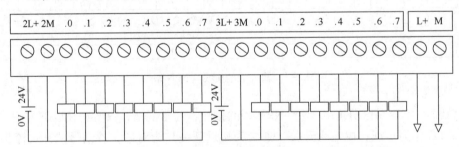

图 2-5　晶体管输出的 CPU 输出端接线（PNP 型）

【例 2-2】有一台 CPU SR40，控制一个 DC 24 V 电磁阀和一个 AC 220 V 电磁阀，输出端应如何接线？

解　因为两个电磁阀的线圈电压不同，而且有直流和交流两种电压，所以如果不经过转换，只能用继电器输出的 CPU，而且两个电磁阀分别接在两个组中。接线图如图 2-7 所示。

【例 2-3】有一台 CPU ST40，控制两台步进电动机和一台三相异步电动机的起停，三相异步电动机的起停由一个接触器控制，接触器的线圈电压为 AC 220 V，输出端应如何接线？

（步进电动机部分的接线可以省略。）

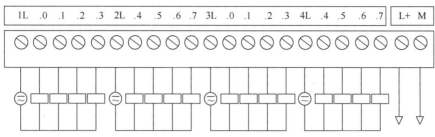

图 2-6　继电器输出的 CPU 输出端接线

解　因为要控制两台步进电动机，所以要选用晶体管输出的 CPU，而且必须用 Q0.0 和 Q0.1 作为输出高速脉冲点控制步进电动机，但接触器的线圈电压为 AC 220 V，所以电路要经过转换，增加中间继电器 KA。接线图如图 2-8 所示。

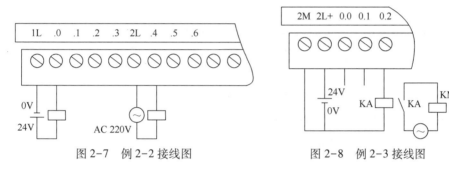

图 2-7　例 2-2 接线图　　　　　　图 2-8　例 2-3 接线图

2.3　S7-200 SMART PLC 扩展模块及其接线

　　通常 S7-200 SMART PLC 的 CPU 只有数字量输入和数字量输出，要完成模拟量输入、模拟量输出、通信以及当数字量 I/O 点不够时，都应该选用扩展模块来解决问题。S7-200 SMART PLC 的 CPU 中只有标准型 CPU 才可以连接扩展模块，而经济型 CPU 是不能连接扩展模块的。S7-200 SMART PLC 有丰富的扩展模块供用户选用。S7-200 SMART PLC 的扩展模块包括数字量、模拟量输入/输出模块和混合模块（既能用作输入，又能用作输出）。

微课：
数字量模块
及接线

2.3.1　数字量输入和输出扩展模块

1. 数字量输入和输出扩展模块的规格

　　数字量输入和输出扩展模块包括数字量输入模块、数字量输出模块和数字量输入输出混合模块，当数字量 I/O 点不够时可选用。部分数字量输入和输出扩展模块规格表见表 2-3。

表 2-3　部分数字量输入和输出扩展模块规格表

型号	输入点	输出点	电压	功率/W	电流	
					SM 总线	DC 24 V
EM DE08	8	0	DC 24 V	1.5	105 mA	每点 4 mA
EM DT08	0	8	DC 20.4～28.8 V	1.5	120 mA	—

（续）

型号	输入点	输出点	电压	功率/W	电流	
					SM 总线	DC 24 V
EM DR08	0	8	DC 5~30 V 或 AC 5~250 V	4.5	120 mA	每个继电器线圈 11 mA
EM DT16	8	8	DC 20.4~28.8 V	2.5	145 mA	每点输入 4 mA
EM DR16	8	8	DC 5~30 V 或 AC 5~250 V	5.5	145 mA	每点输入 4 mA，所用的每个继电器线圈 11 mA

2. 数字量输入和输出扩展模块的接线

数字量输入和输出模块有专用的插针与 CPU 通信，并通过此插针由 CPU 向 I/O 扩展模块提供 DC 5 V 的电源。EM DE08 数字量输入模块接线图如图 2-9 所示，图中为 PNP 型输入，也可以为 NPN 型输入。

EM DT08 数字量晶体管输出模块接线图如图 2-10 所示，只能为 PNP 型输出。EM DR08 数字量继电器输出模块接线图如图 2-11 所示，L+ 和 M 端子是模块的 DC 24 V 供电接入端子，而 1L 和 2L 可以接入直流电源或交流电源，是给负载供电的，这点要特别注意。可以发现，数字量输入和输出扩展模块的接线与 CPU 的数字量输入和输出端子的接线是类似的。

当 CPU 和数字量扩展模块的 I/O 点有信号输入或输出时，LED 指示灯会亮，显示有输入或输出信号。

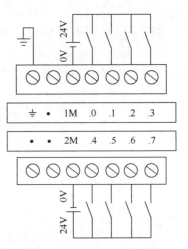

图 2-9　EM DE08 数字量输入模块接线图

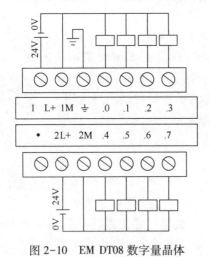

图 2-10　EM DT08 数字量晶体管输出模块接线图

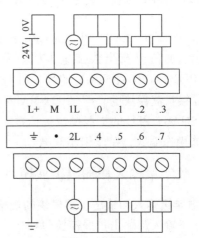

图 2-11　EM DR08 数字量继电器输出模块接线图

微课：模拟量模块及接线

2.3.2　模拟量输入和输出扩展模块

1. 模拟量输入和输出扩展模块的规格

模拟量输入和输出扩展模块包括模拟量输入模块、模拟量输出模块和模拟量输入输出混合模块。部分模拟量输入和输出扩展模块规格见表 2-4。

表 2-4　部分模拟量输入和输出扩展模块规格

型号	输入点	输出点	电压	功率/W	电源要求	
					SM 总线	DC 24 V
EM AE04	4	0	DC 24 V	1.5	80 mA	40 mA
EM AQ02	0	2	DC 24 V	1.5	60 mA	50 mA（无负载）
EM AM06	4	2	DC 24 V	2	80 mA	60 mA（无负载）

2. 模拟量输入和输出扩展模块的接线

S7-200 SMART PLC 的模拟量输入或输出模块用于输入或输出电流或电压信号。EM AE04 模拟量输入模块接线图如图 2-12 所示，通道 0 和 1 不能同时测量电流和电压信号，只能二选一；通道 2 和 3 也是如此。信号范围有 ±10 V、±5 V、±2.5 V 和 0~20 mA，满量程数据字为 −27648~27648，这点与 S7-300/400/1200/1500 PLC 相同，但不同于 S7-200 PLC（满量程数据字为 −32000~32000）。

EM AQ02 模拟量输出模块接线图如图 2-13 所示，两个模拟量输出电流或电压信号，可以按需要选择。信号范围有 ±10 V 和 0~20 mA，满量程数据字为 −27648~27648，这点与 S7-300/400 PLC 相同，但不同于 S7-200 PLC。

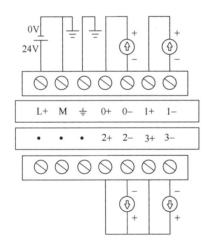

图 2-12　EM AE04 模拟
量输入模块接线图

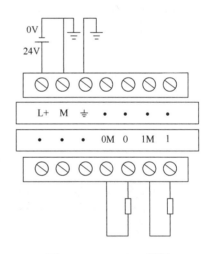

图 2-13　EM AQ02 模拟
量输出模块接线图

混合模块上有模拟量输入和输出，EM AM06 混合模块接线图如图 2-14 所示。

模拟量输入模块有两个参数容易混淆，即模拟量转换的分辨率和模拟量转换的精度（误差）。分辨率是模拟量转换芯片的转换精度，即用多少位的数值来表示模拟量。若 S7-200 SMART PLC 模拟量模块的转换分辨率是 12 位，则能够反映模拟量变化的最小单位是满量程的 1/4096。模拟量转换的精度除了取决于模拟量转换的分辨率，还受到转换芯片外围电路的影响。在实际应用中，输入的模拟量信号会有波动、噪声和干扰，内部模拟电路也会产生噪声、漂移，这些都会对转换的最后精度造成影响。这些因素造成的误差要大于模拟量转换芯片的转换误差。

当模拟量扩展模块为正常状态时，LED 指示灯显示为绿色；当模拟量扩展模块为供电状态时，LED 指示灯显示为红色闪烁。

使用模拟量扩展模块时，要注意以下问题。

1）模拟量扩展模块有专用的插针与 CPU 通信，并通过此插针由 CPU 向模拟量扩展模块提供 DC 5 V 的电源。此外，模拟量扩展模块必须外接 DC 24 V 电源。

2）每个模块能同时输入或输出电流或电压信号，对模拟量输入电压或电流信号的选择和对量程的选择都是通过组态软件进行，如图 2-15 所示，EM AM06 模块的通道 0 设定为电压信号，量程为±2.5 V，而 S7-200 的信号类型和量程是由 DIP（双列直插封装）开关设定的。

3）双极性信号就是信号在变化的过程中要经过 0，单极性信号不过 0。模拟量转换为数字量时，由于信号是有符号整数，所以双极性信号对应的数值会有负数。在 S7-200 SMART PLC 中，单极性模拟量信号的数值范围是 0～27648，双极性模拟量信号的数值范围是 －27648～27648。

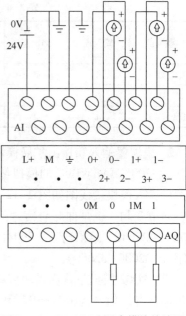

图 2-14　EM AM06 混合模块接线图

4）对于模拟量输入模块，传感器电缆线应尽可能短，而且应使用屏蔽双绞线，导线应避免弯成锐角。靠近信号源屏蔽线的屏蔽层应单端接地。

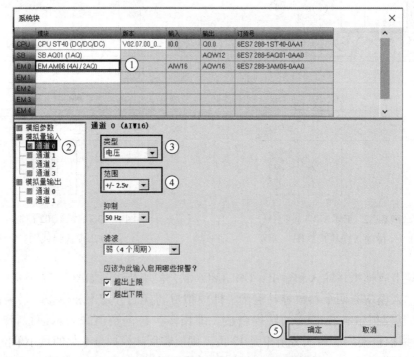

图 2-15　EM AM06 模块信号类型和量程选择

5）一般电压信号比电流信号容易受干扰，所以应优先选用电流信号。由于电压型模拟量信号输入端的内阻很高（S7-200 SMART PLC 的模拟量模块为 10 MΩ），极易引入干扰。一般电压信号是用在控制设备柜内电位器设置，或者距离非常近、电磁环境好的场合。电流信号不容易受到传输线沿途的电磁干扰，因而在工业现场获得广泛的应用。电流信号可以传输的距离比电压信号远得多。

6) 前述的 CPU 和扩展模块的数字量的输入和输出都有隔离保护，但模拟量的输入和输出没有隔离保护。如果用户的系统中需要隔离，要另行购买信号隔离器件。

7) 模拟量输入模块的电源地和传感器的信号地必须连接（工作接地），否则将会产生一个很高的上下振动的共模电压，影响模拟量输入值，可能导致测量结果变动很大、不稳定。

8) 西门子模拟量模块的端子排是上下两排分布，容易混淆。在接线时要特别注意，先接下面端子的线，再接上面端子的线，不要弄错端子号。

2.3.3　其他扩展模块

1. RTD 模块

RTD（温度传感器）模块的种类主要有 Pt、Cu、Ni 热电偶和热敏电阻，每个大类中又分为不同小类，用于采集温度信号。RTD 模块将传感器采集的温度信号转化成数字量。EM AR02 热电偶模块的接线如图 2-16 所示。

RTD 模块有四线式、三线式和二线式。四线式精度最高，二线式精度最低，而三线式使用较多，其接线图如图 2-17 所示。I+ 和 I- 是电流源端子，用来向传感器供电，而 M+ 和 M- 是测量信号的端子。四线式的 RTD 模块接线很容易，将模块一端的两根线分别与 M+ 和 I+ 相连接，而模块另一端的两根线与 M- 和 I- 相连

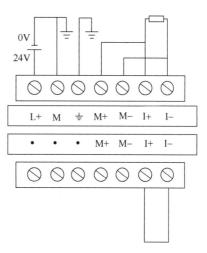

图 2-16　EM AR02 热电偶模块的接线

接；三线式的 RTD 模块有三根线，将模块一端的两根线分别与 M- 和 I- 相连接，而模块另一端的一根线与 I+ 相连接，再用一根导线将 M+ 和 I+ 短接；二线式的 RTD 模块有两根线，将模块两端的两根线分别与 I+ 和 I- 相连接，再用一根导线将 M+ 和 I+ 短接，用另一根导线将 M- 和 I- 短接。为了方便读者理解，图中细实线表示 RTD 模块自身的导线，粗实线表示外接的短接线。

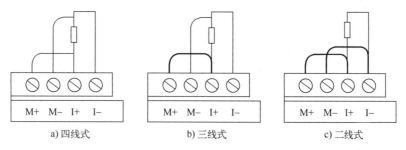

a) 四线式　　　　　　　b) 三线式　　　　　　　c) 二线式

图 2-17　RTD 模块的接线

2. 信号板

S7-200 SMART PLC 有信号板，这是 S7-200 PLC 所没有的。目前有 SB AQ01 模拟量输出模块、SB 2DI/2DQ 数字量 I/O 模块和 SB RS-485/RS-232 通信模块，以下分别介绍。

（1）SB AQ01 模拟量输出模块　SB AQ01 模块只有一个输出点，由 CPU 供电，不需要外接电源。输出电压或者电流，其电流范围是 0~20 mA，对应满量程为 0~27648，电压范围是−10 V~10 V，对应满量程为−27648~27648。SB AQ01 模块的接线如图 2-18 所示。

（2）SB 2DI/2DQ 数字量 I/O 模块　SB 2DI/2DQ 模块有两个数字量输入点和两个数字量输出点，输入点是 PNP 型和 NPN 型可选，这与 S7-200 SMART PLC 相同，输出点是 PNP 型。SB 2DI/2DQ 模块的接线如图 2-19 所示。

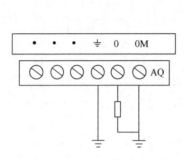

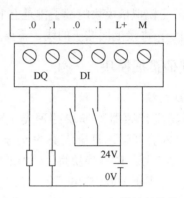

图 2-18　SB AQ01 模块的接线　　　　图 2-19　SB 2DI/2DQ 模块的接线

（3）SB RS-485/RS-232 通信模块　　SB RS-485/RS-232 模块可以作为 RS-232 模块或者 RS-485 模块使用，如果设计时选择的是 RS-485 模块，那么在硬件组态时，要选择 RS-485 类型、地址和波特率，如图 2-20 所示，选择"RS485"类型，地址为"2"波特率为 9.6 kbit/s。

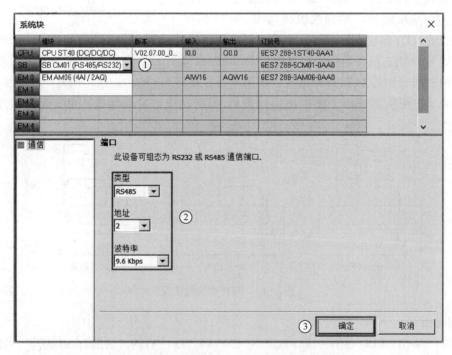

图 2-20　SB RS-485/RS-232 模块硬件组态选择

SB RS-485/RS-232 模块不需要外接电源，它直接由 CPU 模块供电，此模块的端子含义见表 2-5。

表 2-5　SB RS-485/RS-232 模块的端子含义

端子序号	功能	说明
1	功能性接地	
2	Tx/B	对于 RS-485 是接收+/发送+，对于 RS-232 是发送
3	RTS	
4	M	对于 RS-232 是接地
5	Rx/A	对于 RS-485 是接收-/发送-，对于 RS-232 是接收
6	5 V 输出（偏置电压）	

当 SB RS-485/RS-232 模块作为 RS-232 模块使用时，接线如图 2-21 所示，下侧是 DB9 插头，代表与 SB RS-485/RS-232 模块通信的设备的插头，而上侧是模块的接线端子。注意 DB9 的 RXD 接收数据与模块的 Tx/B 相连，DB9 的 TXD 发送数据与模块的 Rx/A 相连，这就是俗称的"跳线"。

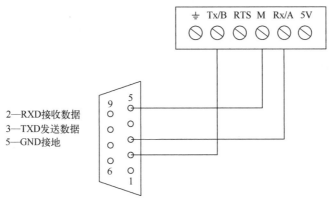

图 2-21　SB RS-485/RS-232 模块——RS-232 连接

当 SB RS-485/RS-232 模块作为 RS-485 模块使用时，接线如图 2-22 所示，下侧是 DB9 插头，代表与 SB RS-485/RS-232 模块通信的设备的插头，而上侧是模块的接线端子。注意 DB9 的 发送+/接收+ 与模块的 Rx/A 相连，DB9 的 发送-/接收- 与模块的 Tx/B 相连，RS-485 无须"跳线"。

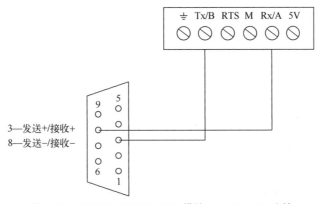

图 2-22　SB RS-485/RS-232 模块——RS-485 连接

【关键点】SB RS-485/RS-232 模块可以作为 RS-232 模块或者 RS-485 模块使用，但 CPU 上集成的串口只能作为 RS-485 使用。

2.4 最大输入和输出点配置

2.4.1 模块的地址分配

S7-200 SMART PLC 配置扩展模块后，扩展模块的起始地址根据其所在槽位的不同而有所不同，这点与 S7-200 PLC 是不同的，用户不能随意给定。扩展模块的起始地址要在"系统块"的硬件组态时，由软件系统给定，如图 2-23 所示。

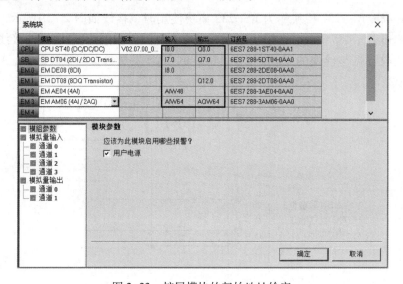

图 2-23 扩展模块的起始地址给定

S7-200 SMART PLC 最多能配置四个扩展模块，不同的槽位扩展模块的起始地址均不相同，见表 2-6。

表 2-6 不同的槽位扩展模块的起始地址

模块	CPU	信号面板	扩展模块 1	扩展模块 2	扩展模块 3	扩展模块 4
	I0. 0	I7. 0	I8. 0	I12. 0	I16. 0	I20. 0
	Q0. 0	Q7. 0	Q8. 0	Q12. 0	Q16. 0	Q20. 0
I/O 起始地址			AIW16	AIW32	AIW48	AIW64
		AQW12	AQW16	AQW32	AQW48	AQW64

2.4.2 最大输入和输出点配置

1. 最大 I/O 的限制条件

CPU 的输入和输出点映像区的大小限制，最大为 256 个输入和 256 个输出，但实际的 S7-200 SMART PLC 的 CPU 没有这么多，还要受到下面因素的限制。

1）CPU 本体的输入和输出点数的不同。

2）CPU 所能扩展的模块数目，标准型为六个，经济型不能扩展模块。

3）CPU 内部 5 V 电源是否满足所有扩展模块的需要，扩展模块的 5 V 电源不能外接电源，只能由 CPU 供给。

而在以上因素中，CPU 的供电能力对扩展模块的个数起决定影响，因此最为关键。

2. 最大 I/O 扩展能力示例

不同型号的 CPU 扩展能力不同，表 2-7 列举了 CPU 模块的最大 I/O 扩展能力。

表 2-7　CPU 模块的最大 I/O 扩展能力

CPU 模块	可以扩展的最大 DI/DO 和 AI/AO		5 V 电源/mA	DI	DO	AI	AO
CPU CR40	无		不能扩展				
CPU SR20	最大 DI/DO	CPU	1400	12	8		
		6×EM DT32 16DT/16DO，DC/DC	−1100	96	96		
		6×EM DR32 16DT/16DO，DC/Relay	−1080				
		总计	>0	108	104		
	最大 AI/AO	CPU	1400	12	8		
		1×SB 1AO	−15				1
		6×EM AE08 或 6×EM AQ04	−480			48	24
		总计	>0	12	8	48	25
CPU SR40/ST40	最大 DI/DO	CPU	1400	24	16		
		6×EM DT32 16DT/16DO，DC/DC	−1100	96	96		
		6×EM DR32 16DT/16DO，DC/Relay	−1080				
		总计	>0	120	112		
	最大 AI/AO	CPU	1400	24	16		
		1×SB 1AO	−15				1
		6×EM AE08 或 6×EM AQ04	−480			48	24
		总计	>0	24	16	48	25
CPU SR60/ST60	最大 DI/DO	CPU	1400	36	24		
		6×EM DT32 16DT/16DO，DC/DC	−1110	96	96		
		6×EM DR32 16DT/16DO，DC/Relay	−1080				
		总计	>0	132	120		
	最大 AI/AO	CPU	1400	36	24		
		1×SB 1AO	−15				1
		6×EM AE08 或 6×EM AQ04	−480			48	24
		总计	>0	36	24	48	25

以 CPU SR20 为例，对表 2-7 做一个解释。CPU SR20 自身有 12 个 DI（数字量输入），8 个 DO（数字量输出），由于受到总线电流（SM 电流，即 DC 5 V）限制，可以扩展 64 个 DI 和 64 个 DO，经过扩展后，DI/DO 分别能达到 76/72 个。最大可以扩展 16 个 AI（模拟量输入）和 9 个 AO（模拟量输出）。表 2-7 中其余 CPU 的各项含义与上述类似，在此不再赘述。

习　题

一、简答题

1. 举例说明常见的哪些设备可以作为 PLC 的输入设备和输出设备。

2. S7 系列的 PLC 有哪几类？

3. S7-200 SMART PLC 有什么特色？

4. S7-200 SMART PLC 的 CPU 有几种工作方式？下载文件时，能否使其置于运行工作方式？

5. 使用模拟量输入模块时，要注意什么问题？

6. 在例 2-2 中，能否不经过转换直接用晶体管输出的 CPU 代替？应该如何转换？

7. 如何进行 S7-200 SMART PLC 的电源需求计算？

8. S7-200 SMART PLC 的输入和输出怎样接线？

9. 西门子 PLC 有哪几个系列产品？其定位分别是什么？

二、选择题

1. PLC 自控系统中，哪个是模拟量 I/O 模块？（　　　）

　　A. EM AO02　　　　　　　　　　　　B. EM AE04

　　C. EM AM6　　　　　　　　　　　　 D. EM AR02

2. 西门子 S7-200 SMART PLC 的基本指令运算时间是（　　　）。

　　A. 0.15 μs　　　　B. 10 ms　　　　C. 1.5 ms　　　　D. 3 μs

3. 西门子 S7-200 SMART PLC 最多可以有（　　　）个点（含扩展）。

　　A. 168　　　　　　B. 128　　　　　　C. 256　　　　　　D. 188

4. 以下哪个 CPU 不具备扩展能力？（　　　）

　　A. CPU ST40　　　B. CPU SR40　　　C. CPU CR40　　　D. CPU SR60

第3章

S7-200 SMART PLC 编程软件使用入门

本章主要介绍 STEP 7-Micro/WIN SMART 软件的安装和使用方法，建立一个完整项目以及仿真软件的使用。

3.1 STEP 7-Micro/WIN SMART 编程软件简介与安装步骤

3.1.1 STEP 7-Micro/WIN SMART 编程软件简介

STEP 7-Micro/WIN SMART 是一款功能强大的软件，此软件用于 S7-200 SMART PLC 编程，支持三种编程语言：梯形图（LAD）、功能块图（FBD）和语句表（STL）。STEP 7-Micro/WIN SMART 可提供程序的在线编辑、监控和调试。本书介绍的 STEP 7-Micro/WIN SMART V2.7 版本，可以打开大部分 S7-200 PLC 的程序。

安装此软件对计算机的要求有以下两个方面。

1）操作系统：Windows 7（支持 32 位和 64 位）和 Windows 10（支持 64 位）。

2）软件安装程序需要至少 350 MB 硬盘空间。

安装此软件时，无须安装授权软件即可正常运行。

有了 PLC 和配置必要软件的计算机，两者之间必须有一根程序下载电缆，由于 S7-200 SMART PLC 自带 PN 口，而计算机都配置了网卡，这样只需要一根普通的网线就可以把程序从计算机下载到 PLC 中。个人计算机与 PLC 的连线图如图 3-1 所示。新的版本可以使用 PC/PPI 适配器下载程序。

图 3-1　个人计算机与 PLC 的连线图

【关键点】S7-200 SMART PLC 的 PN 口有自动交叉线（Auto-Crossing）功能，所以网线可以正连接，也可以反连接。

3.1.2 STEP 7-Micro/WIN SMART 编程软件的下载

初学者往往为下载不到软件感到头疼，正常情况下，此软件可以在西门子官方网站的

"找答案"栏目（https://www.ad.siemens.com.cn/service/answer/solve_282924_1076.html）中找到几乎所有的版本。例如目前版本，在以上网址中能找到下载链接（需要读者搜寻），下载链接如下：https://w2.siemens.com.cn/download/smart200/STEP7% 20MicroWIN% 20SMART% 20V2.7.7z。复制此链接到浏览器即可下载软件。

也可以在链接 https://new.siemens.com/cn/zh/products/automation/systems/industrial/plc/simatic-s7200-smart.html 下载所需软件和资料，软件下载界面如图3-2所示。

图3-2　软件下载界面

3.1.3　STEP 7-Micro/WIN SMART 软件的固件版本介绍

本书以 STEP 7-Micro/WIN SMART 的固件版本 V2.7 为例进行讲解。以下将介绍主要版本的部分新功能（特色）。

微课：安装 STEP 7-Micro/WIN SMART 软件

（1）固件版本 V2.3　SR 和 ST 型号 CPU 的 HSC（高速计数器）数量由四个增至六个。新的 CRs 型 CPU 配有四个 HSC。

（2）固件版本 V2.4　增加了 PROFINET 通信的功能，相应的菜单和工具条都做了更新。这一功能非常实用。

（3）固件版本 V2.5　增加了用于 PROFINET 通信的智能设备功能。

（4）固件版本 V2.6　先前订货号以 0AA0 结尾的任何 SR 或 ST 型号都不能升级到 V2.6。固件新增了 Web 服务器功能。

（5）固件版本 V2.7　先前订货号以 0AA0 结尾的任何 SR 或 ST 型号都不能升级到 V2.7。固件新增了支持对 2D/3D 直线插补运动进行基于 PTO 的开环运动控制。

从上面的介绍可以看出固件版本 V2.3 之后的各个版本之间差异并不大。

3.2　STEP 7-Micro/WIN SMART 软件的使用

3.2.1　STEP 7-Micro/WIN SMART 软件的打开

打开 STEP 7-Micro/WIN SMART 软件通常有如下三种方法。

1）单击"开始"→"Siemens Automation"→"STEP 7-Micro/WIN SMART"，如图3-3所示，即可打开软件。

2）直接双击桌面上的 STEP 7-Micro/WIN SMART 软件快捷方式，也可以打开软件，这是较快捷的打开方法。

3）在计算机的相应位置，双击以前保存的程序，即可打开软件。

图 3-3 打开 STEP 7-Micro/WIN SMART 软件

3.2.2 STEP 7-Micro/WIN SMART 软件的界面介绍

STEP 7-Micro/WIN SMART 软件的主界面如图 3-4 所示，其中包含快速访问工具栏、项目树、导航栏、菜单栏、程序编辑器、符号信息表、符号表、交叉引用、数据块、变量表、状态图表、输出窗口和状态栏。STEP 7-Micro/WIN SMART 软件的界面为彩色，视觉效果更好。以下按照图 3-4 中编号的顺序依次介绍。

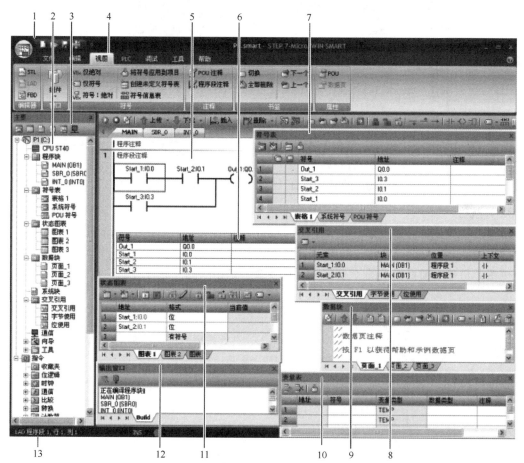

图 3-4 STEP 7-Micro/WIN SMART 软件的主界面

1. 快速访问工具栏

快速访问工具栏显示在菜单栏正上方。通过"快速访问文件"按钮，可简单、快速地访问"文件"菜单的大部分功能以及最近文档。单击"快速访问文件"按钮，弹出图 3-5 所示的界面。快速访问工具栏上的其他按钮对应文件的"新建""打开""保存"和"打印"功能。

2. 项目树

编辑项目时，项目树非常有必要。项目树可以显示也可以隐藏，如果项目树未显示，要查看项目树，可按以下步骤操作。

单击菜单栏中的"视图"→"组件"→"项目树"，如图3-6所示，即可打开项目树。打开后的项目树如图3-7所示。项目树中主要有两个项目：一是用户创建的项目（本例为"RESSK"）；二是指令，这些指令都是编辑程序最常用的。项目树中有"+"，表示这个选项内包含内容，可以展开。

在项目树的右上角有一个小钉 图标，当这个小钉横放时，项目树会自动隐藏，这样编辑区域会扩大。如果用户希望项目树一直显示，那么只要单击小钉图标，此时，这个横放的小钉会变成竖放，项目树就被固定了。以后用户使用西门子其他的软件也会碰到这个小钉图标，作用完全相同。

图3-5 "快速访问文件"界面

图3-6 打开项目树

3. 导航栏

导航栏显示在项目树上方，可快速访问项目树上的对象。单击一个导航栏按钮相当于展开项目树并单击同一选择内容。如图3-8所示，如果要打开系统块，单击导航栏上的"系统块"按钮，与单击项目树上的"系统块"选项效果是相同的。其他导航栏按钮的用法类似。

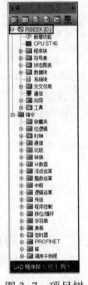

图3-7 项目树

图3-8 导航栏使用对比

4. 菜单栏

菜单栏包括"文件""编辑""视图""PLC""调试""工具"和"帮助"7 个菜单项。用户可以定制"工具"菜单，在该菜单项中增加自己的工具。

5. 程序编辑器

程序编辑器是编写和编辑程序的区域，打开程序编辑器有以下两种方法。

1）单击菜单栏中的"文件"→"新建"（"打开"或"导入"），打开 STEP 7-Micro/WIN SMART 项目。

2）在项目树中打开"程序块"选项。方法是单击分支展开图标或双击"程序块"选项的 符号表图标，然后双击主程序（MAIN）、子程序或中断程序，以打开所需的 POU；也可以选择相应的 POU（程序组织单元）并按〈Enter〉键。编辑器界面如图 3-9 所示。

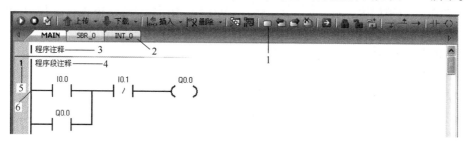

图 3-9　编辑器界面

程序编辑器包括以下组件，下面分别按图 3-9 中的编号进行说明。

1）工具栏：包括常用操作按钮和可放置到程序段中的通用程序元素，常用按钮的作用见表 3-1。

表 3-1　工具栏中常用按钮的作用

序号	按钮图标	作用
1		将 PLC 工作模式更改为 RUN、STOP 或者编译程序模式
2		上传和下载传送
3		针对当前所选对象的插入和删除功能
4		调试操作以启动程序监视和暂停程序监视
5		书签和导航功能：放置书签、转到下一书签、转到上一书签、移除所有书签和转到特定程序段、行或线
6		强制功能：强制、取消强制和取消全部强制
7		可放置到程序段中的通用程序元素
8		地址和注释显示功能：显示符号、显示绝对地址、显示符号和绝对地址、切换符号信息表显示、显示 POU 注释以及显示程序段注释
9		设置 POU 保护和常规属性

2）POU选择器：能够实现主程序块、子程序或中断程序之间的切换。例如，只要单击POU选择器中"MAIN"标签，就切换到主程序块，单击POU选择器中"INT_0"标签，就切换到中断程序块。

3）程序注释：显示在POU中第一个程序段上方，提供详细的多行程序注释功能。每条程序注释最多可以有4096个字符。这些字符可以是英语或者汉语，主要对整个POU的功能等进行说明。

4）程序段注释：显示在程序段旁边，为每个程序段提供详细的多行注释附加功能。每条程序段注释最多可以有4096个字符。这些字符可以是英语或者汉语等。

5）程序段编号：每个程序段的数字标识符。程序段会自动进行编号，取值范围为1~65536。

6）装订线：位于程序编辑器窗口左侧的灰色区域，在该区域内单击可选择单个程序段，也可通过单击并拖动来选择多个程序段。STEP 7-Micro/WIN SMART还在此显示各种符号，如书签和POU密码保护锁。

6. 符号信息表

要在程序编辑器中查看或隐藏符号信息表，有以下三种方法。

1）在"视图"菜单的"符号"选项区域单击"符号信息表" 符号信息表 按钮。

2）按〈Ctrl+T〉快捷键组合。

3）在"视图"菜单的"符号"选项区域单击"将符号应用到项目" 将符号应用到项目 按钮。

"应用所有符号"命令使用所有新、旧和修改的符号名更新项目，如果当前未显示符号信息表，单击此按钮就会显示。

7. 符号表

符号是可为存储器地址或常量指定的符号名称。符号表是符号和地址对应关系的列表。打开符号表有以下三种方法。

1）在导航栏上，单击"符号表" 按钮。

2）在菜单栏上，单击"视图"→"组件"→"符号表"。

3）在项目树中，打开"符号表"选项，选择一个表名称，然后按下〈Enter〉键或者双击表名称。

【例3-1】一段"起保停"的程序，要求显示其I/O符号和地址，请写出操作过程。

解 首先，在项目树中展开"符号表"选项，双击"I/O符号"，弹出符号表，如图3-10所示，在符号表中，按照如图3-10所示填写。符号"btnStart"实际代表地址I0.0，符号"btnStop"实际代表地址I0.1，符号"Motor"实际代表地址Q0.0。

接着，在菜单栏中单击"视图"→"符号"→"符号信息表" "将符号应用到项目" 将符号应用到项目 按钮。此时，符号和地址的对应关系显示在梯形图中，如图3-11所示。

如果只需要显示符号（如"btnStart"，如图3-12所示），那么单击"视图"→"符号"→"仅符号"即可。

如果只需要显示绝对地址（如I0.0，如图3-13所示），那么单击"视图"→"符号"→"仅绝对"即可。

如果需要显示符号和绝对地址（如图3-11所示），那么单击"视图"→"符号"→"符号：绝对"即可。

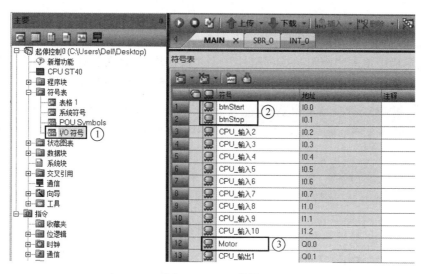

图 3-10 I/O 符号

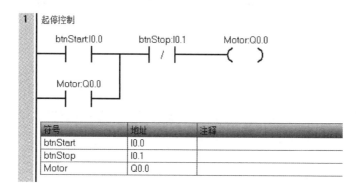

图 3-11 显示符号和绝对地址

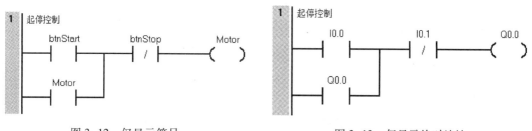

图 3-12 仅显示符号　　　　　　　　图 3-13 仅显示绝对地址

8. 交叉引用

使用"交叉引用"窗口查看程序中参数当前的赋值情况，可以防止无意间重复赋值。打开"交叉引用"窗口有以下三种方法。

1）在项目树中单击"交叉引用"选项，然后双击"交叉引用""字节使用"或"位使用"。

2）单击导航栏中的"交叉引用"图按钮。

3）在菜单栏中单击"视图"→"组件"→"交叉引用"，即可打开"交叉引用"窗口。

9. 数据块

"数据块"窗口包含可向 V 存储器地址分配数据值的数据页。如果用户使用指令向导等功能，系统会自动使用数据块。打开"数据块"窗口有以下两种方法。

1) 单击导航栏中的"数据块" 按钮。

2) 在菜单栏中单击"视图"→"组件"→"数据块"，即可打开"数据块"窗口。

如图 3-14 所示，将 10 赋值给 VB0，相当于图 3-15 所示的程序的作用。

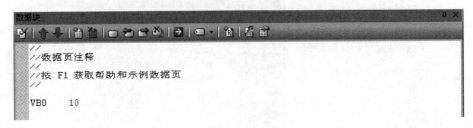

图 3-14 数据块

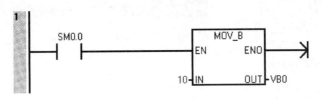

图 3-15 程序

10. 变量表

初学者一般不会用到变量表，以下用一个例题来说明变量表的使用。

【例 3-2】用子程序表达算式 $Ly=(La-Lb)\times Lx$。

解

1) 首先打开"变量表"窗口，单击菜单栏中的"视图"→"组件"→"变量表"，即可打开"变量表"窗口。

2) 在变量表中输入图 3-16 所示的参数。

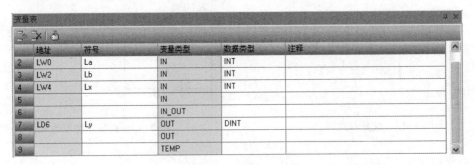

	地址	符号	变量类型	数据类型	注释
2	LW0	La	IN	INT	
3	LW2	Lb	IN	INT	
4	LW4	Lx	IN	INT	
5			IN		
6			IN_OUT		
7	LD6	Ly	OUT	DINT	
8			OUT		
9			TEMP		

图 3-16 变量表

3) 再在子程序中输入如图 3-17 所示的程序。

4) 在主程序中调用子程序，并将运算结果存入 MD0 中，如图 3-18 所示。

11. 状态图表

状态是指显示程序在 PLC 中执行时有关 PLC 数据的当前值和能流状态的信息。可以使用状态图表和程序编辑器窗口读取、写入和强制 PLC 数据值。在控制程序的执行过程中，可用三种不同方式即状态图表、趋势显示和程序状态，查看 PLC 数据的动态改变。

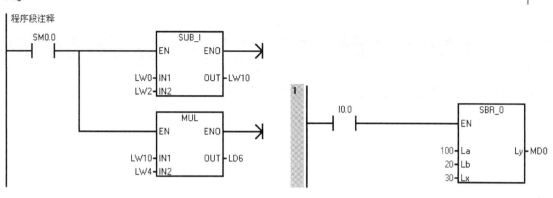

図 3-17　子程序　　　　　　　　　　　　図 3-18　主程序

12. 输出窗口

"输出窗口"列出了最近编译的 POU 和在编译期间发生的所有错误。如果已打开程序编辑器和"输出窗口",可在"输出窗口"中双击错误信息使程序自动滚动到错误所在的程序段。纠正程序后,重新编译程序以更新"输出窗口"和删除已纠正程序段的错误参考。

如图 3-19 所示,将地址"I0.0"错误写成"I0.o",编译后,在"输出窗口"显示了错误信息和错误的发生位置。"输出窗口"对程序调试是比较有用的。

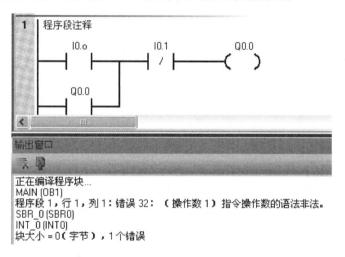

图 3-19　输出窗口

打开"输出窗口"的方法如下:在菜单栏中单击"视图"→"组件"→"输出窗口"。

13. 状态栏

状态栏位于主窗口底部,状态栏可以提供 STEP 7-Micro/WIN SMART 中执行操作的相关信息。在编辑模式下工作时,显示程序编辑器信息。状态栏根据具体情形显示以下信息:简要状态说明、当前程序段编号、当前程序编辑器的光标位置、当前编辑模式和插入或覆盖。

3.2.3　创建新工程

新建工程有三种方法:一是单击菜单栏中的"文件"→"新建",即可新建工程,如图 3-20 所示;二是单击工具栏中的 按钮即可;三是单击快速访问工具栏中的"快速访问文件"按钮,再单击"新建"即可,如图 3-21 所示。

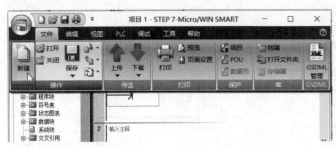

图 3-20　新建工程（1）

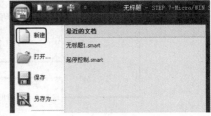

图 3-21　新建工程（2）

3.2.4　保存工程

保存工程有三种方法：一是单击菜单栏中的"文件"→"保存"，即可保存工程，如图 3-22 所示；二是单击工具栏中的 ■ 按钮即可；三是单击快速访问工具栏中的"快速访问文件"按钮，再单击"保存"即可，如图 3-23 所示。

图 3-22　保存工程（1）

图 3-23　保存工程（2）

3.2.5　打开工程

打开工程的方法比较多：第一种方法是单击菜单栏中的"文件"→"打开"，如图 3-24 所示，找到要打开的文件的位置，选中要打开的文件，单击"打开"即可打开工程，如图 3-25 所示；第二种方法是单击工具栏中的 ■ 按钮即可；第三种方法是直接在工程的存放目录下双击该工程，也可以打开该工程；第四种方法是单击快速访问工具栏中的"快速访问文件"按钮，再单击"打开"即可，如图 3-26 所示；第五种方法是单击快速访问工具栏中的"快速访问文件"按钮，再双击"最近的文档"中的文档（如本例为"起停控制"），如图 3-27 所示。

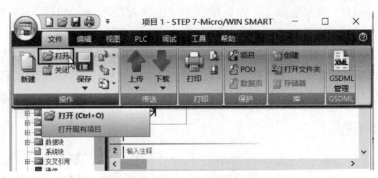

图 3-24　打开工程（1）

图 3-25　打开工程（2）

图 3-26　打开工程（3）

图 3-27　打开工程（4）

3.2.6　系统块

对于 S7-200 SMART PLC 而言，系统块的设置是必不可少的，类似于 S7-300/400 PLC 的硬件组态。因此，以下将详细介绍系统块。

S7-200 SMART PLC 提供了多种参数和选项设置以适应具体应用，这些参数和选项在"系统块"对话框内设置。系统块必须下载到 PLC 中才起作用。有的初学者修改程序后不会忘记重新下载程序，而在软件中更改参数后却忘记了重新下载，这样系统块则不起作用。

微课：扩展
模块的地址分配 1

1. 打开"系统块"窗口

打开"系统块"窗口有以下三种方法。

1）单击菜单栏中的"视图"→"组件"→"系统块"，打开"系统块"窗口。

2）单击快速访问工具栏中的"系统块"按钮，打开"系统块"窗口。

3）展开项目树，双击"系统块"选项，如图 3-28 所示，打开"系统块"窗口，如图 3-29 所示。

2. 硬件配置

"系统块"窗口的顶部显示已经组态的模块，并允许添加或删除模块。使用下拉列表更改、添加或删除 CPU 型号、信号板和扩展模块。添加模块时，输入列和输出列显示已分配的输入地址和输出地址。

微课：系统块
的使用 1

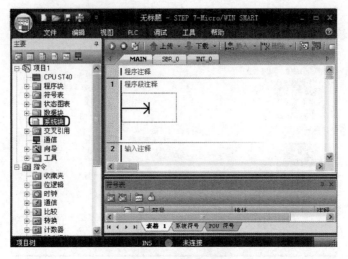

图 3-28　打开"系统块"窗口

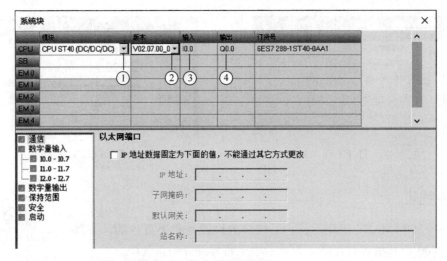

图 3-29　"系统块"窗口

如图 3-29 所示，顶部表格中的第一行为要配置的 CPU 的具体型号，单击①处的下三角按钮，可以显示所有 CPU 的型号，用户选择适合的型号（本例为 CPU ST40（DC/DC/DC）），②处为此 CPU 固件版本号，③处为此 CPU 输入点的起始地址（I0.0），④处为此 CPU 输出点的起始地址（Q0.0），这些地址由软件系统自动生成，不能修改（S7-300/400 PLC 的地址是可以修改的）。

顶部表格中的第二行为要配置的信号板模块，可以是数字量模块、模拟量模块或通信模块。

顶部表格中的第二行至第六行为要配置的扩展模块，可以是数字量模块、模拟量模块或通信模块。注意扩展模块和信号板模块不能混淆。

为了使读者更好理解硬件配置和地址的关系，以下用一个例题说明。

【例 3-3】某系统配置了 CPU ST40、SB DT04、EM DE08、EM DR08、EM AE04 和 EM AQ02 各一块，如图 3-30 所示，请指出各模块的起始地址和占用的地址。

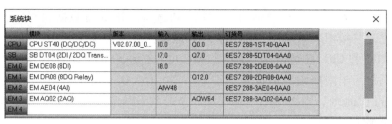

图 3-30　系统块配置实例

解

1）CPU ST40 的 CPU 输入点的起始地址是 I0.0，占用 IB0~IB2 三个字节，CPU 输出点的起始地址是 Q0.0，占用 QB0 和 QB1 两个字节。

2）SB DT04 输入点的起始地址是 I7.0，占用 I7.0 和 I7.1 两个点，输出点的起始地址是 Q7.0，占用 Q7.0 和 Q7.1 两个点。

3）EM DE08 输入点的起始地址是 I8.0，占用 IB8 一个字节。

4）EM DR08 输出点的起始地址是 Q12.0，占用 QB12 一个字节。

5）EM AE04 为模拟量输入模块，输入点的起始地址为 AIW48，占用 AIW48~AIW52，共四个字。

6）EM AQ02 为模拟量输出模块，输出点的起始地址为 AQW64，占用 AQW64 和 AQW66，共两个字。

【关键点】读者很容易发现，有很多地址是空缺的，如 IB3~IB6 就空缺不用。CPU 输入点使用的字节是 IB0~IB2，读者不可以想当然认为 SB DT04 的起始地址从 I3.0 开始，一定要看系统块上自动生成的起始地址，这点至关重要。

3. 以太网通信端口的设置

以太网通信端口是 S7-200 SMART PLC 的特色配置，这个端口既可以用于下载程序，也可以用于与 HMI 通信，以后也可以用于与其他 PLC 进行以太网通信。以太网通信端口的设置如图 3-31 所示。

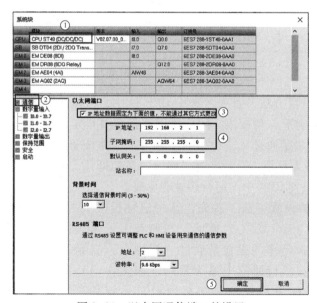

图 3-31　以太网通信端口的设置

首先，选中 CPU 模块，勾选"通信"选项，再选中"IP 地址数据固定为下面的值，不能通过其他方式更改"按钮。如果要下载程序，IP 地址应该就是 CPU 的 IP 地址，如果 STEP 7-Micro/WIN SMART 和 CPU 已经建立了通信，那么可以把用户想要设置的 IP 地址输入"IP 地址"右侧的空白处。子网掩码一般设置为"255.255.255.0"，最后单击"确定"按钮即可。若要修改 CPU 的 IP 地址，则必须把"系统块"下载到 CPU 中，运行后才能生效。

4. 串行通信端口的设置

CPU 模块集成有 RS-485 通信端口，此外信号板也可以扩展 RS-485 和 RS-232 模块（同一个模块，二者可选），首先讲解集成串口的设置方法，如图 3-32 所示。

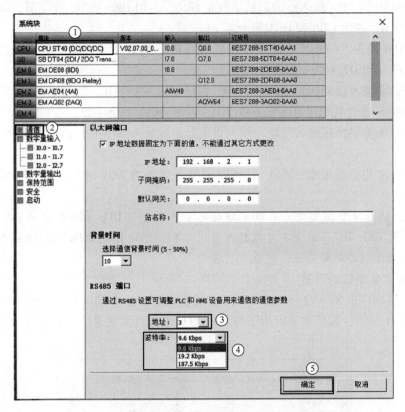

图 3-32　集成串口的设置方法

（1）集成串口的设置方法　首先，选中 CPU 模块，再勾选"通信"选项，再设定 CPU 的地址，"地址"右侧有下三角按钮，用户可以选择想要设定的地址，默认为"2"（本例设为"3"）。波特率的设置是通过"波特率"右侧的下三角按钮选择的，默认为 9.6 kbit/s，这个数值在串行通信中最为常用。最后单击"确定"按钮即可。若要修改 CPU 的串口地址，则必须把"系统块"下载到 CPU 中，运行后才能生效。

（2）信号板串口的设置方法　首先，选中信号板模块，再选择 RS-232 或者 RS-485 通信类型（本例选择 RS-232），"地址"右侧有下三角按钮，用户可以选择想要设定的地址，默认为"2"。波特率的设置是通过"波特率"右侧的下三角按钮选择的，默认为 9.6 kbit/s，这个数值在串行通信中最为常用，如图 3-33 所示。最后单击"确定"按钮即可。若要修改 CPU 的串口地址，则必须把"系统块"下载到 CPU 中，运行后才能生效。

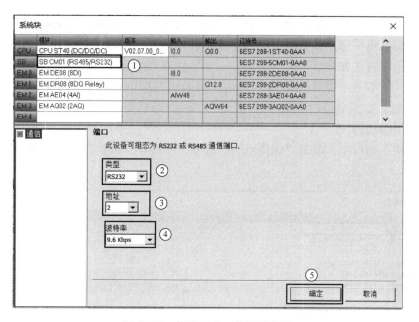

图 3-33　信号板串口的设置方法

5. 集成输入的设置

（1）设置滤波时间　S7-200 SMART PLC 允许为某些或所有数字量输入点选择一个定义时延（可在 0.2~12.8 ms 和 0.2~12.8 μs 之间选择）的输入滤波器。该时延可以减少如按钮闭合或者分开瞬间的噪声干扰。设置方法是先选中 CPU，勾选"数字量输入"选项，再修改时延长短，最后单击"确定"按钮，如图 3-34 所示。

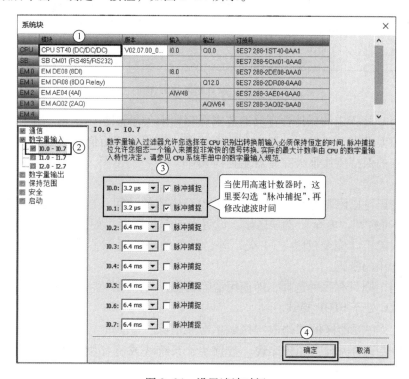

图 3-34　设置滤波时间

（2）脉冲捕捉位　S7-200 SMART PLC 为数字量输入点提供脉冲捕捉功能，通过脉冲捕捉功能可以捕捉高电平脉冲或低电平脉冲，使用脉冲捕捉位可以捕捉比扫描周期还短的脉冲。设置脉冲捕捉位的方法如下。

先选中 CPU，勾选"数字量输入"选项，再勾选对应的输入点（本例为 I0.0），最后单击"确定"按钮，如图 3-34 所示。

6. 设置断电数据保持

在"系统块"窗口中，单击"保持范围"选项，可打开"保持范围"选项区域，如图 3-35 所示。

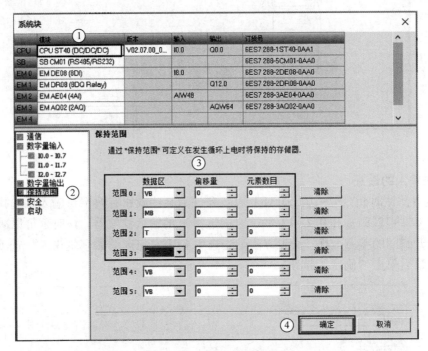

图 3-35　设置断电数据保持

断电时，CPU 将指定的保持性存储器范围保存到永久存储器。

上电时，CPU 先将 V、M、C 和 T 存储器清零，将所有初始值都从数据块复制到 V 存储器，然后将保存的保持值从永久存储器复制到 RAM。

7. 安全

通过设置密码可以限制对 S7-200 SMART PLC 内容的访问。在"系统块"窗口中，单击"安全"选项，可打开"安全"选项区域，设置密码保护功能，如图 3-36 所示。密码的保护等级分为 4 个，除了"完全权限"（1 级）外，其他的均需要在"密码"和"验证"文本框中输入起保护作用的密码。

若忘记密码，则只有一种选择，即使用清除功能，具体操作步骤如下。

1）确保 PLC 处于 STOP 模式。

2）在 PLC 菜单功能区的"修改"区域单击"清除" 按钮。

3）选择要清除的内容，如程序块、数据块、系统块或所有块，或选择"复位为出厂默认值"。

4）单击"清除"按钮，如图 3-37 所示。

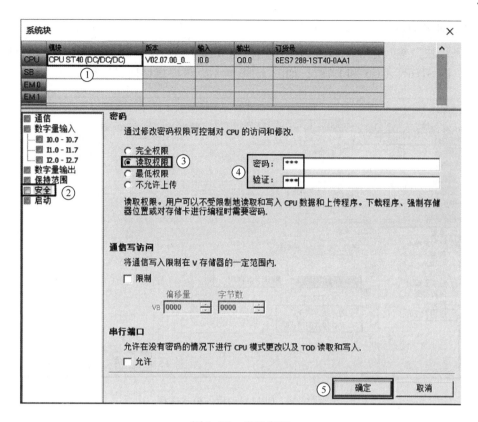

图 3-36　设置密码

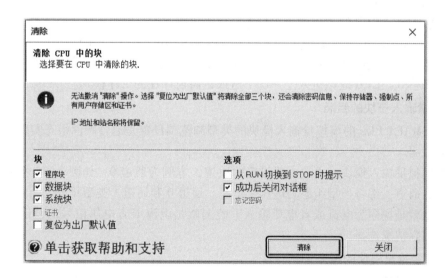

图 3-37　清除密码

　　【关键点】PLC 的软件加密比较容易被破解，不能绝对保证程序的安全，目前网络上有一些破解软件可以轻易破解 PLC 用户程序的密码，编者强烈建议读者在保护自身权益的同时，必须尊重他人的知识产权。

8. 启动项的组态

在"系统块"窗口中，单击"启动"选项，可打开"启动"选项区域，CPU 启动后的模式有三种，即 STOP、RUN 和 LAST，如图 3-38 所示，可以根据需要选择。

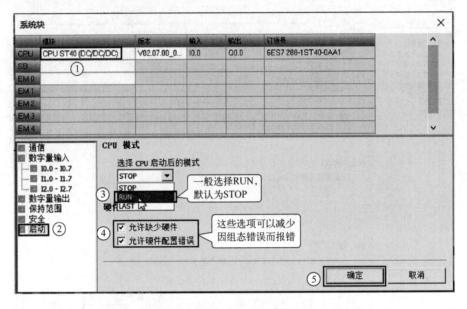

图 3-38　CPU 启动后的模式选择

三种模式的含义如下。

1）STOP 模式。CPU 在上电或重启后始终应该进入 STOP 模式，这是默认选项。

2）RUN 模式。CPU 在上电或重启后始终应该进入 RUN 模式。对于多数应用，特别是对于 CPU 独立运行而不连接 STEP 7-Micro/WIN SMART 的应用，RUN 模式是常用选项。

3）LAST 模式。CPU 应该进入上一次上电或重启前存在的工作模式。

9. 模拟量输入模块的组态

S7-200 SMART PLC 的模拟量输入模块的类型和范围设置是通过硬件组态实现的，以下是硬件组态的说明。

先选中模拟量输入模块，再选中要设置的通道，本例为通道 0，如图 3-39 所示。对于每条模拟量输入通道，都将类型组态为电压或电流。通道 0 和通道 1 类型相同，通道 2 和通道 3 类型相同，也就是说同为电流或者电压输入。范围就是电流或者电压信号的范围，每个通道都可以根据实际情况选择。

10. 模拟量输出模块的组态

先选中模拟量输出模块，再选中要设置的通道，本例为通道 0，如图 3-40 所示。对于每条模拟量输出通道，都将类型组态为电压或者电流。也就是说同为电流或者电压输出。范围就是电流或者电压信号的范围，每个通道都可以根据实际情况选择。

当 CPU 处于 STOP 模式时，可将模拟量输出点设置为特定值，或者保持在切换到 STOP 模式之前存在的输出状态。

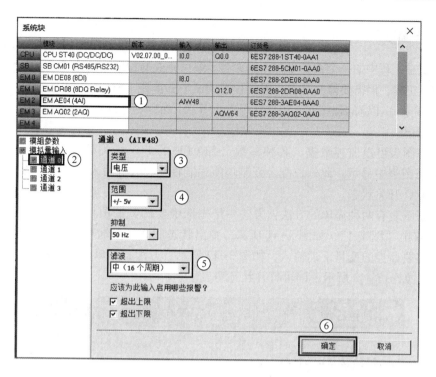

图 3-39　模拟量输入模块的组态

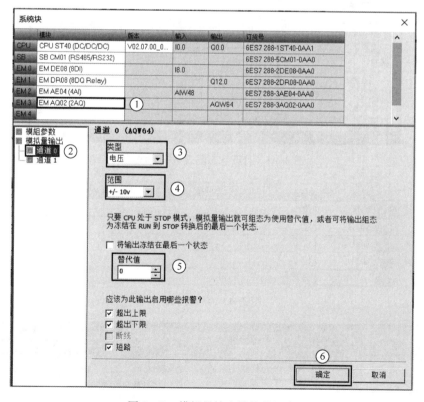

图 3-40　模拟量输出模块的组态

3.2.7 程序调试

程序调试是工程中的一个重要步骤，因为初步编写完成的程序不一定正确，有时虽然逻辑正确，但需要修改参数，因此程序调试十分重要。STEP 7-Micro/WIN SMART 提供了丰富的程序调试工具供用户使用，下面分别进行介绍。

微课
程序调试1

1. 状态图表

使用状态图表可以监控数据，各种参数（如 CPU 的 I/O 开关状态、模拟量的当前数值等）都在状态图表中显示。此外，配合强制功能还能将相关数据写入 CPU，改变参数的状态，如可以改变 I/O 开关状态。

打开状态图表有两种简单的方法：方法一是先选中要调试的项目（本例项目名称为"调试用"），再双击"图表1"，如图 3-41 所示，弹出状态图表，此时的状态图表是空的，并无变量，需要将要监控的变量手动输入，如图 3-42 所示；方法二是单击菜单栏中的"调试"→"图表状态"，如图 3-43 所示，即可打开状态图表。

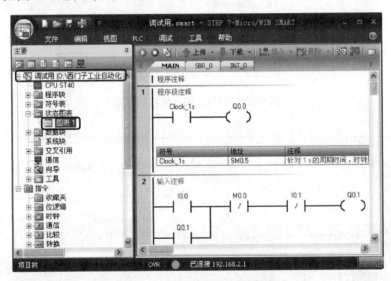

图 3-41　打开状态图表——方法一

	地址 ▲	格式	当前值	新值
1	I0.0	位		
2	M0.0	位		
3	Q0.0	位		
4	Q0.1	位		
5		有符号		

图 3-42　状态图表

图 3-43　打开状态图表——方法二

2. 强制

S7-200 SMART PLC 提供了强制功能，以方便调试工作，强制功能可以在现场不具备某些外部条件的情况下模拟工艺状态。用户可以对数字量和模拟量进行强制。强制时，运行状态指示灯变成黄色，取消强制后指示灯变成绿色。

当没有实际的 I/O 连线时，可以利用强制功能调试程序。先打开"状态图表"窗口，并使其处于监控状态，在"新值"数值框中写入要强制的数据（本例输入 I0.0 的新值为"2#1"），然后单击工具栏中的"强制"🔒按钮，此时被强制的变量数值上有一个🔒标志，如图 3-44 所示。

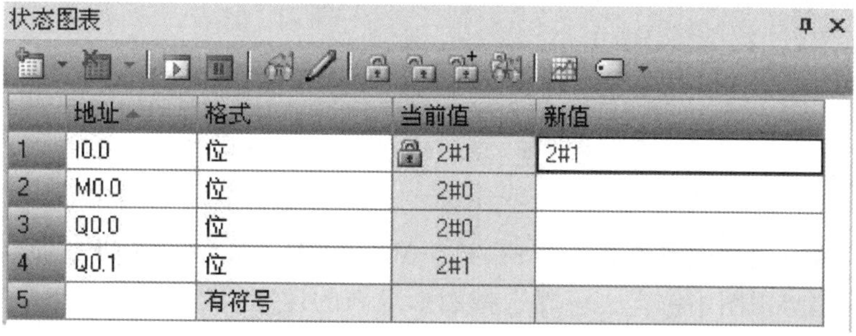

	地址 ▲	格式	当前值	新值
1	I0.0	位	🔒 2#1	2#1
2	M0.0	位	2#0	
3	Q0.0	位	2#0	
4	Q0.1	位	2#1	
5		有符号		

图 3-44　使用"强制"功能

单击工具栏中的"取消全部强制"🔓按钮，可以取消全部的强制。

3. 写入数据

S7-200 SMART PLC 提供了写入数据功能，以方便调试工作。例如，在"状态图表"窗口中输入 M0.0 的新值"2#1"，如图 3-45 所示，单击工具栏中的"写入"✏按钮，或者单击菜单栏中的"调试"→"写入"，即可更新数据。

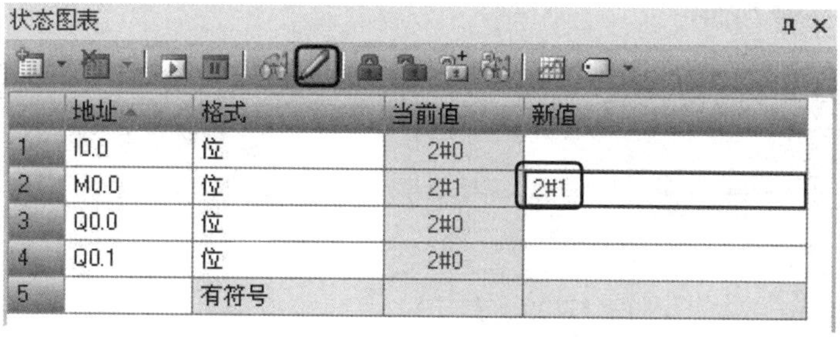

	地址 ▲	格式	当前值	新值
1	I0.0	位	2#0	
2	M0.0	位	2#1	2#1
3	Q0.0	位	2#0	
4	Q0.1	位	2#0	
5		有符号		

图 3-45　写入数据

【关键点】利用写入功能可以同时输入几个数据。写入的作用类似于强制，但两者是有区别的：强制功能的优先级别要高于写入功能，写入的数据可能改变参数状态，但当与逻辑运算的结果矛盾时，写入的数值也可能不起作用。例如，Q0.0 的逻辑运算结果是"0"，可以用强制功能使其数值为"1"，但写入功能就不可达到此目的。

此外，强制功能可以改变输入寄存器的数值，例如 I0.0，但写入功能不可以。

4. 趋势视图

前面提到的状态图表可以监控数据，趋势视图同样可以监控数据，只不过使用状态图表监控数据时结果是以表格的形式表示的，而使用趋势视图时则以曲线的形式表示。利用趋势视图能够更加直观地观察数字量信号变化的逻辑时序或者模拟量的变化趋势。

单击工具栏中的"切换图表和趋势视图" ▦按钮，可以在状态图表和趋势视图形式之间切换，趋势视图如图3-46所示。

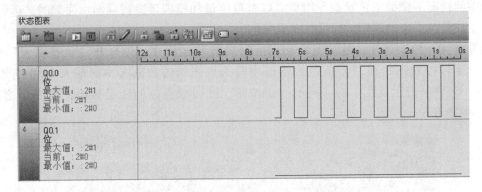

图3-46 趋势视图

趋势视图对变量的反应速度取决于STEP 7-Micro/WIN SMART与CPU通信的速度和图中的时间基准。在趋势视图中单击，可以选择图形更新的速率。当停止监控时，可以冻结图形以便仔细分析。

3.2.8 交叉引用

交叉引用表能显示程序中元件使用的详细信息，对查找程序中数据地址十分有用。在项目树的"项目"选项下双击"交叉引用"选项，可弹出如图3-47所示的界面。当双击交叉引用表中某个元素时，界面立即切换到程序编辑器中显示交叉引用对应元件的程序段。例如，双击交叉引用表中第一行的"I0.0"，界面切换到程序编辑器中，而且光标（方框）停留在"I0.0"上，如图3-48所示。

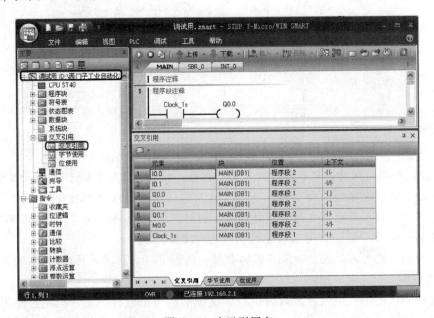

图3-47 交叉引用表

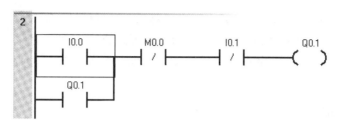

图 3-48　交叉引用表对应的程序

3.2.9　工具

STEP 7-Micro/WIN SMART 中有高速计数器向导、运动向导、PID 向导、PWM 向导、文本显示、运动控制面板和 PID 控制面板等工具，如图 3-49 所示。这些工具很实用，能使比较复杂的编程变得简单。例如，使用高速计数器向导，就能将较复杂的高速计数器指令通过向导指引生成子程序。

图 3-49　工具

3.2.10　帮助菜单

STEP 7-Micro/WIN SMART 软件虽然界面友好，易于使用，但在使用过程中也难免遇到问题。STEP 7-Micro/WIN SMART 软件提供了详尽的帮助。单击菜单栏中的"帮助"→"帮助信息"，可以打开图 3-50 所示的"STEP 7-Micro/WIN SMART 在线帮助"对话框。对话框

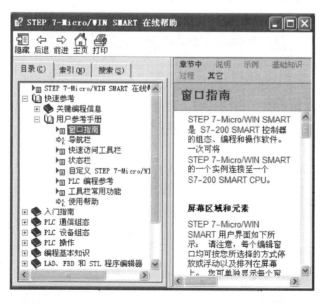

图 3-50　使用"STEP 7-Micro/WIN SMART"在线帮助

中有三个选项卡，分别是"目录""索引"和"搜索"。"目录"选项卡中显示的是 STEP 7-Micro/WIN SMART 软件的帮助主题，单击帮助主题可以查看详细内容。"索引"选项卡中，可以根据关键字查询帮助主题。此外，按下〈F1〉功能键，也可以打开在线帮助。

微课：使用
快捷键

3.2.11　使用快捷键

在程序的输入和编辑过程中，使用快捷键是良好的工程习惯，能极大地提高程序编辑效率。常用功能与快捷键的对照见表 3-2。

表 3-2　常用功能与快捷键的对照

序号	功能	快捷键	序号	功能	快捷键
1	插入常开触点 ┤├	〈F4〉	9	插入向下垂直线 ↓	〈Ctrl+↓〉
2	插入线圈 ─( )─	〈F6〉	10	插入向上垂直线 ↑	〈Ctrl+↑〉
3	插入空框	〈F9〉	11	插入水平线 →	〈Ctrl+→〉
4	绝对和符号寻址切换	〈Ctrl+Y〉	12	将光标移至同行的第一列	〈Home〉
5	上传程序 ↑上传	〈Ctrl+U〉	13	将光标移至同行的最后一列	〈End〉
6	下载程序 ↓下载	〈Ctrl+D〉	14	垂直向上移动一个屏幕	〈PgUp〉
7	插入程序段 插入	〈F3〉	15	垂直向下移动一个屏幕	〈PgDn〉
8	删除程序段 删除	〈Shift+F3〉	16	将光标移至第一个程序段的第一个单元格	〈Ctrl+Home〉

以下用一个简单的例子介绍快捷键的使用。

在 STEP 7-Micro/WIN SMART 的主程序中，选中程序段 1，依次按快捷键〈F4〉和〈F6〉，则依次插入常开触点和线圈，如图 3-51 所示。

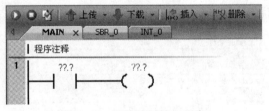

图 3-51　用快捷键输入程序

3.3　用 STEP 7-Micro/WIN SMART 软件建立一个完整的项目

微课：用 STEP
7-Micro/WIN
SMART 软件建立
一个完整的项目

下面以图 3-52 所示的起停控制梯形图为例，完整地介绍一个程序从输入到下载、运行和监控的全过程。

1. 启动 STEP 7-Micro/WIN SMART 软件

启动 STEP 7-Micro/WIN SMART 软件，弹出如图 3-53 所示的初始界面。

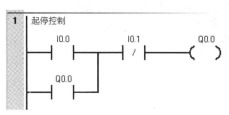

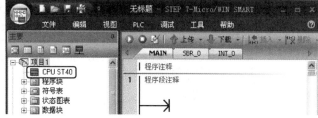

图 3-52　起停控制梯形图　　　　　图 3-53　STEP 7-Micro/WIN SMART 软件初始界面

2. 硬件配置

展开项目树中的"项目 1"选项，双击"CPU ST40"（也可能是其他型号的 CPU），这时弹出"系统块"窗口，单击下三角按钮，在下拉列表框中选定"CPU ST40（DC/DC/DC）"（这是本例的机型），然后单击"确认"按钮，如图 3-54 所示。

图 3-54　CPU 类型选择界面

3. 输入程序

展开项目树中的"指令"选项，依次双击（或者拖入程序编辑窗口）常开触点"┤├"按钮、常闭触点"┤/├"按钮和输出线圈"（ ）"按钮，换行后再双击常开触点"┤├"按钮，出现程序输入界面，如图 3-55 所示，接着单击红色的问号，输入寄存器及其地址（本例为 I0.0、Q0.0 等），输入完毕后如图 3-56 所示。

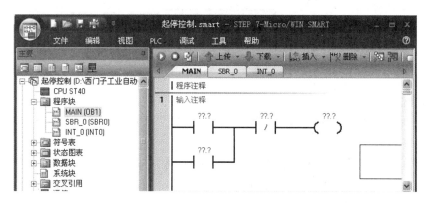

图 3-55　程序输入界面（1）

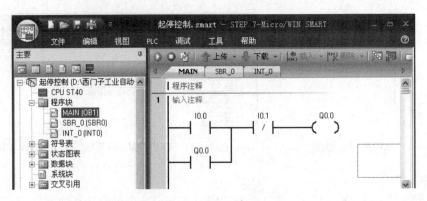

图 3-56　程序输入界面（2）

【关键点】有的初学者在输入时会犯这样的错误，将"Q0.0"错误地输入成"QO.O"，此时"QO.O"下面将有红色的波浪线提示错误。

4. 编译程序

单击工具栏中的"编译"按钮进行编译，若程序有错误，则"输出窗口"会显示错误信息。

编译后如果有错误，可在下方的"输出窗口"查看错误，双击该错误即跳转到程序中该错误的所在处，用户可以根据系统手册中的指令要求进行修改，如图 3-57 所示。

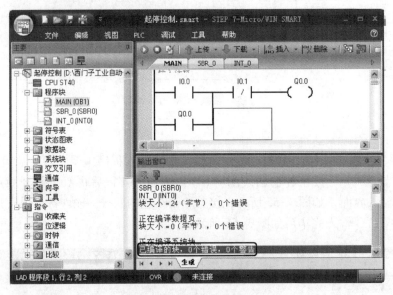

图 3-57　编译程序

5. 连机通信

双击项目树中的项目（本例为"起停控制"）下的"通信"选项，如图 3-58 所示，弹出"通信"对话框。

单击下三角按钮，选择个人计算机的网卡，这个网卡与个人计算机的硬件有关（本例的网卡为"Broadcom NetLink(TM)"），如图 3-59 所示。再双击"更新可访问的设备"选项，如图 3-60 所示，弹出如图 3-61 所示的界面，表明 CPU 的地址是"192.168.2.1"。这个 IP 地址很重要，是设置个人计算机时必须要参考的。

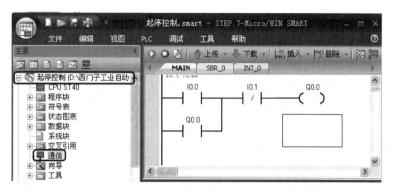

图 3-58 打开通信界面

图 3-59 "通信"对话框（1）

图 3-60 "通信"对话框（2）

图 3-61 "通信"对话框（3）

【关键点】不设置个人计算机，也可以搜索到"更新可访问的设备"，即 PLC，但如果个人计算机的 IP 地址设置不正确，就不能下载程序。

6. 设置个人计算机 IP 地址

目前向 S7-200 SMART PLC 下载程序，只能使用 PLC 集成的 PN 口或 PPI 适配器，因此首先要对个人计算机的 IP 地址进行设置，这是建立个人计算机与 PLC 通信首先要完成的步骤，具体如下。

首先打开个人计算机的"控制面板"→"网络和共享中心"（本例的操作系统为 Windows 7 64 位，其他操作系统可能有所差别），单击"更改适配器设置"选项，如图 3-62 所示。在弹出的界面中，右击"本地连接"，弹出快捷菜单，单击"属性"命令，如图 3-63 所示，弹出图 3-64 所示的对话框，选择"Internet 协议版本 4（TCP/ IPv4）"，单击"属性"按钮，弹出图 3-65 所示的对话框，选择"使用下面的 IP 地址"，按照图 3-65 所示设置 IP 地址和子网掩码，最后单击"确定"按钮即可。

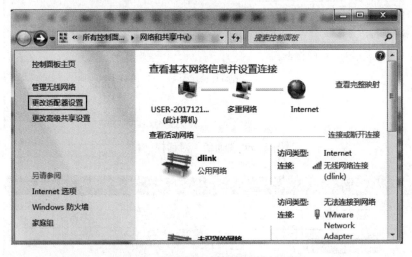

图 3-62　设置个人计算机 IP 地址（1）

图 3-63　设置个人计算机 IP 地址（2）

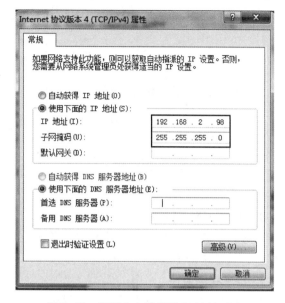

图 3-64　设置个人计算机 IP 地址 (3)　　　　图 3-65　设置个人计算机 IP 地址 (4)

【关键点】图 3-65 所示的操作中，不能选择"自动获得 IP 地址"。但如果用户不知道 PLC 的 IP 地址，可以选择"自动获得 IP 地址"，先搜到 PLC 的 IP 地址，然后再进行图 3-65 所示的操作。

此外，要注意的是 S7-200 SMART PLC 出厂时的 IP 地址是 192.168.2.1，因此在没有修改的情况下下载程序，必须要将个人计算机的 IP 地址设置成与 PLC 在同一个网段。简单地说，就是个人计算机 IP 地址的末尾数字要与 PLC 的 IP 地址末尾数字不同，而其他数字要相同，这是非常关键的，读者务必要牢记。

7. 下载程序

单击工具栏中的"下载"按钮，弹出"下载"对话框，如图 3-66 所示，将"块"选项组中的"程序块""数据块"和"系统块"三个选项全部勾选，若 CPU 此时处于 RUN 模式，将 CPU 设置成 STOP 模式，如图 3-67 所示，然后单击"是"按钮，则程序自动下载到 CPU 中。下载成功后，"下载"对话框中有"下载已成功完成！"字样的提示，如图 3-68 所示，最后单击"关闭"按钮。

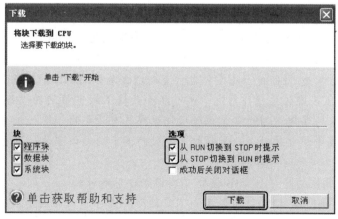

图 3-66　"下载"对话框

图 3-67　停止运行

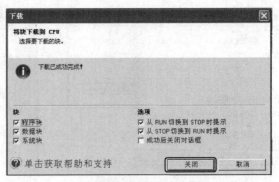

图 3-68　下载完成界面

8. 运行和停止运行模式

要运行下载到 PLC 中的程序，只要单击工具栏中"运行" ▶ 按钮即可，同理，要停止运行程序，只要单击工具栏中"停止" ▣ 按钮即可。

9. 程序状态监控

在调试程序时，程序状态监控功能非常有用。当开启此功能时，闭合的触点中有蓝色的矩形，而断开的触点中没有蓝色的矩形，如图 3-69 所示。要开启"程序状态监控"功能，只需要单击"调试"菜单栏中的"程序状态" 🔲 程序状态 按钮即可。监控程序之前，程序应处于运行模式。

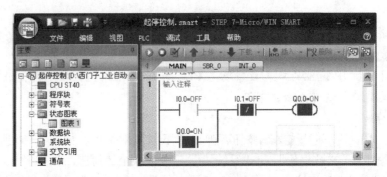

图 3-69　程序状态监控

【关键点】程序不能下载有以下两种情况。

1）双击"更新可访问的设备"选项时，仍然找不到可访问的设备（PLC）。

用户可按以下五种方法进行检修。

① 检查网线是否将 PLC 与个人计算机连接好，如果网络连接中显示🖼，或者个人计算机的右下角显示🖼，则表明网线没有将个人计算机与 PLC 连接好，解决方案是更换网线或者重新拔出和插上网线；检查 PLC 是否正常供电，直到以上两个图标上的红色叉号消失为止。

② 如果用户安装了盗版的操作系统，也可能导致找不到可访问的设备，对于初学者，遇到这种情况特别不容易发现，因此安装正版操作系统是有必要的。

③ "通信"设置中，要选择个人计算机中安装的网卡的具体型号，不能选择其他的选项。

④ 更新个人计算机的网卡驱动程序。

⑤ 调换个人计算机的另一个 USB 接口（利用串口下载时）。

2）找到可访问的设备（PLC），但不能下载程序。最可能的原因是，个人计算机的 IP 地址和 PLC 的 IP 地址不在一个网段中。

操作过程中用户对程序不能下载可能有以下两种误解。

1）将反连接网线换成正连接网线。尽管西门子公司建议 PLC 的以太网通信使用正线连接，但在 S7-200 SMART PLC 的程序下载中，这个做法没有实际意义，因为 S7-200 SMART PLC 的 PN 口有自动交叉线功能，网线正连接和反连接都可以下载程序。

2）双击"更新可访问的设备"选项时，仍然找不到可访问的设备，这是因为个人计算机的网络设置不正确。其实，个人计算机的网络设置只会影响到程序的下载，并不影响 STEP 7-Micro/WIN SMART 访问 PLC。

3.4　仿真软件的使用

3.4.1　仿真软件简介

仿真软件可以在计算机或者编程设备（如 Power PG）中模拟 PLC 运行和测试程序，就像运行在真实的硬件上一样。西门子公司为 S7-300/400 系列 PLC 设计了仿真软件 PLC SIM，但遗憾的是没有为 S7-200 SMART PLC 设计仿真软件。下面将介绍应用较广泛的仿真软件 S7-200 SIM 2.0，这个软件是为 S7-200 系列 PLC 开发的，部分 S7-200 SMART PLC 的程序也可以用 S7-200 SIM 2.0 进行仿真。

3.4.2　仿真软件 S7-200 SIM 2.0 的使用

微课
仿真软件 S7-200
SIM 2.0 的使用

S7-200 SIM 2.0 仿真软件的界面友好，使用非常简单，下面以图 3-70 所示的程序的仿真为例介绍 S7-200 SIM 2.0 的使用。

1）在 STEP 7-Micro/WIN SMART 软件中编译图 3-70 所示的程序，再单击菜单栏中的"文件"→"导出"，并将导出的文件保存，文件的扩展名为默认的".awl"（文件的全名保存为"123.awl"）。

2）打开 S7-200 SIM 2.0 软件，单击菜单栏中的"配置"→"CPU 型号"，弹出"CPU Type"（CPU 型号）对话框，选定所需的 CPU，如图 3-71 所示，再单击"Accept"（确定）按钮即可。

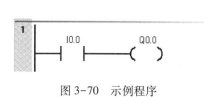

图 3-70　示例程序

图 3-71　CPU 型号设定

3）装载程序。单击菜单栏中的"程序"→"装载程序"，弹出"装载程序"对话框，设置如图 3-72 所示，再单击"确定"按钮，弹出"打开"对话框，如图 3-73 所示，选中要装载的程序"123.awl"，最后单击"打开"按钮即可。此时，程序已经装载完成。

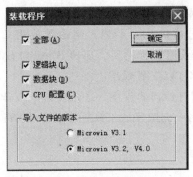

图 3-72 装载程序

图 3-73 打开文件

4）开始仿真。单击工具栏中的"运行" ▶ 按钮，运行指示灯亮，如图 3-74 所示，单击按钮 I0.0，按钮向上合上，PLC 的输入点 I0.0 有输入，输入指示灯亮，同时输出点 Q0.0 输出，输出指示灯亮。

与 PLC 相比，仿真软件有省钱、方便等优势，但仿真软件毕竟不是真正的 PLC，它只具备 PLC 的部分功能，不能实现完全仿真。

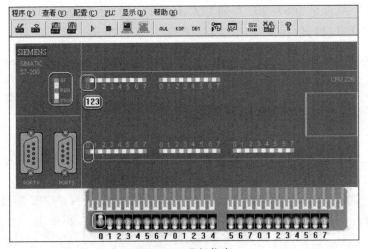

图 3-74 进行仿真

习　题

1. 计算机安装 STEP 7-Micro/WIN SMART 软件需要哪些软、硬件条件？

2. 当 S7-200 SMART PLC 处于监控状态时，能否用软件设置 PLC 为停止运行模式？

3. 如何设置 CPU 的密码？如何清除密码？如何对整个工程加密？

4. 断电数据保持有几种形式实现？怎样判断数据块已经写入 EEPROM？

5. 状态图表和趋势视图有什么作用？如何使用？二者有何联系？

6. 工具中有哪些重要的功能？

7. 交叉引用有什么作用？

8. 程序不能下载的可能原因是什么？

第4章

S7-200 SMART PLC 的编程语言

本章主要介绍 S7-200 SMART PLC 的编程基础知识、各种指令等。本章内容较多，但非常重要。读者学习完本章内容就能具备编写简单程序的能力。

4.1 S7-200 SMART PLC 的编程基础知识

4.1.1 数据的存储类型

1. 数制

（1）二进制 二进制数的 1 位只能取 0 或 1 两个值，可以用来表示开关量的两种不同状态，如触点的断开和接通、线圈的断电和通电以及灯的灭和亮等。在梯形图中，该位是 1 可以表示常开触点的闭合和线圈的得电，反之，该位是 0 则表示常开触点的断开和线圈的断电。二进制用前缀 2# 加二进制数表示，如 2#1001 1101 1001 1101 就是 16 位二进制数。十进制的运算规则是逢 10 进 1，二进制的运算规则是逢 2 进 1。

（2）十六进制 十六进制的 16 个数字是 0~9 和 A~F（对应于十进制中的 10~15），每个十六进制数可用 4 位二进制数表示，如 16#A 用二进制表示为 2#1010。前缀 B#16#、W#16# 和 DW#16# 分别表示十六进制的字节、字和双字。十六进制的运算规则是逢 16 进 1。学会二进制和十六进制之间的转化对于学习西门子 PLC 来说十分重要。

（3）BCD 码 BCD 码用 4 位二进制数（或者 1 位十六进制数）表示 1 位十进制数，如十进制数 9 的 BCD 码是 1001。4 位二进制数有 16 种组合，但 BCD 码只用到前十种，后六种（1010~1111）没有在 BCD 码中使用。十进制数转换成 BCD 码很容易，如十进制数 366 转换成十六进制 BCD 码是 W#16#0366。

【关键点】十进制数 366 转换成十六进制数是 W#16#16E，这是要特别注意的。

BCD 码的最高 4 位二进制数用来表示符号，16 位 BCD 码字的范围是 -999 ~ 999。32 位 BCD 码双字的范围是 -9999999 ~ 9999999。不同数制数的表示方法见表 4-1。

表 4-1　不同数制数的表示方法

十进制	十六进制	二进制	BCD 码	十进制	十六进制	二进制	BCD 码
0	0	0000	00000000	3	3	0011	00000011
1	1	0001	00000001	4	4	0100	00000100
2	2	0010	00000010	5	5	0101	00000101

（续）

十进制	十六进制	二进制	BCD 码	十进制	十六进制	二进制	BCD 码
6	6	0110	00000110	11	B	1011	00010001
7	7	0111	00000111	12	C	1100	00010010
8	8	1000	00001000	13	D	1101	00010011
9	9	1001	00001001	14	E	1110	00010100
10	A	1010	00010000	15	F	1111	00010101

2. 数据的长度和类型

S7-200 SMART PLC 将信息存于不同的存储器单元，每个单元都有唯一的地址，该地址可以明确指出要存取的存储器位置。这就允许用户程序直接存取信息。表4-2列出了不同长度的数据表示的十进制数的取值范围。

表4-2 不同长度的数据表示的十进制数的取值范围

数据类型及其关键字	数据长度	取值范围
字节（Byte）	8位（1字节）	0~255
字（Word）	16位（2字节）	0~65535
位（Bit）	1位	0、1
整数（Int）	16位（2字节）	0~65535（无符号），-32768~32767（有符号）
双精度整数（DInt）	32位（4字节）	0~4294967295（无符号） -2147483648~2147483647（有符号）
双字（DWord）	32位（4字节）	0~4294967295
实数（Real）	32位（4字节）	1.175495E-38~3.402823E+38（正数） -1.175495E-38~-3.402823E+38（负数）
字符串（String）	8位（1字节）	

【关键点】西门子PLC数据类型的关键字不区分大小写，如Real和REAL都是合法的，表示实数（浮点数）数据类型。

3. 常数

S7-200 SMART PLC 的许多指令中都用到常数，常数有多种表示方法，如二进制、十进制和十六进制等。用二进制或十六进制表示时，要在数据前分别加前缀2#或16#，格式如下：

二进制常数2#1100，十六进制常数16#234B1。

其他的数据表示方法举例如下：

ASCII码"HELLOW"，实数-4.1415926，十进制数234。

几种错误表示方法如下：八进制数33表示成8#33，十进制数33表示成10#33，十进制数2用二进制表示成2#2。读者要避免这些错误。但要注意，8#33和10#33在S7-1200/1500 PLC中合法。

若要存取存储区中的某一位，则必须指定地址，地址包括存储器标识符、字节地址和位地址。图4-1所示为一个位寻址的例子，其中，存储器标识符、字节地址（I代表输入，2代表字节2）和位地址之间用点号"."隔开。

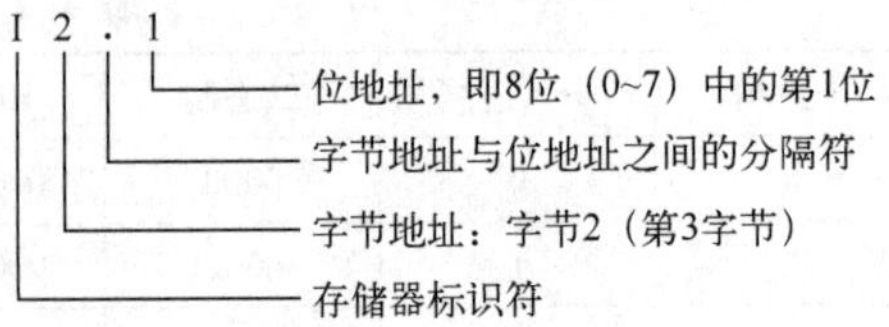

I 2 . 1
位地址，即8位（0~7）中的第1位
字节地址与位地址之间的分隔符
字节地址：字节2（第3字节）
存储器标识符

图4-1 位寻址

【例 4-1】如图 4-2 所示，如果 MD0 = 16#1F，那么 MB0 ~ MB3 的数值分别是多少？M0.0 和 M3.0 是多少？

解　因为 1 个双字包含 4 字节，1 字节包含 2 个十六进制位，所以 MD0 = 16#1F = 16# 0000001F，根据图 4-2 可知，MB0 = 0，MB1 = 0，MB2 = 0，MB3 = 16#1F。因为 MB0 = 0，所以 M0.0 = 0；因为 MB3 = 16#1F = 2#00011111，所以 M3.0 = 1。西门子 PLC 的这点不同于三菱 PLC，注意区分。

图 4-2　字节、字和双字的起始地址

【例 4-2】图 4-3 所示的梯形图，请查看有无错误。

解　这个程序从逻辑上看没有问题，但在实际运行时是有问题的。程序段 1 是起停控制，V0.0 常开触点闭合后开始采集数据，而且 A-D（模-数）转换的结果存放在 VW0 中，VW0 包含 2 字节 VB0 和 VB1，而 VB0 包含 8 位即 V0.0 ~ V0.7。只要采集的数据经过 A-D 转换，使 V0.0 位为 0，那么整个数据采集过程自动停止。初学者很容易犯类似的错误。将 V0.0 改为 V2.0，只要避开 VW0 中包含的 16 位（V0.0 ~ V0.7 和 V1.0 ~ V1.7）即可。

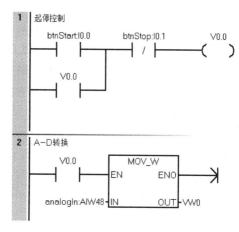

图 4-3　梯形图

数值和数据类型是十分重要的，但往往被很多初学者忽视，如果没有掌握数值和数据类型，学习后续章节时，出错将是不可避免的。

4.1.2　元件的功能与地址分配

1. 输入过程映像寄存器 I

输入过程映像寄存器与输入端相连，它是专门用来接受 PLC 外部开关信号的元件。在每个扫描周期的开始，CPU 对物理输入点进行采样，并将采样值写入输入过程映像寄存器中。CPU 可以按位、字节、字或双字来存取输入过程映像寄存器中的数据，输入过程映像寄存器 I0.0、I0.1 的等效电路和梯形图如图 4-4 左侧的所示。

微课
PLC 的三个
运行阶段

位格式：I[字节地址].[位地址]，如 I0.0。

字节、字或双字格式：I[数据类型][起始字节地址]，如 IB0、IW0 和 ID0。

2. 输出过程映像寄存器 Q

输出过程映像寄存器是用来将 PLC 内部信号输出传送给外部负载（输出设备）的元件。输出过程映像寄存器线圈是由 PLC 内部程序的指令驱动，其线圈状态传送给输出单元，再由输出单元对应的硬触点来驱动外部负载，输出过程映像寄存器 Q0.0 的等效电路和梯形图如

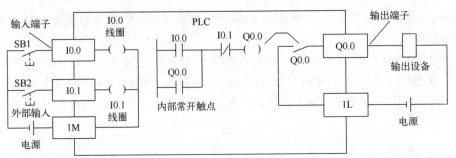

图4-4　输入过程映像寄存器I0.0、I0.1和输出过程映像寄存器Q0.0的等效电路和梯形图

图4-4右侧的所示。在每个扫描周期的结尾，CPU将输出过程映像寄存器中的数值复制到物理输出点上，可以按位、字节、字或双字来存取输出过程映像寄存器中的数据。

位格式：Q[字节地址].[位地址]，如Q1.1。

字节、字或双字格式：Q[数据类型][起始字节地址]，如QB0、QW2和QD0。

如图4-4所示，当输入端的SB1按钮闭合时，输入端硬件线路组成回路，经过PLC内部电路的转化，I0.0线圈得电，梯形图中的I0.0常开触点闭合，Q0.0得电自锁，经过PLC内部电路的转化，真实回路中的常开触点Q0.0闭合，外部设备线圈得电，输出端硬件线路组成回路；当输入端的SB2按钮闭合时，输入端硬件线路组成回路，经过PLC内部电路的转化，I0.1线圈得电，梯形图中的I0.1常闭触点断开，Q0.0失电，经过PLC内部电路的转化，真实回路中的常开触点Q0.0断开，外部设备线圈断电，理解这一点很重要。

图4-4中，若按钮SB2接线断开，则压下SB2按钮，不能实现停机，可能产生安全事故。因此在实际工程中，停止按钮SB2一般是常闭触点，改进后的等效电路和梯形图如图4-5所示。由于停止按钮SB2为常闭触点，所以当SB2接线断开后，I0.1线圈失电，梯形图中的I0.1常开触点断开，Q0.0线圈失电，外部输出设备不能起动，因此不会产生安全事故。

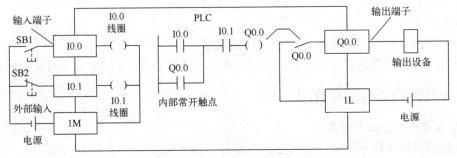

图4-5　改进后的等效电路和梯形图

3. 变量存储器V

可以用变量存储器存储程序执行过程中控制逻辑操作的中间结果，也可以用它来保存与工序或任务相关的其他数据。变量存储器不能直接驱动外部负载。可以按位、字节、字或双字来存取变量存储区中的数据。

位格式：V[字节地址].[位地址]，如V10.2。

字节、字或双字格式：V[数据类型][起始字节地址]，如VB100、VW100和VD100。

4. 位存储器M

位存储器是PLC中常用的存储器，一般的位存储器与继电器控制系统中的中间继电器相似。位存储器不能直接驱动外部负载，负载只能由输出过程映像寄存器的外部触点驱动。位存储器的常开触点与常闭触点在 PLC 内部编程时可无限次使用。可以用位存储器作为控制继电器来存储中间操作状态和控制信息，并且可以按位、字节、字或双字来存取位存储器中的数据。

位格式：M［字节地址］.［位地址］，如 M2.7。

字节、字或双字格式：M［数据类型］［起始字节地址］，如 MB10、MW10 和 MD10。

需要注意的是，有的用户习惯使用 M 区作为中间地址，但 S7-200 SMART PLC 中 M 区地址空间很小，只有 32 字节，往往不够用。而 S7-200 SMART PLC 中提供了大量的 V 区存储空间，即用户数据空间。V 区相对很大，其用法与 M 区相似，可以按位、字节、字或双字来存取 V 区数据，如 V10.1、VB20、VW100 和 VD200 等。

【例 4-3】图 4-6 所示的梯形图中，Q0.0 控制一盏灯，请分析系统上电后接通 I0.0 和系统断电又上电后灯的亮灭情况。

解　系统上电后接通 I0.0，Q0.0 线圈得电并自锁，灯亮；系统断电又上电后，Q0.0 线圈处于失电状态，灯灭。

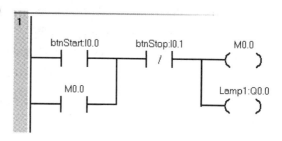

图 4-6　梯形图

5. 特殊存储器 SM

SM 位为 CPU 与用户程序之间传递信息提供了一种手段。可以用 SM 位选择和控制 S7-200 SMART PLC 的一些特殊功能。例如，首次扫描标志位（SM0.1）、按照固定频率开关的标志位或者显示数学运算或操作指令状态的标志位，并且可以按位、字节、字或双字来存取 SM 位的数据。

位格式：SM［字节地址］.［位地址］，如 SM0.1。

字节、字或双字格式：SM［数据类型］［起始字节地址］，如 SMB86、SMW22 和 SMD42。

SMB0~SMB29、SMB480~SMB515、SMB1000~SMB1699 和 SMB1800~SMB1999 是只读特殊存储器。SMB30~SMB194 以及 SMB566~SMB749 是读写特殊存储器。

S7-200 SMART PLC 的部分只读特殊存储器说明如下。

SMB0：系统状态位。

SMB1：指令执行状态位。

SMB2：自由端口接收字符。

SMB3：自由端口奇偶校验错误。

SMB4：中断队列溢出、运行时程序错误、中断已启用、自由端口发送器空闲和强制值。

SMB5：I/O 错误状态位。

SMB6~SMB7：CPU ID、错误状态和数字量 I/O 点。

SMB8~SMB21：I/O 模块 ID 和错误。

SMW22~SMW26：扫描时间。

SMB28~SMB29：信号板 ID 和错误。

S7-200 SMART PLC 的部分读写特殊存储器说明如下。

SMB30（端口 0）和 SMB130（端口 1）：集成 RS-485 端口（端口 0）和 CM01 信号板（SB）RS-232/RS-485 端口（端口 1）的端口组态。

SMB34~SMB35：定时中断的时间间隔。

SMB36~45（HSC0）、SMB46~55（HSC1）、SMB56~65（HSC2）和 SMB136~145（HSC3）：

高速计数器（HSC）组态和操作。

　　SMB66~SMB85：PWM0 和 PWM1 高速输出。

　　SMB86~SMB94：接收消息控制。

　　SMW98：I/O 扩展总线通信错误。

　　SMW100~SMW110：系统报警。

　　SMB136~SMB145：HSC3 高速计数器。

　　SMB186~SMB194：接收消息控制。

　　SMB566~SMB575：PWM2 高速输出。

　　SMB600~SMB649：轴 0 开环运动控制。

　　SMB650~SMB699：轴 1 开环运动控制。

　　SMB700~SMB749：轴 2 开环运动控制。

全部掌握是比较困难的，具体使用请参考系统手册，系统状态位是常用的特殊存储器，见表4-3。SM0.0、SM0.1 和 SM0.5 的时序图如图4-7所示。

表 4-3　特殊存储器字节 SMB0（SM0.0~SM0.7）

SM 位	符号名	描述
SM0.0	Always_On	该位始终为 1
SM0.1	First_Scan_On	该位在首次扫描时为 1，用途之一是调用初始化子程序
SM0.2	Retentive_Lost	在以下操作后，该位会接通一个扫描周期： 重置为出厂通信命令 重置为出厂存储卡评估 评估程序传送卡（在此评估过程中，会从程序传送卡中加载新系统块） CPU 在上次断电时存储的保持性记录出现问题 该位可用作错误存储器位或用作调用特殊起动顺序的机制
SM0.3	RUN_Power_Up	从上电或暖启动条件进入 RUN 模式时，该位接通一个扫描周期 该位可用于在开始操作之前给机器提供预热时间
SM0.4	Clock_60s	该位提供时钟脉冲，该脉冲的周期时间为 1 min，OFF（断开）30 s，ON（接通）30 s 该位可简单轻松地实现延时或 1 min 时钟脉冲
SM0.5	Clock_1s	该位提供时钟脉冲，该脉冲的周期时间为 1 s，OFF 0.5 s，然后 ON 0.5 s 该位可简单轻松地实现延时或 1 s 时钟脉冲
SM0.6	Clock_Scan	该位是扫描周期时钟，接通一个扫描周期，然后断开·个扫描周期，在后续扫描中交替接通和断开 该位可用作扫描计数器输入
SM0.7	RTC_Lost	如果实时时钟设备的时间被重置或在上电时丢失（导致系统时间丢失），则该位将接通一个扫描周期 该位可用作错误存储器位或用来调用特殊起动顺序

【例 4-4】　图 4-8 所示的梯形图中，Q0.0 控制一盏灯，请分析系统上电后灯的亮灭情况。

　　解　因为 SM0.5 是周期为 1 s 的脉冲信号，所以灯亮 0.5 s，然后灭 0.5 s，以 1 s 为周期闪烁。SM0.5 常用于报警灯的闪烁。

6. 局部存储器 L

　　主程序中有 64 字节局部存储器，每个子程序和中断程序中有 64 字节局部存储器。如果用梯形图或功能块图编程，STEP 7-Micro/WIN SMART 保留这些局部存储器的最后 4 字节。局部存储器和变量存储器很相似，但有一个区别：变量存储器是全局有效的，而局部存储器只在局部有效。全局有效是指同一个存储器可以被任何程序存取（包括主程序、子程序和中断服务程序），局部有效是指存储器和特定的程序相关联。S7-200 SMART PLC 给主程序分配64 字节的局部存储器，给每一级子程序嵌套分配 64 字节的局部存储器，同样给中断程序分配64 字节的局部存储器。

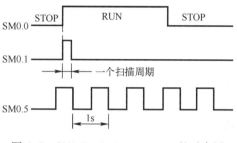

图 4-7　SM0.0、SM0.1、SM0.5 的时序图

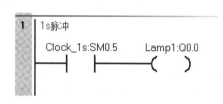

图 4-8　例 4-4 的梯形图

子程序不能访问分配给主程序、中断程序或者其他子程序的局部存储器。同样，中断程序也不能访问分配给主程序或子程序的局部存储器。S7-200 SMART PLC 根据需要来分配局部存储器。也就是说，当主程序执行时，分配给子程序或中断程序的局部存储器是不存在的。当发生中断或调用一个子程序时，才会给中断程序或子程序分配局部存储器。新的局部存储器地址可能会覆盖另一个子程序或中断程序的局部存储器地址。

在分配局部存储器时，PLC 不进行初始化，初值可以是任意的。当在子程序的调用中传递参数时，在被调用子程序的局部存储器中，由 CPU 替换其被传递的参数的值。局部存储器在参数传递过程中不传递值，在分配时不被初始化，可以包含任意数值。L 可以作为地址指针。

位格式：L[字节地址].[位地址]，如 L0.0。

字节、字或双字格式：L[数据类型][起始字节地址]，如 LB33。

下面的程序中，LD10 作为地址指针：

```
LD    SM0.0
MOVD &VB0, LD10          //将 V 区的起始地址装载到指针中
```

7. 模拟量输入映像寄存器 AI

S7-200 SMART PLC 能将模拟量值（如温度或电压）转换成 1 个字长（16 位）的数字量。可以用区域标识符（AI）、数据长度（W）及起始字节地址来存取这些值。因为模拟输入量为1 个字长，并且从偶数位字节（如 0、2、4）开始，所以必须用偶数字节地址（如 AIW16、AIW18、AIW20）来存取这些值。如 AIW1 是错误的数据，则模拟量输入值为只读数据。

格式：AIW[起始字节地址]，如 AIW16。

以下为模拟量输入的程序：

```
LD    SM0.0
MOVW  AIW16, MW10          //将模拟输入量转换为数字量后存入 MW10 中
```

8. 模拟量输出映像寄存器 AQ

S7-200 SMART PLC 能把 1 个字长的数字量值按比例转换为电流或电压。可以用区域标识符（AQ）、数据长度（W）及起始字节地址来改变这些值。因为模拟量为 1 个字长，且从偶

数字节（如0、2、4）开始，所以必须用偶数字节地址（如 AQW16、AQW18、AQW20）来改变这些值。模拟量输出值时只写数据。

格式：AQW[起始字节地址]，如 AQW20。

以下为模拟量输出的程序：

```
LD    SM0.0
MOVW  1234, AQW20      //将数字量1234转换成模拟量(如电压)从通道0输出
```

9. 定时器 T

在 S7-200 SMART PLC 中，定时器可用于时间累计，其分辨率（时基增量）有 1 ms、10 ms 和 100 ms 三种。定时器有以下两个变量。

1）当前值：16 位有符号整数，存储定时器所累计的时间。

2）定时器位：按照当前值和预置值的比较结果置位或者复位（预置值是定时器指令的一部分）。

可以用定时器地址来存取这两个定时器变量。究竟存取哪个变量取决于所使用的指令：若使用位操作指令，则存取定时器位；若使用字操作指令，则存取定时器当前值。

存取格式：T[定时器号]，如 T37。

S7-200 SMART PLC 中定时器可分为接通延时定时器、有记忆的接通延时定时器和断开延时定时器三种。它们通过对一定周期的时钟脉冲进行累计而实现定时功能，时钟脉冲的周期（分辨率）有 1 ms、10 ms 和 100 ms 三种，当计数达到设定值时触点动作。

10. 计数器存储区 C

在 S7-200 SMART PLC 中，计数器可以用于累计其输入端脉冲电平由低到高的次数。CPU 提供了三种类型的计数器：第一种只能增加计数；第二种只能减少计数；第三种既可以增加计数，又可以减少计数。计数器有以下两个变量。

1）当前值：16 位有符号整数，存储累计值。

2）计数器位：按照当前值和预置值的比较结果置位或者复位（预置值是计数器指令的一部分）。

可以用计数器地址来存取这两个计数器变量。究竟存取哪个变量取决于所使用的指令：若使用位操作指令，则存取计数器位；若使用字操作指令，则存取计数器当前值。

存取格式：C[计数器号]，如 C24。

11. 高速计数器 HC

高速计数器用于对高速事件计数，它独立于 CPU 的扫描周期。高速计数器有一个 32 位的有符号整数计数值（当前值）。若要存取高速计数器中的值，则应给出高速计数器的地址，即存储器标识符（HC）加上高速计数器号。高速计数器的当前值是只读数据，仅可以作为双字（32 位）来寻址。

格式：HC[高速计数器号]，如 HC0、HC1。

12. 累加器 AC

累加器是可以像存储器一样使用的读写设备。例如，可以用来向子程序传递参数，也可以从子程序返回参数，以及用来存储计算的中间结果。S7-200 SMART PLC 提供四个 32 位累加器（AC0、AC1、AC2 和 AC3），并且可以按字节、字或双字来存取累加器中的数值。

被访问的数据长度取决于存取累加器时所使用的指令。当按字节或字存取累加器时，使

用的是数值的低 8 位或低 16 位；当按双字存取累加器时，使用全部 32 位。

格式：AC［累加器号］，如 AC0。

以下为将常数 18 移入 AC0 中的程序：

```
LD    SM0.0
MOVB  18,AC0      //将常数 18 移入 AC0
```

13. 顺控继电器 S

顺控继电器用于组织机器操作或者进入等效程序段的步骤。SCR（顺控继电器）提供控制程序的逻辑分段。可以按位、字节、字或双字来存取 S 位。

位格式：S［字节地址］.［位地址］，如 S4.1。

字节、字或双字格式：S［数据类型］［起始字节地址］。

4.1.3　STEP 7-Micro/WIN SMART 中的编程语言

STEP 7-Micro/WIN SMART 中有梯形图、语句表和功能块图三种基本编程语言，可以相互转换。此外，还有其他的编程语言，以下简要介绍。

（1）顺序功能图（SFC）　STEP 7-Micro/WIN SMART 中的编程语言为 S7-Graph，顺序功能图不是 STEP 7-Micro/WIN SMART 的标准配置，需要安装软件包。它是针对顺序控制系统进行编程的图形编程语言，特别适合编写顺序控制程序。

（2）梯形图　梯形图直观易懂，适用于数字量逻辑控制。梯形图适合熟悉继电器电路的人员使用，应用最为广泛。

（3）功能块图　LOGO! 系列微型 PLC 使用功能块图编程。功能块图适合熟悉数字电路的人员使用。

（4）语句表　语句表的功能比梯形图或功能块图强。语句表可供擅长用汇编语言编程的用户使用。语句表输入快，可以在每条语句后面加上注释。语句表的使用在减少，发展趋势是有的 PLC 不再支持语句表。

（5）S7-SCL 编程语言　STEP 7-Micro/WIN SMART 的 S7-SCL（结构化控制语言）符合 EN61131-3 标准。S7-SCL 适用于复杂的公式计算、复杂的计算任务和最优化算法，以及管理大量的数据等。S7-SCL 编程语言适合熟悉高级编程语言（如 PASCAL 或 C 语言）的人员使用。S7-200 SMART PLC 不支持此编程语言。

在 STEP 7-Micro/WIN SMART 编程软件中，如果程序块没有错误，并且被正确地划分为程序段，那么可在梯形图、功能块图和语句表之间相互转换。

4.2　位逻辑指令

基本逻辑指令是指构成基本逻辑运算、功能指令的集合，包括基本位操作、置位/复位、边沿触发、逻辑栈、定时、计数和比较等逻辑指令。S7-200 SMART PLC 共有 20 多条逻辑指令，现按用途分类如下。

4.2.1　基本位操作指令

1. 装载及线圈输出指令

LD（Load）：装载指令，即常开触点逻辑运算开始。

LDN（Load Not）：装载指令，即常闭触点逻辑运算开始。

=（Out）：线圈输出指令。

图 4-9 所示的梯形图表示上述三条指令的用法。

装载及线圈输出指令使用说明有以下四个方面。

1）LD：对应梯形图从左侧母线开始，连接常开触点。

2）LDN：对应梯形图从左侧母线开始，连接常闭触点。

3）=：可用于输出过程映像寄存器、辅助继电器、定时器和计数器等，一般不用于输入过程映像寄存器。

4）LD、LDN的操作数：I、Q、M、SM、T、C和S。=的操作数：Q、M、SM、T、C和S。

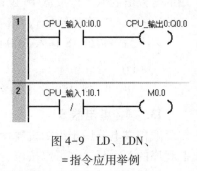

图 4-9　LD、LDN、=指令应用举例

图 4-9 中梯形图的含义为：若程序段 1 中的常开触点 I0.0 接通，则线圈 Q0.0 得电；若程序段 2 中的常闭触点 I0.1 接通，则线圈 M0.0 得电。此梯形图的含义与之前的电气控制中的电气图类似。需要注意的是，触点 I0.0 是地址，地址前面的"CPU_输入 0"是系统默认的与之对应的符号，实际工程中一般要把符号修改成自然语言。

2. 与和与非指令

图 4-10 所示的梯形图表示多地停机，I0.1 和 I0.2 是串联关系，即与运算。需要注意的是，触点 I0.0 是地址，地址前面的"btnStart"是与之对应的符号。若不修改符号表，则使用软件的默认符号（见图 4-9），作者建议读者修改符号表，养成良好的工程习惯。

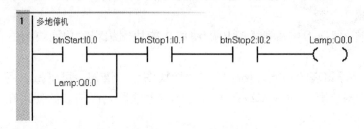

图 4-10　A 指令应用举例

A（And）：与指令，即常开触点串联。

AN（And Not）：与非指令，即常闭触点串联。

与和与非指令使用说明有以下两个方面。

1）A、AN：单个触点串联指令，可连续使用。

2）A、AN的操作数：I、Q、M、SM、T、C和S。

图 4-10 中梯形图的含义为：若程序段 1 中的常开触点 I0.1 和 I0.2 同时接通，则线圈 Q0.0 才可能得电；若常开触点 I0.1 和 I0.2 都不接通，或者只有一个接通，则线圈 Q0.0 不得电。常开触点 I0.1、I0.2 是串联关系，多地停机是其典型的应用。

3. 或和或非指令

O（Or）：或指令，即常开触点并联。

ON（Or Not）：或非指令，即常闭触点并联。

图 4-11 所示的梯形图表示多地起动，I0.0、

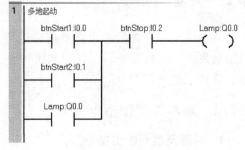

图 4-11　O 指令应用举例

I0.1 和 Q0.0 是并联关系，即或运算。

1）O、ON：单个触点并联指令，可连续使用。

2）O、ON 的操作数：I、Q、M、SM、T、C 和 S。

图 4-11 中梯形图的含义为：若程序段 1 中的常开触点 I0.0、I0.1 和 Q0.0 有一个或者多个接通，则线圈 Q0.0 得电。常开触点 I0.0、I0.1 和 Q0.0 是并联关系，多地起动是其典型的应用。

4.2.2　置位/复位指令

普通线圈获得能量流时，线圈得电（存储器位置 1）；能量流不能到达时，线圈失电（存储器位置 0）。置位/复位指令将线圈设计成置位线圈和复位线圈。置位线圈受到脉冲前沿触发时，线圈得电锁存（存储器位置 1）；复位线圈受到脉冲前沿触发时，线圈失电锁存（存储器位置 0），下次置位、复位操作信号到来前，线圈状态保持不变（自锁）。置位/复位指令格式见表 4-4。

表 4-4　置位/复位指令格式

梯形图	语句表	功能
S-BIT —(S) N	S　S-BIT, N	从起始位 S-BIT 开始的 N 个元件置 1 并保持
S-BIT —(R) N	R　S-BIT, N	从起始位 S-BIT 开始的 N 个元件清 0 并保持

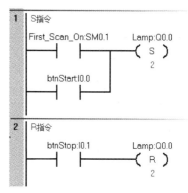

图 4-12　S、R 指令的使用

S、R 指令的使用如图 4-12 所示，当 PLC 上电时，Q0.0 和 Q0.1 都得电；当 I0.1 接通时，Q0.0 和 Q0.1 都失电。

【关键点】置位、复位线圈之间间隔的程序段个数可以任意设置，置位、复位线圈通常成对使用，也可单独使用。

4.2.3　复位优先双稳态触发器和置位优先双稳态指令

RS/SR 触发指令具有置位与复位的双重功能。

RS 触发指令是复位优先双稳态指令。当 S（置位）和 R1（复位）同时为真时，输出为假；当 S 和 R1 同时为假时，保持以前的状态；当 S 为真且 R1 为假时，置位；当 S 为假且 R1 为真时，复位。

SR 触发指令是置位优先双稳态指令。当 S1（置位）和 R（复位）同时为真时，输出为真；当 S1 和 R 同时为假时，保持以前的状态；当 S1 为真且 R 为假时，置位；当 S1 为假且 R 为真时，复位。

RS 和 SR 触发指令应用如图 4-13 所示。

4.2.4　边沿触发指令

边沿触发是指用边沿触发信号产生一个机器周期的扫描脉冲，通常用做脉冲整形。边沿触发指令分为正跳变（上升沿）触发和负跳变（下降沿）触发两大类。正跳变触发指令允许能量从每次断开到接通转换后流动一个扫描周期。负跳变触点指令允许能量从每次接通到断开转换后流动一个扫描周期。边沿触发指令格式见表 4-5。

微课
上升沿和下降沿
指令及其应用

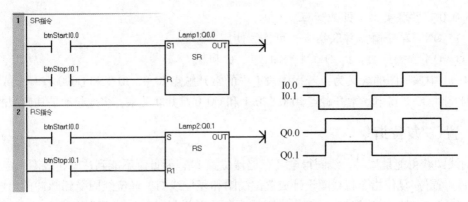

图 4-13　RS 和 SR 触发指令应用

表 4-5　边沿触发指令格式

梯形图	语句表	功能
—|P|—	EU	正跳变，无操作元件
—|N|—	ED	负跳变，无操作元件

【例 4-5】 如图 4-14a 所示，若 I0.0 通电一段时间后再断开，请画出 I0.0、Q0.0、Q0.1 和 Q0.2 的时序图。

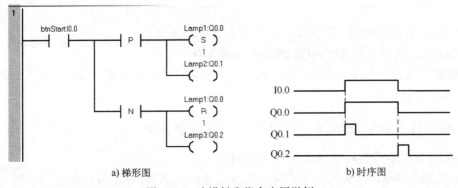

a) 梯形图　　　　　　　　　　　　b) 时序图

图 4-14　边沿触发指令应用举例

解　如图 4-14b 所示，I0.0 接通时，I0.0 触点（EU）产生一个扫描周期的时钟脉冲，驱动输出线圈 Q0.1 得电一个扫描周期，Q0.0 得电，使输出线圈 Q0.0 置位并保持。

I0.0 断开时，I0.0 触点（ED）产生一个扫描周期的时钟脉冲，驱动输出线圈 Q0.2 得电一个扫描周期，使输出线圈 Q0.0 复位并保持。

【例 4-6】 设计程序，实现用一个按钮控制一盏灯的亮和灭，即压下奇数次按钮灯亮，压下偶数次按钮灯灭（有的资料称为乒乓控制）。

解　当 I0.0 第一次接通时，V0.0 接通一个扫描周期，使得 Q0.0 线圈得电一个扫描周期；当下一个扫描周期到达时，Q0.0 常开触点闭合自锁，灯亮。

微课
单键起停控制

当 I0.0 第二次接通时，V0.0 接通一个扫描周期，使得 Q0.0 线圈得电一个扫描周期，断开 Q0.0 的常开触点和 V0.0 的常开触点，灯灭。梯形图如图 4-15 所示。

此外，还有两种编程方法，如图 4-16 和图 4-17 所示。

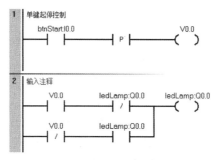

图 4-15　梯形图（1）

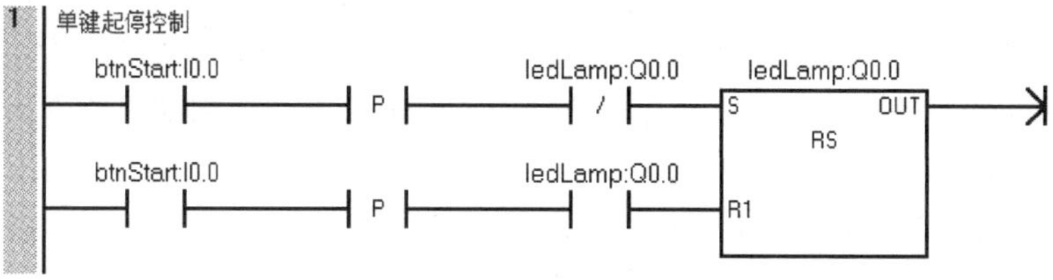

图 4-16　梯形图（2）

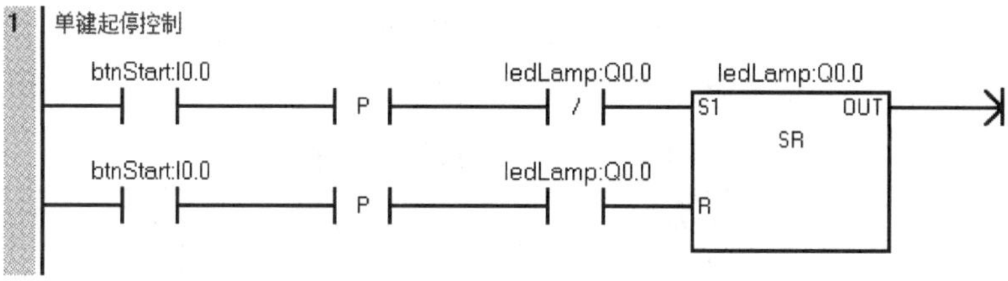

图 4-17　梯形图（3）

4.2.5　取反指令

取反指令（NOT）取反能流输入的状态。

NOT 触点能改变能流输入的状态。能流到达 NOT 触点时将停止；没有能流到达 NOT 触点时，该触点会提供能流。

【例 4-7】某设备上有"就地/远程"转换开关，当其设为"就地"档时，就地灯亮；当其设为"远程"档时，远程灯亮。请设计梯形图。

解　梯形图如图 4-18 所示。

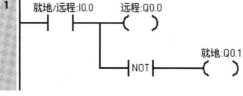

图 4-18　梯形图

4.3　定时器与计数器指令

4.3.1　定时器指令

S7-200 SMART PLC 的定时器为增量型定时器，用于实现时间控制，它可以按照工作方式和时间基准（简称时基）分类。

1. 工作方式

按照工作方式，定时器可分为通电延时型（TON）、有记忆的通电延时型或保持型（TONR）和断电延时型（TOF）三种类型。

2. 时间基准

按照时基，定时器可分为 1 ms、10 ms 和 100 ms 三种类型，时基不同，定时精度（分辨率）、定时范围和定时器的刷新方式也不同。

定时器的工作原理是定时器的使能端输入有效后，当前值寄存器对 PLC 内部的时基脉冲进行递增计数，最小计时单位为时基脉冲的宽度；故时间基准代表着定时器的定时精度。

定时器的使能端输入有效后，当前值寄存器对时基脉冲进行递增计数，当计数值大于或等于定时器的预置值后，状态位置 1。从定时器使能端输入有效到状态位置 1 经过的时间被称为定时时间。定时时间等于时基乘以预置值，时基越大，定时时间越长，但精度越差。

1 ms 定时器每隔 1 ms 刷新一次，与扫描周期和程序处理无关。因而当扫描周期较长时，定时器在一个周期内可能被多次刷新，其当前值在一个扫描周期内不一定保持一致。

10 ms 定时器在每个扫描周期开始时自动刷新。由于每个扫描周期只刷新一次，故在每次程序处理期间，其当前值为常数。

100 ms 定时器在定时器指令执行时被刷新，下一条执行指令即可使用刷新后的结果，使用方便可靠。但应当注意，如果定时器的指令不是每个周期都执行（条件跳转时），定时器就不能及时刷新，可能导致出错。

CPU Sx 的 256 个定时器分为 TONR 和 TON/TOF 两种工作方式与三种时基标准（TON 和 TOF 共享同一组定时器，不能重复使用），其详细分类方法见表 4-6。

表 4-6　定时器工作方式及类型

工作方式	时基/ms	最大定时时间/s	定时器型号
TONR	1	32.767	T0，T64
	10	327.67	T1~T4，T65~T68
	100	3276.7	T5~T31，T69~T95
TON/TOF	1	32.767	T32，T96
	10	327.67	T33~T36，T97~T100
	100	3276.7	T37~T63，T101~T255

3. 工作原理分析

下面分别介绍 TON、TONR 和 TOF 三种类型定时器的工作原理。这三类定时器均有使能输入端 IN 和预置值输入端 PT。预置值的数据类型为 Int，最大预置值为 32767。

（1）TON 定时器　使能端输入有效时，定时器开始计时，当前值从 0 开始递增，大于或等于预置值时，定时器输出状态位置 1；使能端输入无效时，定时器复位，当前值清 0，输出状态位置 0。TON 定时器指令和参数见表 4-7。

表 4-7　TON 定时器指令和参数

梯形图	参数	数据类型	说明	操作数
Txxx IN TON PT — PT ???ms	Txxx	Word	表示要启动的定时器号	T32、T96、T33~T36、T97~T100、T37~T63、T101~T255
	PT	Int	定时器时间值	I、Q、M、D、L、T、S、SM、AI、T、C、AC、常数、*VD、*LD、*AC
	IN	Bool （布尔型变量）	使能	I、Q、M、SM、T、C、V、S、L

注：在指令操作数前加一个"*"号，表示指定该操作数是一个指针。

【例 4-8】 已知梯形图和 I0.0 时序如图 4-19 所示，请画出 Q0.0 的时序图。

解　接通 I0.0，延时 3 s 后，Q0.0 得电，时序图如图 4-19b 所示。

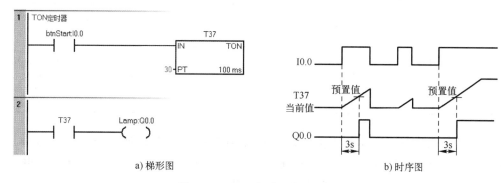

a) 梯形图　　　　　　　　　　　　　b) 时序图

图 4-19　TON 定时器应用举例

【例 4-9】 设计一段程序，实现一盏灯亮 3 s，灭 3 s，不断循环，且能实现起停控制。

解　按下 SB1 按钮，灯 HL1 亮，T37 延时 3 s 后，灯 HL1 灭，T38 延时 3 s 后，切断 T37，灯 HL1 亮，如此循环。原理图如图 4-20 所示，梯形图如图 4-21 所示。

（2）TONR 定时器　使能端输入有效时，定时器开始计时，当前值递增，大于或等于预置值时，输出状态位置 1；使能端输入无效时，当前值保持（记忆）；使能端再次接通有效时，在原记忆值的基础上递增计时。TONR 定时器采用线圈的复位指令进行复位操作，当复位线圈得电时，定时器当前值清 0，输出状态位置 0。TONR 定时器指令和参数见表 4-8。

微课
定时器及其
应用-气炮

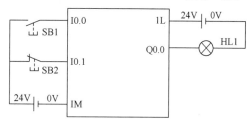

图 4-20　原理图

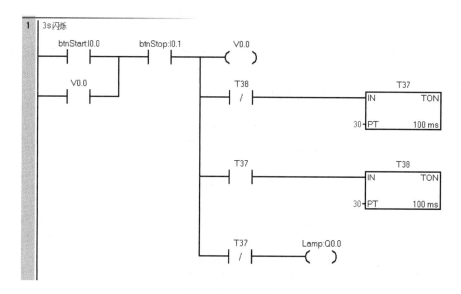

图 4-21　梯形图

表4-8 TONR 定时器指令和参数

梯形图	参数	数据类型	说明	操作数
	Txxx	Word	表示要启动的定时器号	T0、T64、T1~T4、T65~T68、T5~T31、T69~T95
	PT	Int	定时器时间值	I、Q、M、D、L、T、S、SM、AI、T、C、AC、常数、＊VD、＊LD、＊AC
	IN	Bool	使能	I、Q、M、SM、T、C、V、S、L

【例4-10】 已知梯形图及 I0.0 和 I0.1 的时序如图4-22 所示，画出 Q0.0 的时序图。

解 接通 I0.0，延时3s 后，Q0.0 得电；I0.0 断电后，Q0.0 仍然保持得电；当 I0.1 接通时，定时器复位，Q0.0 断电，时序图如图4-22b 所示。

【关键点】 TONR 定时器的线圈带电后，必须复位才能断电。达到预设时间后，TON 和 TONR 定时器继续计时，直到达到最大值32767 时才停止计时。

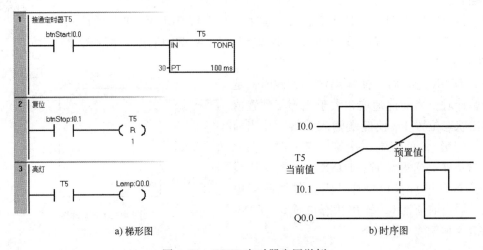

图4-22 TONR 定时器应用举例

（3）TOF 定时器 使能端输入有效时，定时器输出状态位立即置1，当前值清0；使能端输入无效时，开始计时，当前值从0递增，达到预置值时，定时器状态位置0，并停止计时，当前值保持。TOF 定时器指令和参数见表4-9。

表4-9 TOF 定时器指令和参数

梯形图	参数	数据类型	说明	操作数
	Txxx	Word	表示要启动的定时器号	T32、T96、T33~T36、T97~T100、T37~T63、T101~T255
	PT	Int	定时器时间值	I、Q、M、D、L、T、S、SM、AI、T、C、AC、常数、＊VD、＊LD、＊AC
	IN	Bool	使能	I、Q、M、SM、T、C、V、S、L

【例 4-11】 已知梯形图和 I0.0 的时序图如图 4-23 所示，画出 Q0.0 的时序图。

解　接通 I0.0，Q0.0 得电；I0.0 断电 5 s 后，Q0.0 也失电，时序图如图 4-23b 所示。

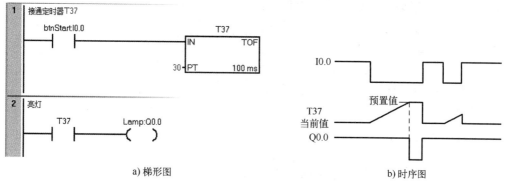

a) 梯形图　　　　　　　　　　　　b) 时序图

图 4-23　TOF 定时器应用举例

【例 4-12】 某车库中有一盏灯，当人离开车库时，按下停止按钮，5 s 后灯熄灭。请编写程序。

解　按下 SB1 按钮，灯 HL1 亮；按下 SB2 按钮 5 s 后，灯 HL1 灭。原理图如图 4-24 所示，梯形图如图 4-25 所示。

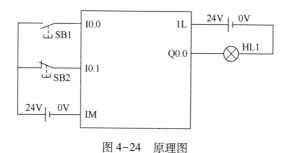

图 4-24　原理图

图 4-25　梯形图

【例 4-13】 鼓风机控制系统一般由引风机和鼓风机两级构成。按下起动按钮后，引风机先工作，5 s 后，鼓风机工作；按下停止按钮后，鼓风机先停止工作，5 s 后，引风机停止工作。请编写程序。

微课
定时器及其
应用-鼓风机

解 鼓风机控制系统按照图4-26所示接线，梯形图如图4-27所示。

【例4-14】常见的小区门禁，用来阻止陌生车辆直接出入。请编写门禁系统控制程序，要求为小区保安可以手动控制门开，到达开门限位开关时停止，20 s后自动关闭，在关闭过程中如果检测到有行人通过（用一个按钮模拟），则停止5 s，然后继续关闭，到达关门限位开关时停止。

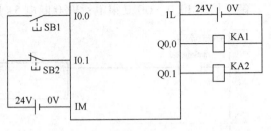

图4-26 原理图

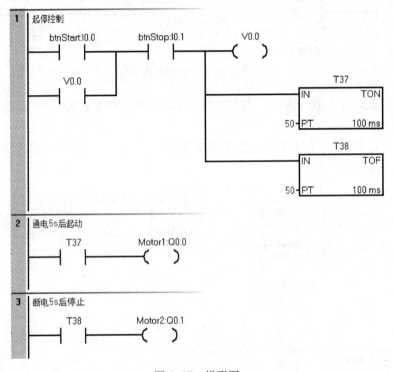

图4-27 梯形图

解

（1）PLC 的 I/O 分配 PLC 的 I/O 分配表见表4-10。

表4-10 PLC 的 I/O 分配表

输入			输出		
名称	符号	输入点	名称	符号	输出点
开始按钮	SB1	I0.0	开门	KA1	Q0.0
停止按钮	SB2	I0.1	关门	KA2	Q0.1
行人通过	SB3	I0.2			
开门限位开关	SQ1	I0.3			
关门限位开关	SQ2	I0.4			

（2）系统的原理图 系统的原理图如图4-28所示。

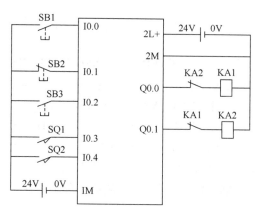

图 4-28　原理图

（3）编写程序　设计梯形图，如图 4-29 所示。

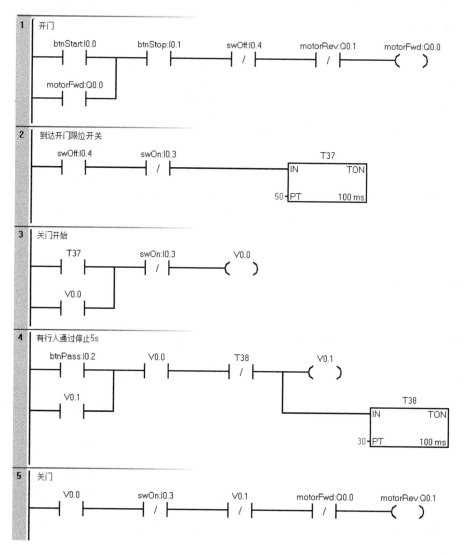

图 4-29　梯形图

4.3.2 计数器指令

计数器利用输入脉冲上升沿累计脉冲个数，S7-200 SMART PLC 有加计数器（CTU）、加/减计数器（CTUD）和减计数器（CTD）三类计数器指令。计数器主要由预置值寄存器、当前值寄存器和状态位等组成，其使用方法和结构与定时器基本相同。

在梯形图指令符号中，CU 表示增 1 计数脉冲输入端，CD 表示减 1 计数脉冲输入端，R 表示复位脉冲输入端，LD 表示减计数器复位脉冲输入端，PV 表示预置值输入端，数据类型为 Int，预置值最大为 32767。计数器的范围为 C0~C255。

下面分别叙述加计数器、加/减计数器和减计数器三种类型计数器的使用方法。

1. 加计数器

当 CU 端输入上升沿脉冲时，计数器的当前值增 1，保存在 Cxxx（如 C0）中；当当前值大于或等于预置值时，计数器状态位置 1；当复位输入有效时，计数器状态位复位，当前值清 0；当当前值达到最大预置值时，计数器停止计数。有的资料上将"加计数器"称为"递加计数器"。加计数器指令和参数见表 4-11。

表 4-11 加计数器指令和参数

梯形图	参数	数据类型	说明	操作数
Cxxx CU CTU R PV—PV	Cxxx	常数	要启动的计数器号	C0~C255
	CU	Bool	加计数输入	I、Q、M、SM、T、C、V、S、L
	R	Bool	复位	
	PV	Int	预置值	V、I、Q、M、SM、L、AI、AC、T、C、常数、*VD、*AC、*LD、S

【例4-15】已知梯形图如图 4-30 所示，I0.0 和 I0.1 的时序如图 4-31 所示，请画出 Q0.0 的时序图。

解 CTU 为加计数器，当 I0.0 接通两次时，常开触点 C0 闭合，Q0.0 输出为高电平；当 I0.1 接通时，计数器 C0 复位，Q0.0 输出为低电平。

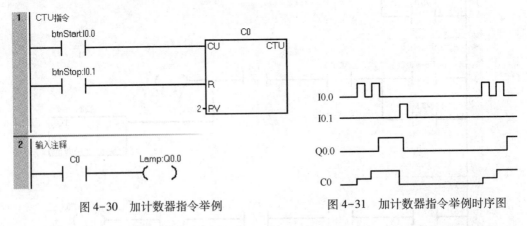

图 4-30 加计数器指令举例   图 4-31 加计数器指令举例时序图

【例4-16】编写一段程序，用一个按钮控制一盏灯的亮和灭，即压下奇数次按钮时，灯亮；压下偶数次按钮时，灯灭。

解 当 I0.0 第一次接通时，V0.0 接通一个扫描周期，使得 Q0.0 线圈得电一个扫描周期，

第4章 S7-200 SMART PLC 的编程语言

当下一个扫描周期到达，Q0.0 常开触点闭合自锁，灯亮。

当 I0.0 第二次接通时，V0.0 接通一个扫描周期，C0 计数为 2，Q0.0 线圈失电，灯灭，同时计数器复位。梯形图如图 4-32 所示。

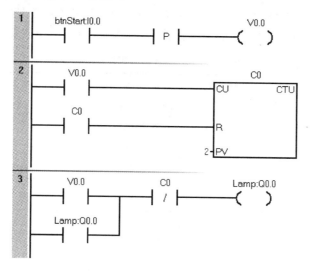

图 4-32　梯形图

【例 4-17】编写一段程序，实现延时 6 h 后，点亮一盏灯，要求设计起停控制。

解　S7-200 SMART PLC 的定时器的最大定时时间是 3276.7 s，还不到 1 h，因此要延时 6 h 需要特殊处理，具体方法是用一个定时器 T37 定时 30 min，每定时 30 min，计数器计数增加 1，直到计数 12 次，定时时间就是 6 h。梯形图如图 4-33 所示。本例的停止按钮接线时，应接常闭触点，这是一般规范，后续章节中将不再重复说明。

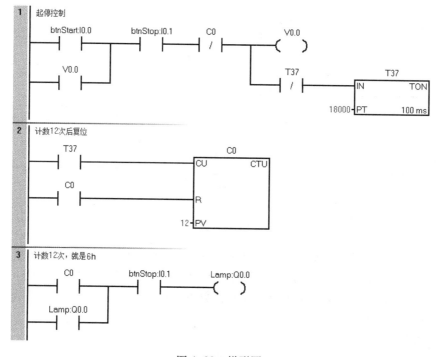

图 4-33　梯形图

2. 加/减计数器

加/减计数器有两个脉冲输入端，其中，CU 用于加计数，CD 用于减计数，执行加/减计数器指令时，利用 CU/CD 端的计数脉冲上升沿进行增 1/减 1 计数。当当前值大于或等于计数器的预置值时，计数器状态位置位；当复位输入有效时，计数器状态位复位，当前值清 0。有的资料将"加/减计数器"称为"增/减计数器"。加/减计数器指令和参数见表 4-12。

表 4-12　加/减计数器指令和参数

梯形图	参数	数据类型	说明	操作数
	Cxxx	常数	要启动的计数器号	C0~C255
	CU	Bool	加计数输入	
	CD	Bool	减计数输入	I、Q、M、SM、T、C、V、S、L
	R	Bool	复位	
	PV	Int	预置值	V、I、Q、M、SM、L、AI、AC、T、C、常数、*VD、*AC、*LD、S

【例 4-18】已知梯形图及 I0.0、I0.1 和 I0.2 的时序如图 4-34 所示，请画出 Q0.0 的时序图。

解　利用加/减计数器输入端的通断情况分析 Q0.0 的状态。当 I0.0 接通四次（四个上升沿）时，C48 的常开触点闭合，Q0.0 得电；当 I0.0 接通第五次时，C48 的当前值为 5；当 I0.1 再接通两次时，C48 的当前值为 3，C48 的常开触点断开，Q0.0 失电；当 I0.0 再接通两次时，C48 的当前值为 5，C48 的当前值大于或等于 4 时，C48 的常开触点闭合，Q0.0 得电；当 I0.2 接通时，计数器复位，C48 的当前值等于 0，C48 的常开触点断开，Q0.0 失电。Q0.0 的时序图如图 4-34b 所示。

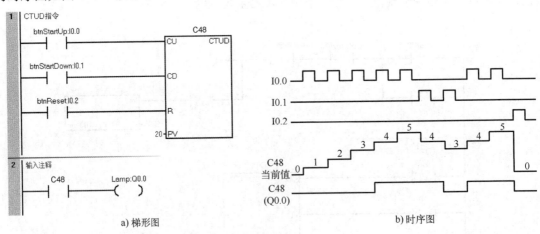

图 4-34　加/减计数器应用举例

【例 4-19】对某一端子上输入的信号进行计数，当当前值达到某个变量存储器的预置值 10 时，PLC 控制灯泡发光，同时对该端子的信号进行减计数；当当前值小于另外一个变量存储器的预置值 5 时，PLC 控制灯泡熄灭，同时计数值清零。请按以上要求编写程序。

解　梯形图如图 4-35 所示。

3. 减计数器

当复位输入有效时，计数器把预置值装入当前值寄存器，计数器状态位复位；在 CD 端的

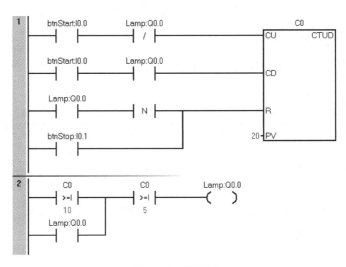

图 4-35　梯形图

每个输入脉冲上升沿，减计数器的当前值从预置值开始递减计数，当当前值等于 0 时，计数器状态位置位，并停止计数。有的资料将"减计数器"称为"递减计数器"。减计数器指令和参数见表 4-13。

表 4-13　减计数器指令和参数

梯形图	参数	数据类型	说明	操作数
Cxxx	Cxxx	常数	要起动的计数器号	C0~C255
CD　CTD	CD	Bool	减计数输入	I、Q、M、SM、T、C、V、S、L
LD	LD	Bool	预置值载入当前值	
PV-PV	PV	Int	预置值	V、I、Q、M、SM、L、AI、AC、T、C、常数、*VD、*AC、*LD、S

【例 4-20】已知梯形图和 I0.0、I0.1 的时序如图 4-36 所示，画出 Q0.0 的时序图。

解　利用减计数器输入端的通断情况，分析 Q0.0 的状态。当 I0.1 接通时，计数器状态位复位，预置值 3 被装入当前值寄存器；当 I0.0 接通三次时，当前值等于 0，Q0.0 得电；当当前值等于 0 时，尽管 I0.1 接通，当前值仍然等于 0；I0.0 接通期间，I0.1 接通，当前值不变。Q0.0 的时序图如图 4-36b 所示。

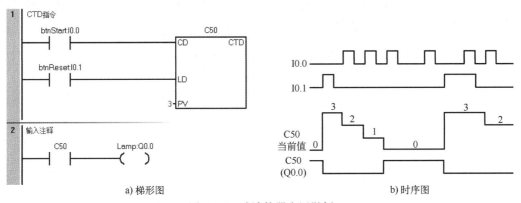

a) 梯形图　　　　　　　　　　　　　　b) 时序图

图 4-36　减计数器应用举例

4.3.3 基本指令的应用实例

在编写 PLC 程序时，基本逻辑指令是最为常用的，下面用几个例子说明用基本指令编写程序的方法。

1. 电动机的控制

电动机的控制在梯形图编写中极为常见，多作为程序中的一个片段出现，以下列举几个常见的例子。

【例 4-21】 设计电动机点动控制的梯形图和原理图。

解

（1）方法 1　比较常用的原理图和梯形图如图 4-37 和图 4-38 所示。但如果程序用到置位指令（S Q0.0），那么这种方法不适用。

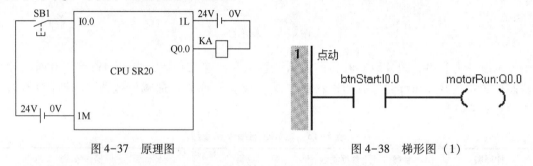

图 4-37　原理图　　　　　　　　　　图 4-38　梯形图（1）

（2）方法 2　梯形图如图 4-39。

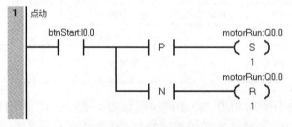

图 4-39　梯形图（2）

【例 4-22】 设计两地控制电动机起停的梯形图和原理图。

解

（1）方法 1　比较常用的原理图和梯形图如图 4-40 和 4-41 所示。这种方法正确，但不是最优方案，因为它占用了较多的 I/O 点。

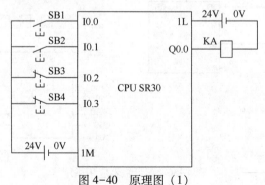

图 4-40　原理图（1）

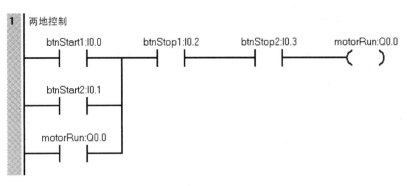

图 4-41　梯形图（1）

（2）方法 2　优化后方案的原理图如图 4-42 所示，梯形图如图 4-43 所示。这种方法节省了两个输入点，但功能完全相同。

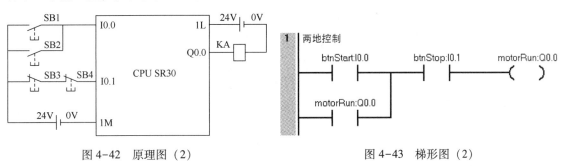

图 4-42　原理图（2）　　　　　　　图 4-43　梯形图（2）

【例 4-23】　设计电动机起动优先的梯形图。

解　I0.0 是起动按钮，接常开触点；I0.1 是停止按钮，接常闭触点。起动优先的梯形图如图 4-44 所示。

【例 4-24】　设计电动机起停控制和点动控制的梯形图和原理图。

解　输入点：I0.0（起动）、I0.1（点动）、I0.2（停止）、I0.3（手自转换）。输出点：Q0.0（正转）。

原理图如图 4-45 所示，梯形图如图 4-46 所示，这种编程方法在工程实践中非常常用。

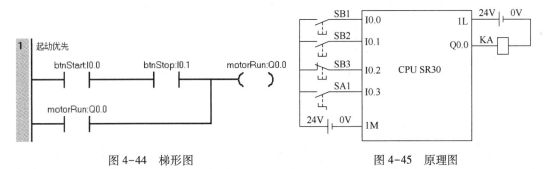

图 4-44　梯形图　　　　　　　　　图 4-45　原理图

【例 4-25】　设计电动机的"正转-停-反转"梯形图，其中 I0.0 是正转按钮，I0.1 是反转按钮，I0.2 是停止按钮，Q0.0 是正转输出，Q0.1 是反转输出。

解　先设计 PLC 的原理图，如图 4-47 所示。

借鉴继电器接触器系统中的设计方法，不难设计"正转-停-反转"梯形图，如图 4-48

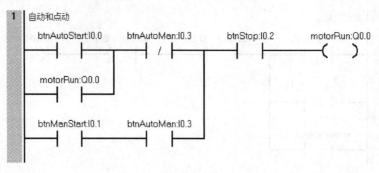

图 4-46 梯形图

所示。Q0.0 常开触点和 Q0.1 常开触点起自锁作用，而 Q0.0 常闭触点和 Q0.1 常闭触点起互锁作用。

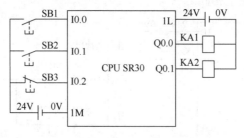

图 4-47 原理图

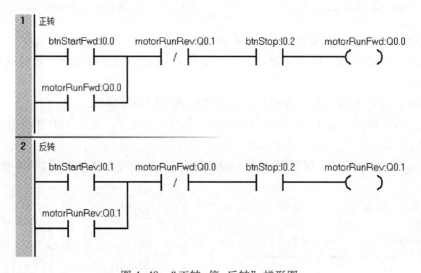

图 4-48 "正转-停-反转"梯形图

【例 4-26】 编写三相异步电动机丫-△（星-三角）起动控制程序。

解 首先按下电源开关（I0.0），接通总电源（Q0.0），同时使电动机绕组实现星形联结（Q0.1），延时 8 s 后，电动机绕组改为三角形联结（Q0.2）；按下停止按钮（I0.1），电动机停转。丫-△起动控制原理图如图 4-49 所示，梯形图如图 4-50 所示。

2. 定时器和计数器的应用

【例 4-27】 编写一段程序，实现分脉冲功能。

解 梯形图如图 4-51 所示。

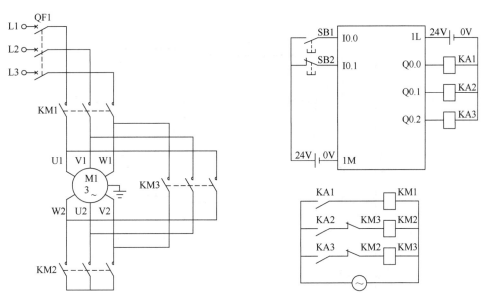

图 4-49　Y-△起动控制原理图

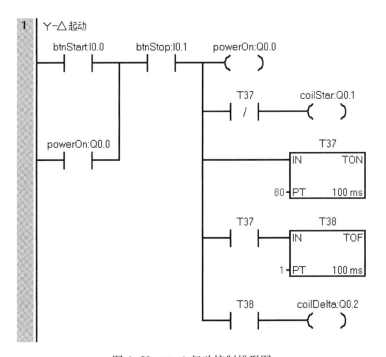

图 4-50　Y-△起动控制梯形图

3. 取代特殊存储器的小程序

【例 4-28】编写一段程序，使 PLC 上电运行后，对 M0.0 置位，并一直保持为 1。

解　在 S7-200 SMART PLC 中，此程序的功能可取代特殊存储器 SM0.0，设计梯形图如图 4-52 和图 4-53 所示。

【例 4-29】编写一段程序，使 PLC 上电运行后，对 MB0~MB3 清 0 复位。

解　在 S7-200 SMART PLC 中，此程序的功能可取代特殊存储器 SM0.1，设计梯形图如图 4-54 所示。

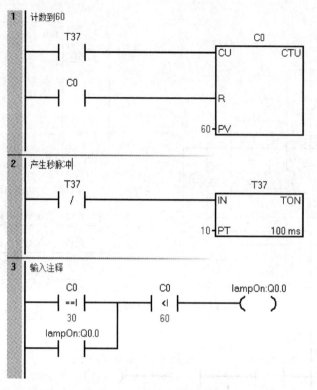

图 4-51　例 4-27 梯形图

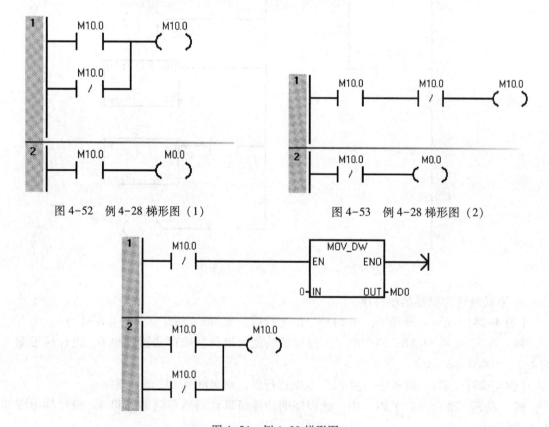

图 4-52　例 4-28 梯形图（1）　　　　　图 4-53　例 4-28 梯形图（2）

图 4-54　例 4-29 梯形图

4. 综合应用

【例4-30】现有一套三级输送系统，用于实现货料的传输，每一级输送机由一台交流电动机控制，电动机分别为 M1、M2 和 M3，分别由接触器 KM1～KM6 控制电动机的正、反转运行。

微课
综合应用-三级
皮带的控制

解　系统结构示意图如图 4-55 所示。

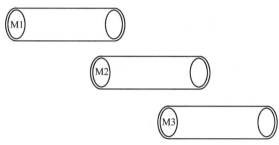

图 4-55　系统结构示意图

（1）控制任务描述

1）当装置上电时，系统进行复位，所有电动机停止运行。

2）当手/自动转换开关 SA1 打到左边时，系统进入自动状态；当按下系统起动按钮 SB1 时，电动机 M3 首先正转起动，运转 10 s 以后，电动机 M2 正转起动；当电动机 M2 运转 10 s 以后，电动机 M1 正转起动，此时系统完成起动过程，进入正常运转状态。

3）当按下系统停止按钮 SB2 时，电动机 M1 首先停止；当电动机 M1 停止 10 s 以后，电动机 M2 停止；当电动机 M2 停止 10 s 以后，电动机 M3 停止。若在系统起动过程中按下停止按钮 SB2，则电动机按起动的顺序反向停止运行。

4）当系统按下急停按钮 SB9 时，三台电动机要求停止工作，直到急停按钮取消后，系统恢复到当前状态。

5）当手/自动转换开关 SA1 打到右边时系统进入手动状态，只能由手动开关控制电动机的运行。通过手动开关（SB3～SB8），操作者能控制三台电动机的正、反转运行，实现货料的手动运输控制。

（2）编写程序　根据系统的功能要求，编写控制程序。

电气原理图如图 4-56 所示，梯形图如图 4-57 所示。

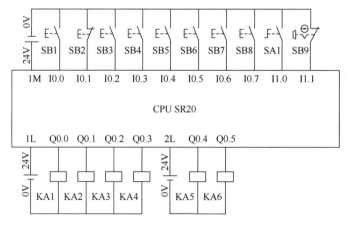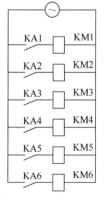

图 4-56　电气原理图

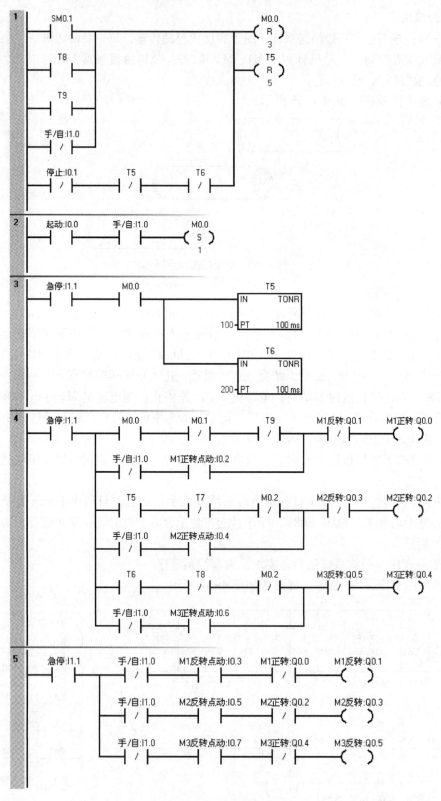

图 4-57　梯形图

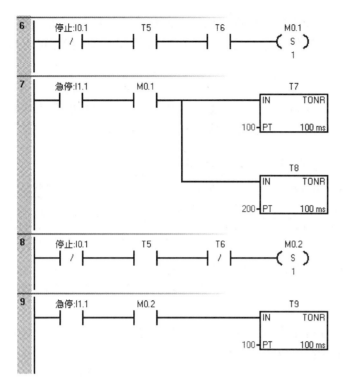

图4-57　梯形图（续）

4.4　功能指令

为了满足用户的一些特殊要求，20世纪80年代开始，众多PLC制造商就在小型机上加入了功能指令（或称应用指令）。这些功能指令的出现，大大拓宽了PLC的应用范围。S7-200 SMART PLC的功能指令很丰富，主要包括算术运算、数据处理、逻辑运算、高速处理、PID、中断、实时时钟和通信指令。PLC在处理模拟量时，一般要进行数据处理。

4.4.1　比较指令

STEP 7-Micro/WIN SMART提供了丰富的比较指令，可以满足用户的多种需要。STEP 7-Micro/WIN SMART中的比较指令可以将下列数据类型的数值进行比较。

1）两个字节（每个字节为8位）。

2）两个字符串（每个字符串为8位）。

3）两个整数（每个整数为16位）。

4）两个双精度整数（每个双精度整数为32位）。

5）两个实数（每个实数为32位）。

【关键点】一个整数和一个双精度整数是不能直接进行比较的，因为它们的数据类型不同。一般先将整数转换成双精度整数，再将两个双精度整数进行比较。

比较指令有等于（EQ）、不等于（NQ）、大于（GT）、小于（LQ）、大于或等于（GE）和小于或等于（LE）。比较指令将输入IN1和IN2进行比较。使用比较指令的前提是数据类型必须相同。

比较指令是将两个操作数按指定的条件进行比较，比较条件满足时，触点闭合，否则断开。比较指令为上、下限控制等提供了极大的方便。在梯形图中，比较指令可以装入，也可以串、并联。

1. 等于比较指令

等于比较指令有等于字节比较指令、等于整数比较指令、等于双精度整数比较指令、等于符号比较指令和等于实数比较指令五种。等于整数比较指令和参数见表4-14。

表4-14 等于整数比较指令和参数

梯形图	参数	数据类型	说明	操作数
IN1 —┤ ==I ├— IN2	IN1	Int	比较的第一个数值	I、Q、M、S、SM、T、C、V、L、AI、 AC、常数、*VD、*LD、*AC
	IN2	Int	比较的第二个数值	

用一个例子来说明等于整数比较指令，梯形图如图4-58所示。MW0中的整数和MW2中的整数比较，若两者相等，则Q0.0输出为"1"；若两者不相等，则Q0.0输出为"0"。IN1和IN2可以为常数。

等于双精度整数比较指令和等于实数比较指令的使用方法与等于整数比较指令类似，只不过IN1和IN2的数据类型分别同为双精度整数或实数。

2. 不等于比较指令

不等于比较指令有不等于字节比较指令、不等于整数比较指令、不等于双精度整数比较指令、不等于符号比较指令和不等于实数比较指令五种。不等于整数比较指令和参数见表4-15。

表4-15 不等于整数比较指令和参数

梯形图	参数	数据类型	说明	操作数
IN1 —┤ <>I ├— IN2	IN1	Int	比较的第一个数值	I、Q、M、S、SM、T、C、V、L、AI、 AC、常数、*VD、*LD、*AC
	IN2	Int	比较的第二个数值	

用一个例子来说明不等于整数比较指令，梯形图如图4-59所示。MW0中的整数和MW2中的整数比较，若两者不相等，则Q0.0输出为"1"；若两者相等，则Q0.0输出为"0"。IN1和IN2可以为常数。

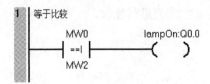

图4-58 等于整数比较指令举例

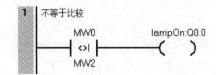

图4-59 不等于整数比较指令举例

不等于双精度整数比较指令和不等于实数比较指令的使用方法与不等于整数比较指令类似，只不过IN1和IN2的数据类型分别同为双精度整数或实数。

3. 小于比较指令

小于比较指令有小于字节比较指令、小于整数比较指令、小于双精度整数比较指令和小于实数比较指令四种。小于双精度整数比较指令和参数见表4-16。

表 4-16　小于双精度整数比较指令和参数

梯形图	参数	数据类型	说明	操作数
IN1 ─┤<D├─ IN2	IN1	DInt	比较的第一个数值	I、Q、M、S、SM、V、L、HC、AC、
	IN2	DInt	比较的第二个数值	常数、＊VD、＊LD、＊AC

用一个例子来说明小于双精度整数比较指令，梯形图如图 4-60 所示。当小于双精度整数比较指令被激活时，MD0 中的双精度整数和 MD4 中的双精度整数比较，若前者小于后者，则 Q0.0 输出为 "1"，否则 Q0.0 输出为 "0"。IN1 和 IN2 可以为常数。

小于整数比较指令和小于实数比较指令的使用方法与小于双精度整数比较指令类似，只不过 IN1 和 IN2 的数据类型分别同为整数或实数。

4. 大于或等于比较指令

大于或等于比较指令有大于或等于字节比较指令、大于或等于整数比较指令、大于或等于双精度整数比较指令和大于或等于实数比较指令四种。大于或等于实数比较指令和参数见表 4-17。

表 4-17　大于或等于实数比较指令和参数

梯形图	参数	数据类型	说明	操作数
IN1 ─┤>=R├─ IN2	IN1	Real	比较的第一个数值	I、Q、M、S、SM、V、L、AC、
	IN2	Real	比较的第二个数值	常数、＊VD、＊LD、＊AC

用一个例子来说明大于或等于实数比较指令，梯形图如图 4-61 所示。MD0 中的实数和 MD4 中的实数比较，若前者大于或等于后者，则 Q0.0 输出为 "1"，否则 Q0.0 输出为 "0"。IN1 和 IN2 可以为常数。

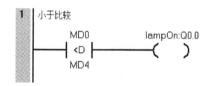

图 4-60　小于双精度整数比较指令举例

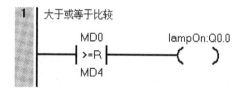

图 4-61　大于或等于实数比较指令举例

大于或等于整数比较指令和大于或等于双精度整数比较指令的使用方法与大于或等于实数比较指令类似，只不过 IN1 和 IN2 的数据类型分别同为整数或双精度整数。

小于或等于比较指令和小于比较指令类似，大于比较指令和大于或等于比较指令类似，在此不再赘述。

4.4.2　数据处理指令

数据处理指令包括数据移动指令（MOV）、成块移动指令（BLKMOV）和填充存储器指令（FILL）等。数据移动指令非常有用，特别在数据初始化、数据运算和通信时经常用到。

1. 数据移动指令

数据移动指令也称传送指令。数据移动指令有字节、字、双字和实数的单个数据移动指令，还有以字节、字或双字为单位的数据块移动指令，用以实现各存储器单元之间的数据移动和复制。

单个数据移动指令一次完成一个字节、字或双字的移动。以下仅以移动字节指令为例说明数据移动指令的使用方法。移动字节指令格式见表4-18。

表4-18   移动字节指令格式

梯形图	参数	数据类型	说明	操作数
MOV_B EN ENO IN OUT	EN	Bool	允许输入	V、I、Q、M、S、SM、L
	ENO	Bool	允许输出	
	OUT	Byte	目的地地址	V、I、Q、M、S、SM、L、AC、*VD、*LD、*AC、常数（OUT中无常数）
	IN	Byte	源数据	

当使能端 EN 输入有效时，将输入端 IN 中的字节移动至 OUT 指定的存储器单元中。输出端 ENO 的状态和使能端 EN 的状态相同。

【例4-31】VB0 中的数据为20，程序如图4-62所示，试分析运行结果。

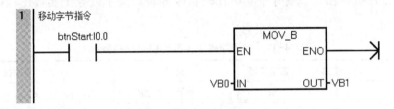

图4-62   移动字节指令程序示例

解 当 I0.0 接通时，执行移动字节指令，VB0 和 VB1 中的数据都为20；当 I0.0 接通后断开，VB0 和 VB1 中的数据都仍为20。

移动字、双字和实数指令的使用方法与移动字节指令类似，在此不再说明。

【关键点】若将输出 VB1 改成 VW1，则程序出错。因为移动字节的操作数不能为字。

2. 成块移动指令

成块移动指令可以一次完成 N 个数据的成块移动，是一个效率很高的指令，应用很方便，有时使用一条成块移动指令可以取代多条移动指令。成块移动字节指令格式见表4-19。

表4-19   成块移动字节指令格式

梯形图	参数	数据类型	说明	操作数
BLKMOV_B EN ENO IN OUT N	EN	Bool	允许输入	V、I、Q、M、S、SM、L
	ENO	Bool	允许输出	
	N	Byte	要移动的字节数	V、I、Q、M、S、SM、L、AC、常数、*VD、*AC、*LD
	OUT	Byte	目的地首地址	V、I、Q、M、S、SM、L、AC、*VD、*LD、*AC、常数（OUT中无常数）
	IN	Byte	源数据首地址	

【例4-32】编写一段程序，将 VB0 开始4字节的内容移动至 VB10 开始4字节的存储单元中，VB0~VB3 的数据分别为5、6、7、8。

解 程序如图4-63所示。

数组1的数据：   5   6   7   8
数据地址：   VB0   VB1   VB2   VB3

数组 2 的数据:	5	6	7	8
数据地址:	VB10	VB11	VB12	VB3

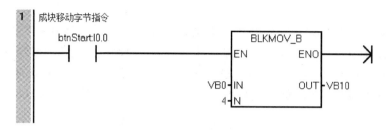

图 4-63　成块移动字节指令程序示例

成块移动指令还有成块移动字指令和成块移动双字指令,其使用方法和成块移动字节指令类似,只不过是数据类型不同而已。

3. 填充存储器指令

填充存储器指令用来实现存储器区域内容的填充。当使能端输入有效时,将输入字 IN 填充至从 OUT 指定单元开始的 N 个字存储单元中。

填充存储器指令可归类为表格处理指令,用于数据表的初始化,特别适用于连续字节的清零。填充存储器指令格式见表 4-20。

表 4-20　填充存储器指令格式

梯形图	参数	数据类型	说明	操作数
	EN	Bool	允许输入	V、I、Q、M、S、SM、L
	ENO	Bool	允许输出	
	IN	Int	要填充的数	V、I、Q、M、S、SM、L、T、C、AI、AC、常数、＊VD、＊LD、＊AC
	OUT	Int	目的数据首地址	V、I、Q、M、S、SM、L、T、C、AQ、＊VD、＊LD、＊AC
	N	Byte	填充的个数	V、I、Q、M、S、SM、L、AC、常数、＊VD、＊LD、＊AC

【例 4-33】 编写一段程序,将从 VW0 开始 10 个字的存储单元清零。

解　程序如图 4-64 所示。填充存储器指令是表格处理指令,使用比较方便,特别是在程序的初始化时,常使用填充存储器指令,将要用到的数据存储区清零,或在通信程序的初始化时,将数据发送缓冲区和数据接收缓冲区的数据清零。此外,表格处理指令中还有 FIFO(先进先出)、LIFO(后进先出)等指令,请读者参考相关手册。

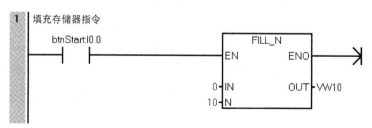

图 4-64　填充存储器指令程序示例

当然也可以使用成块移动指令完成以上功能。

【例4-34】 如图4-49所示为电动机丫-△起动的电气原理图，要求编写控制程序。

解 前10 s，Q0.0和Q0.1线圈得电，电动机以星形联结起动，第10~11 s只有Q0.0得电，从11 s开始，Q0.0和Q0.2线圈得电，电动机以三角形联结运行。梯形图如图4-65所示。这种编程方法逻辑正确，但浪费了五个宝贵的输出点（Q0.3~Q0.7），因此程序不实用。经过优化后，梯形图如图4-66所示。

微课
星三角起-
MOVE

图 4-65 电动机丫-△起动梯形图（1）

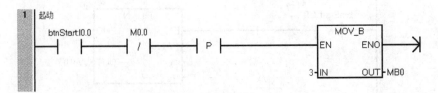

图 4-66 电动机丫-△起动梯形图（2）

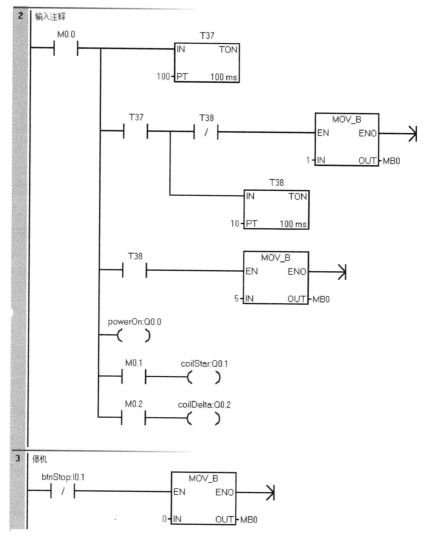

图 4-66　电动机 Y-△ 起动梯形图（2）（续）

4.4.3　移位与循环指令

STEP 7-Micro/WIN SMART 提供的移位循环指令能将存储器的内容逐位向左或者向右移动。移动的位数由 N 决定，左移 N 位相当于累加器的内容乘以 2^N，右移 N 位相当于累加器的内容除以 2^N。移位与循环指令在逻辑控制中使用也很方便。移位与循环指令见表 4-21。

表 4-21　移位与循环指令

名称	语句表	指令	描述
字节左移	SLB	SHL_B	字节逐位左移，空出的位补 0
字左移	SLW	SHL_W	字逐位左移，空出的位补 0
双字左移	SLD	SHL_DW	双字逐位左移，空出的位补 0
字节右移	SRB	SHR_B	字节逐位右移，空出的位补 0
字右移	SRW	SHR_W	字逐位右移，空出的位补 0
双字右移	SRD	SHR_DW	双字逐位右移，空出的位补 0

（续）

名称	语句表	指令	描述
字节循环左移	RLB	ROL_B	字节循环左移
字循环左移	RLW	ROL_W	字循环左移
双字循环左移	RLD	ROL_DW	双字循环左移
字节循环右移	RRB	ROR_B	字节循环右移
字循环右移	RRW	ROR_W	字循环右移
双字循环右移	RRD	ROR_DW	双字循环右移
移位寄存器	SHRB	SHRB	将数值 DATA 移入移位寄存器

1. 字左移指令

当字左移指令（SHL_W）的 EN 位为高电平时，执行字左移指令，将 IN 端指定的内容左移 N 端指定的位数，然后写入 OUT 端指定的目的地址中。若移动位数 N 大于或等于 16，则数值最多被移位 16 次。最后一次移出的位保存在 SM1.1 中。字左移指令格式见表 4-22。

表 4-22 字左移指令格式

梯形图	参数	数据类型	说明	操作数
	EN	Bool	允许输入	I、Q、M、D、L
	ENO	Bool	允许输出	
SHL_W EN ENO IN OUT N	N	Byte	移动的位数	V、I、Q、M、S、SM、L、AC、常数、*VD、*LD、*AC
	IN	Word	移位对象	V、I、Q、M、S、SM、L、T、C、AC、*VD、*LD、*AC、AI 和常数（OUT无）
	OUT	Word	移动操作结果	

【**例 4-35**】梯形图如图 4-67 所示。假设 IN 中的字 MW0 为 2#1001 1101 1111 1011，当 I0.0 接通时，OUT 端 MW0 中的字是什么？

解 当 I0.0 接通时，激活字左移指令，IN 中的字为存储在 MW0 中的 2#1001 1101 1111 1011，左移 4 位后，OUT 端 MW0 中的字为 2#1101 1111 1011 0000。字左移指令示意图如图 4-68 所示。

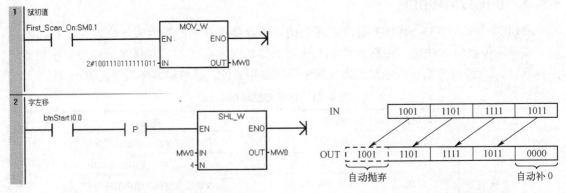

图 4-67 字左移指令应用的梯形图　　　　图 4-68 字左移指令示意图

【**关键点**】图 4-67 中的梯形图有一个上升沿，这样 I0.0 每接通一次，左移 4 位。如果没有上升沿，那么闭合一次，可能左移很多次。这点读者要特别注意。

2. 字右移指令

当字右移指令（SHR_W）的 EN 位为高电平时，执行字右移指令，将 IN 端指定的内容右移 N 端指定的位数，然后写入 OUT 端指定的目的地址中。如果移动位数 N 大于或等于 16，则数值最多被移位 16 次。最后一次移出的位保存在 SM1.1 中。字右移指令格式见表 4-23。

表 4-23 字右移指令格式

梯形图	参数	数据类型	说明	操作数
	EN	Bool	允许输入	I、Q、M、S、L、V
	ENO	Bool	允许输出	
	N	Byte	移动的位数	V、I、Q、M、S、SM、L、AC、常数、＊VD、＊LD、＊AC
	IN	Word	移位对象	V、I、Q、M、S、SM、L、T、C、AC、＊VD、＊LD、＊AC、AI 和常数（OUT 无）
	OUT	Word	移动操作结果	

【例 4-36】 梯形图如图 4-69 所示。假设 IN 中的字 MW0 为 2#1001 1101 1111 1011，当 I0.0 接通时，OUT 端 MW0 中的字是什么？

解 当 I0.0 接通时，激活字右移指令，IN 中的字为存储在 MW0 中的 2#1001 1101 1111 1011，右移 4 位后，OUT 端 MW0 中的字为 2#0000 1001 1101 1111。字右移指令示意图如图 4-70 所示。

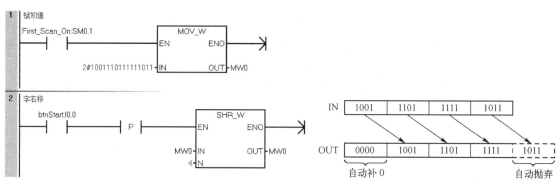

图 4-69 字右移指令应用的梯形图　　　　　图 4-70 字右移指令示意图

字节左移指令、字节右移指令、双字左移指令、双字右移指令和字的移位指令类似，在此不再赘述。

3. 双字循环左移指令

当双字循环左移指令（ROL_DW）的 EN 位为高电平时，执行双字循环左移指令，将 IN 端指令的内容循环左移 N 端指定的位数，然后写入 OUT 端指令的目的地址中。如果移动位数 N 大于或等于 32，执行指令之前在移动位数 N 上执行模数为 32 的模运算，使位数在 0~31 之间，例如当 N=34 时，通过模运算，实际移动位数为 2。双字循环左移指令格式见表 4-24。

【例 4-37】 梯形图如图 4-71 所示。假设 IN 中的双字 MD0 为 2#1001 1101 1111 1011 1001 1101 1111 1011，当 I0.0 接通时，OUT 端 MD0 中的双字是什么？

解 当 I0.0 接通时，激活双字循环左移指令，IN 中的双字存储在 MD0 中，除最高 4 位外，其余各位左移 4 位后，双字的最高 4 位循环到双字的最低 4 位，OUT 端 MD0 中的双字为 2#1101 1111 1011 1001 1101 1111 1011 1001。双字循环左移指令示意图如图 4-72 所示。

表 4-24 双字循环左移指令格式

梯形图	参数	数据类型	说明	操作数
ROL_DW EN ENO IN OUT N	EN	Bool	允许输入	I、Q、M、S、L、V
	ENO	Bool	允许输出	
	N	Byte	移动的位数	V、I、Q、M、S、SM、L、AC、常数、*VD、*LD、*AC
	IN	DWord	移位对象	V、I、Q、M、S、SM、L、AC、*VD、*LD、*AC、HC 和常数（OUT 无）
	OUT	DWord	移动操作结果	

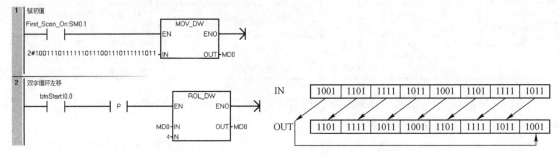

图 4-71 双字循环左移指令应用的梯形图   图 4-72 双字循环左移指令示意图

4. 双字循环右移指令

当双字循环右移指令（ROR_DW）的 EN 位为高电平时，执行双字循环右移指令，将 IN 端指令的内容循环右移 N 端指定的位数，然后写入 OUT 端指令的目的地址中。如果移动位数 N 大于或等于 32，执行指令之前在移动位数 N 上执行模数为 32 的模运算，使位数在 0~31 之间，例如当 N=34 时，通过模运算，实际移动位数为 2。双字循环右移指令格式见表 4-25。

表 4-25 双字循环右移指令格式

梯形图	参数	数据类型	说明	操作数
ROR_DW EN ENO IN OUT N	EN	Bool	允许输入	I、Q、M、S、L、V
	ENO	Bool	允许输出	
	N	Byte	移动的位数	V、I、Q、M、S、SM、L、AC、常数、*VD、*LD、*AC
	IN	DWord	移位对象	V、I、Q、M、S、SM、L、AC、*VD、*LD、*AC、HC 和常数（OUT 无）
	OUT	DWord	移动操作结果	

【例 4-38】 梯形图如图 4-73 所示。假设 IN 中的双字 MD0 为 2#1001 1101 1111 1011 1001 1101 1111 1011，当 I0.0 接通时，OUT 端 MD0 中的双字是什么？

解 当 I0.0 接通时，激活双字循环右移指令，IN 中的双字存储在 MD0 中，除最低 4 位外，其余各位右移 4 位后，双字的最低 4 位循环到双字的最高 4 位，OUT 端 MD0 中的双字为 2#1011 1001 1101 1111 1011 1001 1101 1111。双字循环右移指令示意图如图 4-74 所示。

字节循环左移指令、字节循环右移指令、字循环左移指令、字循环右移指令和双字的循环指令类似，在此不再赘述。

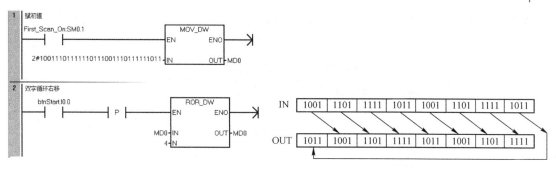

图 4-73　双字循环右移指令应用的梯形图　　　　图 4-74　双字循环右移指令示意图

4.4.4　算术运算指令

1. 整数算术运算指令

S7-200 SMART PLC 的整数算术运算分为加法运算、减法运算、乘法运算和除法运算，其中每种运算又有整数型和双精度整数型两种。

（1）加整数指令（ADD_I）　当允许输入端 EN 为高电平时，输入端 IN1 和 IN2 中的整数相加，结果送入 OUT 中。IN1 和 IN2 中的数可以是常数。加整数指令的表达式为 IN1+IN2 = OUT。加整数指令格式见表 4-26。

表 4-26　加整数指令格式

梯形图	参数	数据类型	说明	操作数
ADD_I EN ENO IN1 IN2 OUT	EN	Bool	允许输入	V、I、Q、M、S、SM、L
	ENO	Bool	允许输出	
	IN1	Int	相加的第一个值	V、I、Q、M、S、SM、T、C、AC、L、AI、常数、*VD、*LD、*AC
	IN2	Int	相加的第二个值	
	OUT	Int	和	V、I、Q、M、S、SM、T、C、AC、L、*VD、*LD、*AC

【例 4-39】梯形图如图 4-75 所示。MW0 中的整数为 11，MW2 中的整数为 21，当 I0.0 接通时，整数相加，结果 MW4 中的数为多少？

解　当 I0.0 接通时，激活加整数指令，IN1 中的整数存储在 MW0 中，数值为 11，IN2 中的整数存储在 MW2 中，数值为 21，整数相加的结果存储在 OUT 端的 MW4 中，结果为 32。

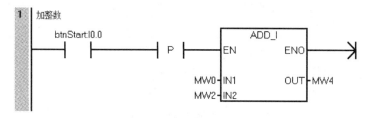

图 4-75　加整数指令应用的梯形图

加双精度整数指令（ADD_DI）与加整数指令类似，只不过数据类型为双精度整数，在此不再赘述。

（2）减双精度整数指令（SUB_DI）　当允许输入端 EN 为高电平时，输入端 IN1 和 IN2 中的双精度整数相减，结果送入 OUT 中。IN1 和 IN2 中的数可以是常数。减双精度整数指令的表达式为 IN1-IN2＝OUT。减双精度整数指令格式见表4-27。

表4-27　减双精度整数指令格式

梯形图	参数	数据类型	说明	操作数
SUB_DI EN ENO IN1 IN2 OUT	EN	Bool	允许输入	V、I、Q、M、S、SM、L
	ENO	Bool	允许输出	
	IN1	DInt	被减数	V、I、Q、M、SM、S、L、AC、HC、常数、＊VD、＊LD、＊AC
	IN2	DInt	减数	
	OUT	DInt	差	V、I、Q、M、SM、S、L、AC、＊VD、＊LD、＊AC

【例4-40】 梯形图如图4-76所示，MD0中的数为22，MD4中的数为11，当I0.0接通时，双精度整数相减，MD4中的数为多少？

解　当I0.0接通时，激活减双精度整数指令，IN1中的双精度整数存储在MD0中，数值为22，IN2中的双精度整数存储在MD4中，数值为11，双精度整数相减的结果存储在OUT端的MD8中，结果为11。

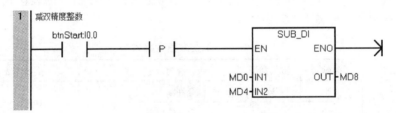

图4-76　减双精度整数指令应用的梯形图

减整数指令（SUB_I）与减双精度整数指令类似，只不过数据类型为整数，在此不再赘述。

（3）乘整数指令（MUL_I）　当允许输入端EN为高电平时，输入端IN1和IN2中的整数相乘，结果送入OUT中。IN1和IN2中的数可以是常数。乘整数指令的表达式为IN1×IN2＝OUT。乘整数指令格式见表4-28。

表4-28　乘整数指令格式

梯形图	参数	数据类型	说明	操作数
MUL_I EN ENO IN1 IN2 OUT	EN	Bool	允许输入	V、I、Q、M、S、SM、L
	ENO	Bool	允许输出	
	IN1	Int	相乘的第一个值	V、I、Q、M、S、SM、T、C、L、AC、AI、常数、＊VD、＊LD、＊AC
	IN2	Int	相乘的第二个值	
	OUT	Int	相乘的结果（积）	V、I、Q、M、S、SM、L、T、C、AC、＊VD、＊LD、＊AC

【例4-41】 梯形图如图4-77所示。IN1中的整数存储在MW0中，数值为11，IN2中的整数存储在MW2中，数值为11，当I0.0接通时，整数相乘，MW4中的数为多少？

解　当I0.0接通时，激活乘整数指令，OUT＝IN1×IN2，整数相乘的结果存储在OUT端的 MW4 中，结果为 121。

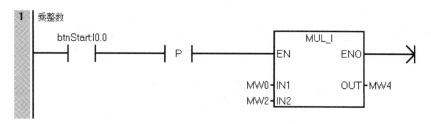

图 4-77　乘整数指令应用的梯形图

双精度乘整数指令（MUL_DI）与乘整数指令类似，只不过数据类型为双精度整数，在此不再赘述。

两个整数相乘得到双精度整数的乘积指令（MUL），其两个乘数都是整数，乘积为双精度整数，注意 MUL 和 MUL_I 的区别。

（4）除双精度整数指令（DIV_DI）　当允许输入端 EN 为高电平时，输入端 IN1 中的双精度整数除以 IN2 中的双精度整数，结果为双精度整数，送入 OUT 中，不保留余数。IN1 和 IN2 中的数可以是常数。除双精度整数指令格式见表 4-29。

表 4-29　除双精度整数指令格式

梯形图	参数	数据类型	说明	操作数
DIV_DI EN ENO IN1 IN2 OUT	EN	Bool	允许输入	V、I、Q、M、S、SM、L
	ENO	Bool	允许输出	
	IN1	DInt	被除数	V、I、Q、M、SM、S、L、HC、AC、常数、*VD、*LD、*AC
	IN2	DInt	除数	
	OUT	DInt	相除的结果（商）	V、I、Q、M、SM、S、L、AC、*VD、*LD、*AC

【例 4-42】梯形图如图 4-78 所示。MD0 中的数为 11，MD4 中的数为 2，当 I0.0 接通时，双精度整数相除，MD8 中的数是多少？

解　当 I0.0 接通时，激活除双精度整数指令，IN1 中的双精度整数存储在 MD0 中，数值为 11，IN2 中的双精度整数存储在 MD4 中，数值为 2，双精度整数相除的结果存储在 OUT 端的 MD8 中，结果为 5。

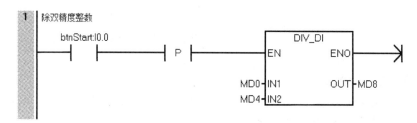

图 4-78　除双精度整数指令应用的梯形图

【关键点】除双精度整数指令不产生余数。

除整数指令（DIV_I）与除双精度整数指令类似，只不过数据类型为整数，在此不再赘述。

整数相除得到商和余数指令的除法指令（DIV），其除数和被除数都是整数，商为双精度整数，其中高位是一个 16 位余数，低位是一个 16 位商，注意 DIV 和 DIV_I 的区别。

（5）递增/递减运算指令　在输入端 IN 上增 1 或减 1，并将结果存入 OUT。递增/递减运算指令的操作数类型为字节、字和双字。递增字运算指令格式见表 4-30。

表 4-30　递增字运算指令格式

梯形图	参数	数据类型	说明	操作数
	EN	Bool	允许输入	V、I、Q、M、S、SM、L
	ENO	Bool	允许输出	
INC_W EN　ENO IN　OUT	IN	Int	将要递增 1 的数	V、I、Q、M、S、SM、AC、AI、L、T、C、常数、*VD、*LD、*AC
	OUT	Int	递增 1 后的结果	V、I、Q、M、S、SM、L、AC、T、C、*VD、*LD、*AC

1）递增/递减字节运算指令（INC_B/DEC_B）：使能端输入有效时，将 1 字节的无符号数 IN 增 1 或减 1，并将结果送至 OUT 指定的存储器单元输出。

2）递增/递减双字运算（INC_DW/DEC_DW）：使能端输入有效时，将双字长的符号数 IN 增 1 或减 1，并将结果送至 OUT 指定的存储器单元输出。

【例 4-43】　有一个电炉，加热功率有 1000 W、2000 W 和 3000 W 三个挡，电炉有 1000 W 和 2000 W 两种电加热丝。要求用一个按钮选择三个加热挡：当按一次按钮时，1000 W 电阻丝加热，即第一挡；当按两次按钮时，2000 W 电阻丝加热，即第二挡；当按三次按钮时，1000 W 和 2000 W 电阻丝同时加热，即第三挡；当按四次按钮时，停止加热。请编写程序。

解　梯形图如图 4-79 所示。

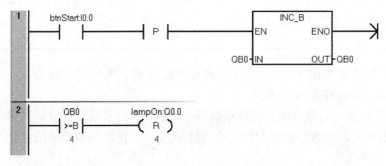

图 4-79　梯形图（1）

这种方法逻辑正确，但浪费了六个宝贵的输出点（Q0.2～Q0.7），因此不实用。经过优化后，梯形图如图 4-80 所示。

2. 浮点数运算函数指令

浮点数运算函数指令有浮点数算术运算函数指令、三角函数指令、对数函数指令、幂运算函数指令和 PID 指令等。浮点数算术运算函数指令又分为加法运算指令、减法运算指令、乘法运算指令和除法运算指令。浮点数运算函数指令见表 4-31。

加实数指令（ADD_R）：当允许输入端 EN 为高电平时，输入端 IN1 和 IN2 中的实数相加，结果送入 OUT 中。IN1 和 IN2 中的数可以是常数。加实数指令的表达式为 IN1+IN2 = OUT。加实数指令格式见表 4-32。

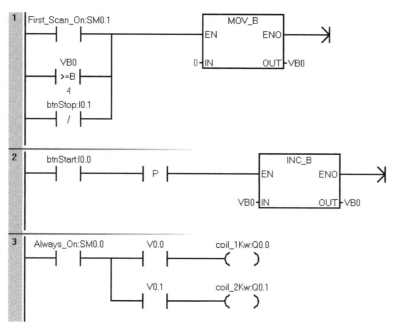

图 4-80　梯形图（2）

表 4-31　浮点数运算函数指令

语句表	指令	描述
+R	ADD_R	将两个 32 位实数相加，产生一个 32 位实数结果
−R	SUB_R	将两个 32 位实数相减，产生一个 32 位实数结果
*R	MUL_R	将两个 32 位实数相乘，产生一个 32 位实数结果
/R	DIV_R	将两个 32 位实数相除，产生一个 32 位实数结果
SQRT	SQRT	求浮点数的平方根
EXP	EXP	求浮点数的自然指数
LN	LN	求浮点数的自然对数
SIN	SIN	求浮点数的正弦函数
COS	COS	求浮点数的余弦函数
TAN	TAN	求浮点数的正切函数
PID	PID	PID 运算

表 4-32　加实数指令格式

梯形图	参数	数据类型	说明	操作数
ADD_R EN ENO IN1 IN2 OUT	EN	Bool	允许输入	V、I、Q、M、S、SM、L
	ENO	Bool	允许输出	
	IN1	Real	相加的第一个值	V、I、Q、M、S、SM、L、AC、常数、*VD、*LD、*AC
	IN2	Real	相加的第二个值	
	OUT	Real	相加的结果（和）	V、I、Q、M、S、SM、L、AC、*VD、*LD、*AC

用一个例子来说明加实数指令，梯形图如图 4-81 所示。当 I0.0 接通时，激活加实数指令，IN1 中的实数存储在 MD0 中，数值为 10.1，IN2 中的实数存储在 MD4 中，数值为 21.1，

实数相加的结果存储在 OUT 端的 MD8 中，结果为 31.2。

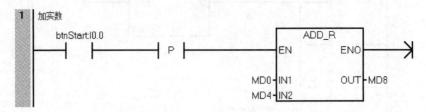

图 4-81　加实数（ADD_R）指令应用的梯形图

减实数指令（SUB_R）、乘实数指令（MUL_R）和除实数指令（DIV_R）的使用方法与加实数指令类似，在此不再赘述。

MUL_DI、DIV_DI 和 MUL_R、DIV_R 的输入都是 32 位，输出的结果也都是 32 位，但前者的输入和输出是双精度整数，属于双精度整数运算，而后者输入和输出的是实数，属于浮点数运算。简单地说，后者的输入和输出数据中有小数点，而前者没有，所以后者的运算速度要慢得多。

值得注意的是，乘、除运算对特殊标志位 SM1.0（零标志位）、SM1.1（溢出标志位）、SM1.2（负数标志位）和 SM1.3（被 0 除标志位）会产生影响。若 SM1.1 在乘法运算中被置 1，表明结果溢出，则其他标志位状态均置 0，无输出。若 SM1.3 在除法运算中被置 1，说明除数为 0，则其他标志位状态保持不变，原操作数也不变。

【关键点】浮点数算术运算指令的输入端可以是常数，但必须是带有小数点的常数，如 5.0，不能为 5，否则会出错。

3. 转换指令

转换指令用于将一种数据格式转换成另外一种格式进行存储。例如，要将一个整型数据和双整型数据进行算术运算，一般要先将整型数据转换成双整型数据。STEP 7-Micro/WIN SMART 的转换指令见表 4-33。

表 4-33　转换指令

语句表	指令	说明
BTI	B_I	将字节值转换成整数值，并将结果存入 OUT 指定的变量中
ITB	I_B	将整数值转换成字节值，并将结果存入 OUT 指定的变量中
ITD	I_DI	将整数值转换成双精度整数值，并将结果存入 OUT 指定的变量中
ITS	I_S	将整数字转换成长度为 8 个字符的 ASCII 字符串，并将结果存入 OUT 指定的变量中
DTI	DI_I	双精度整数值转换成整数值，并将结果存入 OUT 指定的变量中
DTR	DI_R	将 32 位带符号整数转换成 32 位实数，并将结果存入 OUT 指定的变量中
DTS	DI_S	将双精度整数转换成长度为 12 个字符的 ASCII 字符串，并将结果存入 OUT 指定的变量中
BTI	BCD_I	将二进制编码的十进制值转换成整数值，并将结果存入 OUT 指定的变量中
ITB	I_BCD	将输入整数值转换成二进制编码的十进制数，并将结果存入 OUT 指定的变量中
RND	ROUND	将实数值转换成双精度整数值，并将结果存入 OUT 指定的变量中
TRUNC	TRUNC	将 32 位实数转换成 32 位双精度整数，并将结果的整数部分存入 OUT 指定的变量中
RTS	R_S	将实数值转换成 ASCII 字符串
ITA	ITA	将整数字转换成 ASCII 字符数组
DTA	DTA	将双字转换成 ASCII 字符数组

（续）

语句表	指令	说明
RTA	RTA	将实数值转换成 ASCII 字符
ATH	ATH	将从 IN 开始的 ASCII 字符号码（LEN）转换成从 OUT 开始的十六进制数字
HTA	HTA	将从 IN 开始的 ASCII 字符号码转换成从 OUT 开始的十六进制数字
STI	S_I	将 ASCII 字符串转换成存储在 OUT 中的整数值
STD	S_DI	将 ASCII 字符串转换成存储在 OUT 中的双精度整数值
STR	S_R	将 ASCII 字符串转换成存储在 OUT 中的实数值
DECO	DECO	设置输出字中与用输入字节最低半字节（4 位）表示的位数相对应的位
ENCO	ENCO	将输入字最低位的位数写入输出字节的最低半字节（4 个位）中
SEG	SEG	生成照明七段显示段的位格式

（1）整数转换成双精度整数指令（I_DI） 整数转换成双精度整数指令用于将 IN 端指定的内容以整数的格式读入，然后将其转换为双精度整数的格式输出到 OUT 端。整数转换成双精度整数指令格式见表 4-34。

表 4-34 整数转换成双精度整数指令格式

梯形图	参数	数据类型	说明	操作数
I_DI EN ENO IN OUT	EN	Bool	允许输入（使能）	V、I、Q、M、S、SM、L
	ENO	Bool	允许输出	
	IN	Int	输入的整数	V、I、Q、M、S、SM、L、T、C、AI、AC、常数、*VD、*LD、*AC
	OUT	DInt	整数转换成的双精度整数	V、I、Q、M、S、SM、L、AC、*VD、*LD、*AC

【例 4-44】 梯形图如图 4-82 所示。IN 中的整数存储在 MW0 中，用十六进制表示为 16#0016，当 I0.0 接通时，转换完成后 OUT 端的 MD2 中的双精度整数是多少？

解 当 I0.0 接通时，激活整数转换成双精度整数指令，MW0 中的 16#0016 转换完成后，OUT 端的 MD2 中的双精度整数是 16#0000 0016。但要注意，MW2 = 16#0000，MW4 = 16#0016。

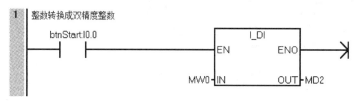

图 4-82 整数转换成双精度整数指令应用的梯形图

（2）双精度整数转换成实数指令（DI_R） 双精度整数转换成实数指令用于将 IN 端指定的内容以双精度整数的格式读入，然后将其转换为实数的格式输出到 OUT 端。实数格式在后续算术计算中是很常用的，如 3.14 就是实数形式。双精度整数转换成实数指令格式见表 4-35。

【例 4-45】 梯形图如图 4-83 所示。IN 中的双精度整数存储在 MD0 中，用十进制表示为 16，转换完成后 OUT 端的 MD4 中的实数是多少？

解 当 I0.0 接通时，激活双精度整数转换成实数指令，IN 中的双精度整数存储在 MD0 中（用十进制表示为 16），转换完成后 OUT 端的 MD4 中的实数是 16.0。一个实数要用 4 字节存储。

表4-35 双精度整数转换成实数指令格式

梯形图	参数	数据类型	说明	操作数
	EN	Bool	允许输入（使能）	V、I、Q、M、S、SM、L
	ENO	Bool	允许输出	
	IN	DInt	输入的双精度整数	V、I、Q、M、S、SM、L、HC、AC、常数、*VD、*AC、*LD
	OUT	Real	双精度整数转换成的实数	V、I、Q、M、S、SM、L、AC、*VD、*LD、*AC

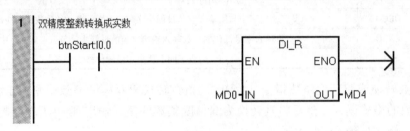

图4-83 双精度整数转换成实数指令应用的梯形图

【关键点】 应用 I_DI 指令后，数值的大小并未改变，但转换是必需的，因为只有相同的数据类型，才可以进行数学运算。例如，要将一个整数和一个双精度整数相加，比较保险的做法是先将整数转换成双精度整数，再做双精度整数加法。

DI_I 是双精度整数转换成整数的指令，转换完成后将结果存入 OUT 指定的变量中。若双精度整数太大，则会溢出。DI_R 是双精度整数转换成实数的指令，转换完成后将结果存入 OUT 指定的变量中。

（3）BCD 码转换成整数指令（BCD_I）　BCD_I 指令是将二进制编码的十进制 Word 数据类型值从 IN 地址输入，转换为整数 Word 数据类型值，并将结果载入分配给 OUT 指定的地址处。IN 中数据的有效范围为 0~9999 的 BCD 码。BCD 码转换成整数指令格式见表4-36。

表4-36 BCD 码转换成整数指令格式

梯形图	参数	数据类型	说明	操作数
	EN	Bool	允许输入	V、I、Q、M、S、SM、L
	ENO	Bool	允许输出	
	IN	Word	输入的 BCD 码	V、I、Q、M、S、SM、L、AC、常数、*VD、*LD、*AC
	OUT	Word	输出结果为整数	V、I、Q、M、S、SM、L、AC、*VD、*LD、*AC

（4）取整指令（ROUND）　取整指令用于将实数进行四舍五入取整后转换成双精度整数的格式。取整指令格式见表4-37。

【例4-46】 梯形图如图4-84所示。IN 中的实数存储在 MD0 中，假设这个实数是 3.14，进行四舍五入运算后，OUT 端的 MD4 中的双精度整数是多少？假设这个实数是 3.88，进行四舍五入运算后，OUT 端的 MD4 中的双精度整数是多少？

解　当 I0.0 接通时，激活取整指令，IN 中的实数存储在 MD0 中，假设这个实数是 3.14，进行四舍五入运算后，OUT 端的 MD4 中的双精度整数是 3；假设这个实数是 3.88，进行四舍五入运算后，OUT 端的 MD4 中的双精度整数是 4。

表 4-37　取整指令格式

梯形图	参数	数据类型	说明	操作数
	EN	Bool	允许输入	V、I、Q、M、S、SM、L
	ENO	Bool	允许输出	
	IN	Real	实数（浮点型）	V、I、Q、M、S、SM、L、AC、常数、*VD、*LD、*AC
	OUT	DInt	四舍五入后的双精度整数	V、I、Q、M、S、SM、L、AC、*VD、*LD、*AC

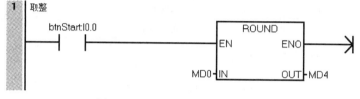

图 4-84　取整指令应用的梯形图

【关键点】ROUND 是取整指令，而 TRUNC 是截取指令，将输入的 32 位实数转换成整数，只保留整数部分，舍去小数部分，结果为双精度整数，并将结果存入 OUT 指定的变量中。例如，当输入是 32.2 时，执行 ROUND 或者 TRUNC 指令，结果转换成 32；当输入是 32.5 时，执行 TRUNC 指令，结果转换成 32，执行 ROUND 指令，结果转换成 33。请注意区分。

【例 4-47】将英寸转换成厘米：已知单位为英寸的长度保存在 VW0 中，数据类型为整数，英寸和厘米的转换倍数为 2.54，保存在 VD12 中，数据类型为实数，要将最终单位为厘米的结果保存在 VD20 中，且结果为整数。编写程序实现这一功能。

微课
将英寸转换
成厘米

解　要将单位为英寸的长度转化成单位为厘米的长度，必须要用到实数乘法。因为乘数必须为实数，而已知的英寸长度为整数，所以要先将整数转换成双精度整数，再将双精度整数转换成实数，最后将乘积取整，得到结果。梯形图如图 4-85 所示。

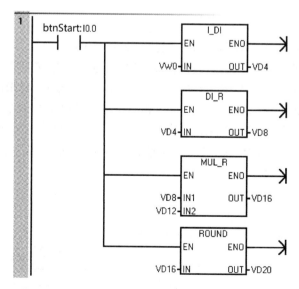

图 4-85　梯形图

4. 数学功能指令

数学功能指令包含求正弦指令（SIN）、求余弦指令（COS）、求正切指令（TAN）、求自然对数指令（LN）、求自然指数指令（EXP）和求平方根指令（SQRT）等。这些指令的使用比较简单，下面仅以求正弦指令（SIN）为例说明数学功能指令的使用，求正弦指令格式见表4-38。

表4-38 求正弦指令格式

梯形图	参数	数据类型	说明	操作数
SIN EN ENO IN OUT	EN	Bool	允许输入	V、I、Q、M、S、SM、L
	ENO	Bool	允许输出	
	IN	Real	输入值	V、I、Q、M、SM、S、L、AC、常数、*VD、*LD、*AC
	OUT	Real	输出值（正弦值）	V、I、Q、M、SM、S、L、AC、*VD、*LD、*AC

用一个例子来说明求正弦指令，梯形图如图4-86所示。当I0.0接通时，激活求正弦指令，IN中的实数存储在MD0中，假设这个数为0.5，实数求正弦的结果存储在OUT端的MD4中，结果为0.479。

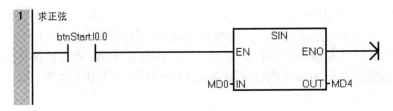

图4-86 求正弦指令应用的梯形图

【关键点】 三角函数指令的输入值是弧度，而不是角度。

求余弦指令（COS）和求正切指令（TAN）的使用方法与求正弦指令类似，在此不再赘述。

5. 时钟指令

（1）读取实时时钟指令（READ_RTC） 读取实时时钟指令用于从硬件时钟中读当前时间和日期，并把它装载到一个以T指定的地址为起始地址的8字节时间缓冲区中。必须按照BCD码的格式编码所有的日期和时间（如用16#97表示1997年）。梯形图如图4-87所示，若PLC系统的时间是2009年4月8日8时6分5秒，星期六，则运行的结果如图4-88所示。年份存入VB0单元，月份存入VB1单元，日存入VB2单元，小时存入VB3单元，分钟存入VB4单元，秒钟存入VB5单元，VB6单元为0，星期存入VB7单元，共占用八个存储单元。读取实时时钟指令格式见表4-39。

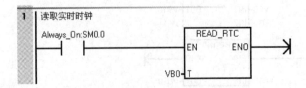

VB0	VB1	VB2	VB3	VB4	VB5	VB6	VB7
09	04	08	08	06	05	00	07

图4-87 读取实时时钟指令应用的梯形图　　图4-88 读取实时时钟指令的结果（BCD码）

表 4-39　读取实时时钟指令格式

梯形图	参数	数据类型	说明	操作数
READ_RTC EN　ENO T	EN	Bool	允许输入	V、I、Q、M、S、SM、L
	ENO	Bool	允许输出	
	T	Byte	存储日期的起始地址	V、I、Q、M、SM、S、L、 *VD、*AC、*LD

【关键点】读取实时时钟指令读取出来的日期是用 BCD 码表示的，这点要特别注意。

（2）设置实时时钟指令（SET_RTC）　设置实时时钟指令用于将当前时间和日期写入 T 指定的在 8 字节时间缓冲区的硬件时钟。设置实时时钟指令格式见表 4-40。

表 4-40　设置实时时钟指令格式

梯形图	参数	数据类型	说明	操作数
SET_RTC EN　ENO T	EN	Bool	允许输入	V、I、Q、M、S、SM、L
	ENO	Bool	允许输出	
	T	Byte	存储日期的起始地址	V、I、Q、M、SM、S、L、 *VD、*AC、*LD

用一个例子说明设置实时时钟指令，假设要把 2012 年 9 月 18 日 8 时 6 分 28 秒设置成 PLC 的当前时间，先进行以下设置：VB0 = 16#12、VB1 = 16#09、VB2 = 16#18、VB3 = 16#08、VB4 = 16#06、VB5 = 16#28、VB6 = 16#00、VB7 = 16#02，然后运行如图 4-89 所示的梯形图。

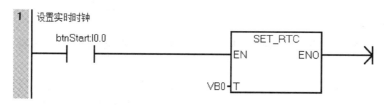

图 4-89　设置实时时钟指令的梯形图

还有一个简单的方法设置时钟，不需要编写程序，只要进行简单设置即可，设置方法如下。

单击菜单栏中的"PLC"→"设置时钟"，如图 4-90 所示，弹出"CPU 时钟操作"对话框，如图 4-91 所示，单击"读取 PC"按钮，读取计算机的当前时间。

图 4-90　打开"CPU 时钟操作"对话框

如图 4-92 所示，单击"设置"按钮，可以将计算机的当前时间设置到 PLC 中，当然也可以设置其他时间。

【例 4-48】记录一台设备损坏时的时间，请用 PLC 实现此功能。

解　梯形图如图 4-93 所示。

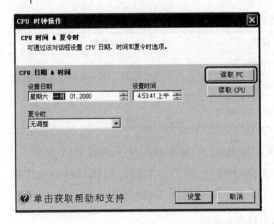

图4-91 "CPU 时钟操作"对话框

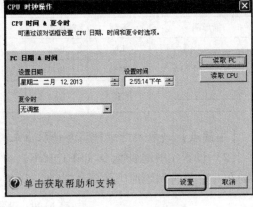

图4-92 设置当前时钟

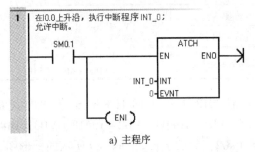

a) 主程序

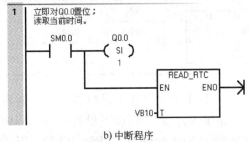

b) 中断程序

图4-93 梯形图

【例4-49】 某实验室的一个房间要求每天16:30~18:00开启一个加热器,用PLC实现此功能。

解 先用PLC读取实时时间,因为读取的时间是BCD码格式,所以读取之后要将BCD码转换成整数,如果实时时间在16:30~18:00,那么开启加热器。梯形图如图4-94所示。

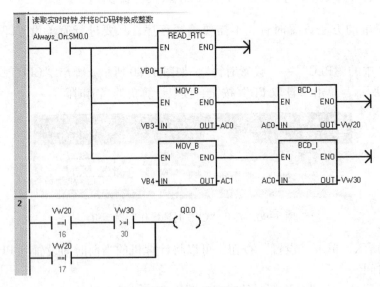

图4-94 梯形图

4.4.5 功能指令的应用

功能指令主要用于数字运算及处理的场合，用来完成运算、数据的生成、存储和某些规律的实现任务。功能指令除了可以处理以上特殊功能外，也可以用于逻辑控制程序中，为逻辑控制类编程提供了新思路。

【例 4-50】 十字路口的交通灯控制：当合上起动按钮时，东西方向绿灯亮 4 s，闪烁 2 s 后灭，黄灯亮 2 s 后灭，红灯亮 8 s 后灭，绿灯亮 4 s，如此循环；而对应东西方向绿灯、红灯、黄灯亮，南北方向红灯亮 8 s 后灭，接着绿灯亮 4 s，闪烁 2 s 后灭，红灯又亮，如此循环。请设计原理图，并编写 PLC 控制程序。

解 首先根据要求画出东西和南北方向三种颜色的灯亮灭的时序图，再进行 I/O 分配。

输入点：I0.0（起动）、I0.1（停止）。

输出点（南北方向）：Q0.3（红灯）、Q0.4（黄灯）、Q0.5（绿灯）。

输出点（东西方向）：Q0.0（红灯）、Q0.1（黄灯）、Q0.2（绿灯）。

东西和南北方向各有三盏灯，从时序图容易看出，共有六个连续的时间段，因此要用到六个定时器，这是解题的关键，用这六个定时器控制两个方向六盏灯的亮灭，不难设计出梯形图。

交通灯时序图和原理图分别如图 4-95 和图 4-96 所示。

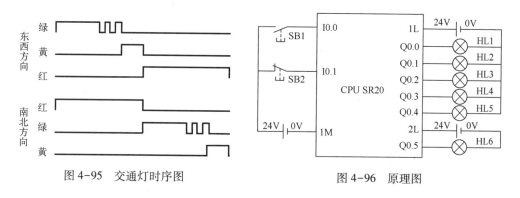

图 4-95　交通灯时序图　　　　　　　图 4-96　原理图

梯形图如图 4-97 所示。

【例 4-51】 抢答器示意图如图 4-98 所示，根据控制要求编写梯形图程序，控制要求如下。

1）主持人按下开始抢答按钮后开始抢答，倒计时数码管倒计时 15 s，超过时间抢答按钮按下无效。

2）某一抢答按钮按下后，蜂鸣器随按钮动作发出"滴"的声音，相应抢答位指示灯亮，倒计时显示器切换显示抢答位，其余按钮无效。

3）一轮抢答完毕，主持人按下抢答复位按钮后，倒计时显示器复位（熄灭），各抢答按钮有效，可以再次抢答。

4）在主持人按下开始抢答按钮前抢答属于违规抢答，相应抢答位的指示灯闪烁，闪烁周期为 1 s，倒计时显示器显示违规抢答位，其余按钮无效。主持人按下抢答复位按钮清除当前状态后可以开始新一轮抢答。

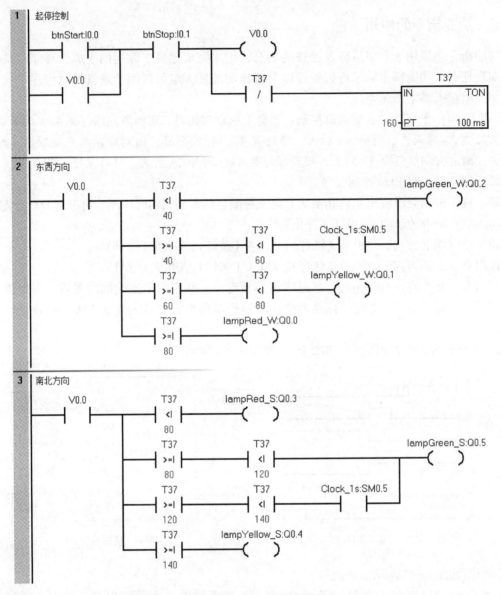

图 4-97　例 4-50 梯形图

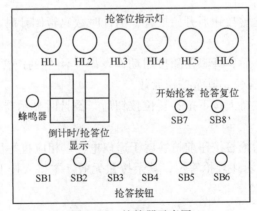

图 4-98　抢答器示意图

解　原理图如图 4-99 所示，因为本例题中的数码管自带译码器，所以四个输出点即可显示一个十进制位，若数码管不带译码器，则需要八个输出点显示一个十进制位。

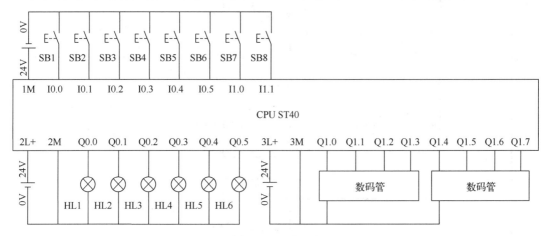

图 4-99　原理图

梯形图如图 4-100 所示。

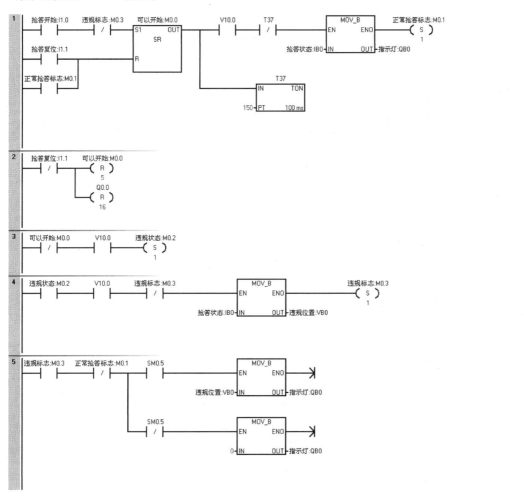

图 4-100　梯形图

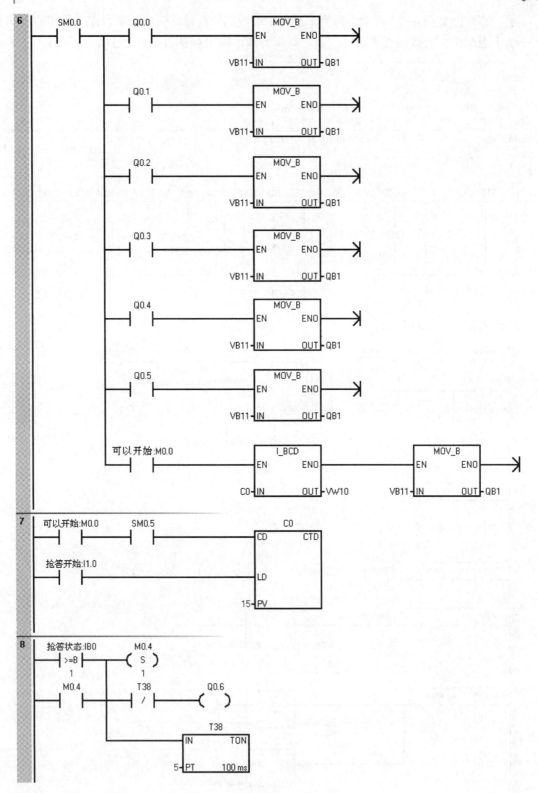

图 4-100　梯形图（续）

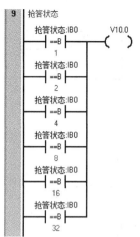

图 4-100　梯形图（续）

【例 4-52】 气动比例调压阀的调压范围是 0~1 MPa，控制信号和反馈信号范围均为 0~10 V，要求在 HMI 中输入一个数值，气动比例调压阀输出对应的气压，并实时反馈当前气压值，当气压在 0.4~0.6 MPa 之间时绿灯亮。

解

（1）设计电气原理图　选用 CPU 模块为 CPU SR30，模拟量模块为 EM AM03，气动比例调压阀为 ITV-1050，设计电气原理图如图 4-101 所示，气动比例调压阀 ITV-1050 的 OUT+ 和 OUT- 向 EM AM03 模块发送当前实时气压值，IN+ 和 0V 是 EM AM03 模块用来向气动比例调压阀发送控制信号。

微课
用气动比例
调压阀控制气压

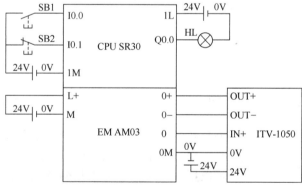

图 4-101　电气原理图

（2）编写控制程序　梯形图如图 4-102 所示。

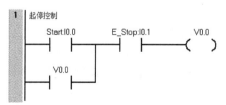

图 4-102　梯形图

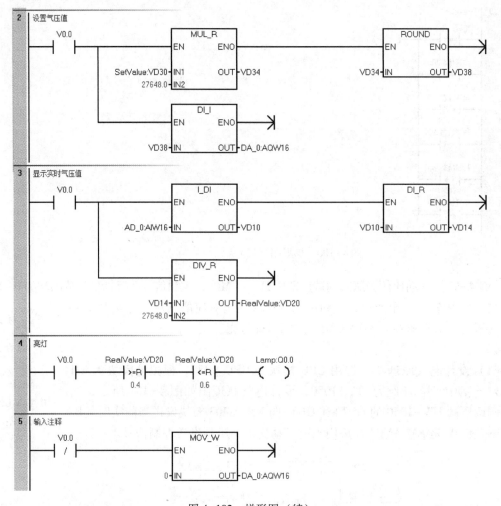

图4-102 梯形图（续）

4.5　中断与子程序及其应用

　　程序控制指令包含跳转指令、循环指令、子程序指令、中断指令和顺控继电器指令。程序控制指令用于程序执行流程的控制。对于一个扫描周期而言，跳转指令可以使程序出现跳跃以实现程序段的选择；循环指令可以用于一段程序的重复循环执行；子程序指令可以调用某些子程序，增强程序的结构化，使程序的可读性增强，使程序更加简洁；中断指令可以调用中断信号引起的子程序；顺控继电器指令可以形成状态程序段中各状态的激活与隔离。

4.5.1　子程序指令

　　子程序指令有子程序调用指令（SBR）和子程序返回指令两大类，子程序返回又分为条件返回和无条件返回。子程序调用指令用在主程序或其他调用子程序的程序中，子程序的无条件返回指令在子程序的最后程序段。子程序结束时，程序执行应返回原调用指令（CALL）的下一条指令处。

　　在编程软件的程序编辑器上方有主程序（MAIN）、子程序（SBR_0）和中断服务程序（INT_0）的标签，单击子程序标签即可进入"SBR_0"子程序显示区。添加子程序时，可以单击菜单栏中的"编辑"→"对象"→"子程序"命令添加一个子程序，子程序编号 n 从 0 开始自动生成。添加子程序最简单的方法是在程序编辑器中的空白处右击，再单击"插入"→"子程序"命令即可，如图 4-103 所示。

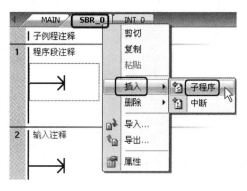

图 4-103　添加子程序

通常将具有特定功能并且能多次使用的程序段作为子程序。子程序可以被多次调用，也可以嵌套（最多 8 层）。子程序调用和返回指令格式见表 4-41。子程序调用和返回指令程序示例如图 4-104 所示，当首次扫描时，调用子程序，若条件满足（M0.0=1）则返回，否则执行填充存储器指令。

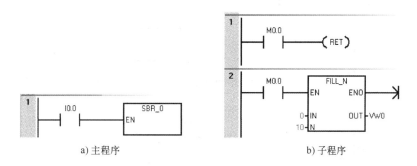

a) 主程序　　　　　　　　　　　　b) 子程序

图 4-104　子程序调用和返回指令程序示例

表 4-41　子程序调用和返回指令格式

梯形图	语句表	功能
SBR_0 EN	CALL　　SBR0	子程序调用
─（ RET ）	CRET	子程序条件返回

【例 4-53】设计 V 存储区连续若干字累加和的子程序，在 OB1 中调用它，在 I0.0 上升沿，求 VW100 开始的 10 个字的和，并将运算结果存放在 VD0 中。

　解　变量表如图 4-105 所示，主程序如图 4-106 所示，子程序如图 4-107 所示。在 I0.0 上升沿，计算 VW100~VW118 中 10 个字的和。调用指定的 POINT 值 &VB100 是源地址指针初始值，即数据从 VW100 开始存放，数据字个数 NUMB 为常数 10，求和的结果存放在 VD0 中。

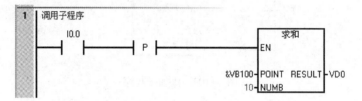

	地址	符号	变量类型	数据类型	注释
1		EN	IN	BOOL	
2	LD0	POINT	IN	DWORD	源地址指针初始值
3	LW4	NUMB	IN	WORD	要求和字数
4			IN_OUT		
5	LD6	RESULT	OUT	DINT	求和结果
6	LD10	TEMP1	TEMP	DINT	存储待累加的数
7	LW14	COUNT	TEMP	INT	循环次数计数器
8			TEMP		

图 4-105 变量表

图 4-106 主程序

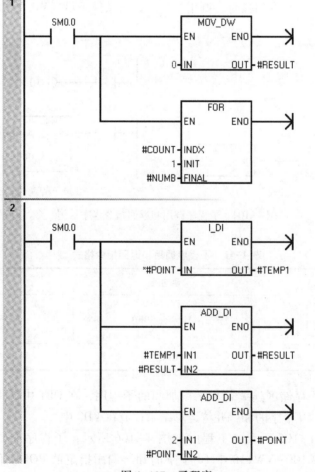

图 4-107 子程序

4.5.2　中断指令

中断是计算机特有的工作方式，即在主程序的执行过程中中断主程序，执行中断程序。中断程序是为某些特定的控制功能而设定的。与子程序不同，中断是为随机发生的且必须立即响应的时间安排，其响应时间应小于机器周期。引发中断的信号被称为中断源，S7-200 SMART PLC 最多有 38 个中断源，不同型号的 PLC 中断源数量不也一样，早期版本的中断源数量要少一些。S7-200 SMART PLC 的 38 种中断源见表 4-42。

表 4-42　S7-200 SMART PLC 的 38 种中断源

序号	中断描述	CR20 s/30 s/40 s/60 s	SR20/40/60 ST20/40/60	序号	中断描述	CR20 s/30 s/40 s/60 s	SR20/40/60 ST20/40/60
0	I0.0 上升沿	Y	Y	22	定时器 T96 CT=PT（当前时间=预设时间）	Y	Y
1	I0.0 下降沿	Y	Y	23	端口 0 接收消息完成	Y	Y
2	I0.1 上升沿	Y	Y	24	端口 1 接收消息完成	N	Y
3	I0.1 下降沿	Y	Y	25	端口 1 接收字符	N	Y
4	I0.2 上升沿	Y	Y	26	端口 1 发送完成	N	Y
5	I0.2 下降沿	Y	Y	27	HSC0 方向改变	Y	Y
6	I0.3 上升沿	Y	Y	28	HSC0 外部复位	Y	Y
7	I0.3 下降沿	Y	Y	29	HSC4 CV=PV	N	Y
8	端口 0 接收字符	Y	Y	30	HSC4 方向改变	N	Y
9	端口 0 发送完成	Y	Y	31	HSC4 外部复位	N	Y
10	定时中断 0（SMB34 控制时间间隔）	Y	Y	32	HSC3 CV=PV	Y	Y
11	定时中断 1（SMB35 控制时间间隔）	Y	Y	33	HSC5 CV=PV	N	Y
12	HSC0 CV=PV（当前值=预设值）	Y	Y	34	PTO2 脉冲计数完成	N	Y
13	HSC1 CV=PV	Y	Y	35	上升沿，信号板输入 0	N	Y
14~15	保留	N	N	36	下降沿，信号板输入 0	N	Y
16	HSC2 CV=PV	Y	Y	37	上升沿，信号板输入 1	N	Y
17	HSC2 方向改变	Y	Y	38	下降沿，信号板输入 1	N	Y
18	HSC2 外部复位	Y	Y	43	HSC5 方向改变	N	Y
19	PTO0（脉冲串输出 0）脉冲计数完成	N	Y	44	HSC5 外部复位	N	Y
20	PTO0 脉冲计数完成	N	Y				
21	定时器 T32 CT=PT（当前时间=预设时间）	Y	Y				

注："Y"表示对应的 CPU 有相应的中断功能，"N"表示对应的 CPU 没有相应的中断功能。

1. 中断源的分类

S7-200 SMART PLC 的 38 个中断源可分为三大类，即 I/O 口中断、通信口中断和时基中断。

（1）I/O 口中断　I/O 口中断包括上升沿和下降沿中断、高速计数器中断与脉冲串输出中断。S7-200 SMART PLC 可以利用 I0.0~I0.3 都有上升沿和下降沿这一特性产生中断事件。

【例 4-54】设计一段程序，在 I0.0 上升沿，通过中断使 Q0.0 立即置位，在 I0.1 的下降沿，通过中断使 Q0.0 立即复位。

解 梯形图如图 4-108 所示。

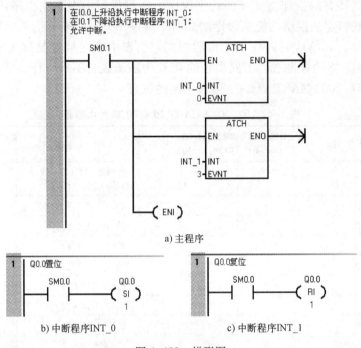

a) 主程序

b) 中断程序INT_0

c) 中断程序INT_1

图 4-108 梯形图

（2）通信口中断 通信口中断包括端口 0（Port0）和端口 1（Port1）接收和发送中断。PLC 的串行通信口可由程序控制，这种模式被称为自由口通信模式，在这种模式下通信，接收和发送中断可以简化程序。

（3）时基中断 时基中断包括定时中断和定时器 T32/96 中断。定时中断可以反复执行，非常有用。

2. 中断指令

中断指令共有六条，包括中断连接指令、中断分离指令、清除中断事件指令、中断禁止指令、中断允许指令和中断条件返回指令，见表 4-43。

表 4-43　中断指令

梯形图	语句表	功能
ATCH EN ENO INT EVNT	ATCH, INT, EVNT	中断连接
DTCH EN ENO EVNT	DTCH, EVNT	中断分离

（续）

梯形图	语句表	功能
CLR_EVNT EN　ENO EVNT	CENT，EVNT	清除中断事件
──（ DISI ）	DISI	中断禁止
──（ ENI ）	ENI	中断允许
──（ RETI ）	CRETI	中断条件返回

3. 使用中断的注意事项

1）一个中断事件只能调用一个中断程序，而多个中断事件可以调用同一个中断程序，但一个中断事件不可能在同一时间调用多个中断程序。

2）在中断程序中不能使用中断禁止、中断允许、HDFE（高速计数器定义）、FOR-NEXT（循环）和 END（终止当前扫描）等指令。

3）程序中有多个中断程序时，要分别编号。在建立中断程序时，系统会自动编号，编号可以更改。

【例 4-55】设计一段程序，VD0 中的数值每隔 100 ms 增加 1。

解　梯形图如图 4-109 所示。

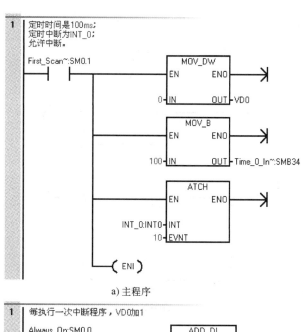

a) 主程序

b) 中断程序

图 4-109　梯形图

【例4-56】用定时中断0设计一段程序，实现周期为2s的精确定时。

解 SMB34是存放定时中断0定时长短的特殊存储器，其最大定时时间是255 ms，2 s就是八次250 ms的延时。梯形图如图4-110所示。

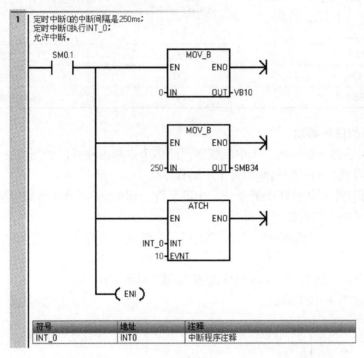

a) 主程序

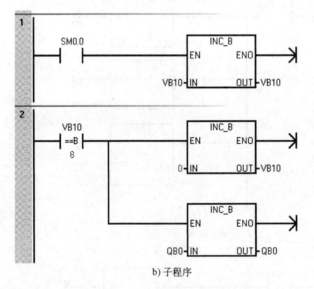

b) 子程序

图4-110 梯形图

习　　题

一、选择题

1. SM0.5 的脉冲输出周期是（　　）。
   A. 5 s 　　　　　 B. 13 s 　　　　　 C. 10 s 　　　　　 D. 1 s

2. SM0.5 的脉冲占空比是（　　）。
   A. 50% 　　　　 B. 100% 　　　　 C. 40% 　　　　 D. 60%

3. 十六进制 F 转变为十进制是（　　）。
   A. 31 　　　　 B. 32 　　　　 C. 15 　　　　 D. 29

4. S7-200 SMART PLC 中，16 位内部计数器的计数数值最大可设定为（　　）。
   A. 32768 　　　 B. 32767 　　　 C. 10000 　　　 D. 100000

5. S7-200 SMART PLC 中，读取实时时钟指令是（　　）。
   A. READ_RTC 　 B. SET_RTC 　 C. RS 　　　　 D. PID

6. S7-200 SMART PLC 中，立即置位指令是（　　）。
   A. S 　　　　　 B. SI 　　　　　 C. RI 　　　　　 D. R

7. （　　）是 S7-200 SMART PLC 的字节寻址。
   A. VB0 　　　　 B. DB1.DB0 　　 C. IB0:P 　　　 D. MW0

8. 若 QW0 = 1，则（　　）。
   A. Q0.0 = 1 　　 B. QB0 = 1 　　 C. QB1 = 1 　　 D. Q1.0 = 0

二、综合题

1. 三台电动机相隔 5 s 起动，各运行 20 s，循环往复。使用数据移动指令和比较指令完成控制要求。

2. 用 PLC 设计一个闹钟，每天早上 6:00 闹铃。

3. 编写一段程序，控制过程为：按下起动按钮，第一组花样绿灯亮；10 s 后第二组花样蓝灯亮；20 s 后第三组花样红灯亮，30 s 后返回第一组花样绿灯亮，如此循环，并且仅在第三组花样红灯亮后方可停止循环。

4. 编写一段程序，将从 VB100 开始的 50 个字的数据移动到从 VB1000 开始的存储区。

5. 以下哪些表达有错误？请改正。
   AQW3、8#11、10#22、16#FF、16#FFH、2#110、2#21

6. 如图 4-111 所示为一台电动机起动的工作时序图，试编写梯形图程序。

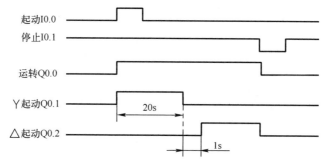

图 4-111　一台电动机起动的工作时序图

7. 用移位指令构成移位寄存器，实现广告牌字的闪耀控制。用 HL1～HL4 四盏灯分别照亮"欢迎光临"四个字，其控制流程见表4-44，每步间隔1s。

表4-44 广告牌字闪耀控制流程

流程	1	2	3	4	5	6	7	8
HL1	√				√		√	
HL2		√			√		√	
HL3			√		√		√	
HL4				√	√		√	

8. 现有三台电动机 M1、M2 和 M3，要求按下起动按钮 I0.0 后，电动机按顺序起动（M1 起动，接着 M2 起动，最后 M3 起动），按下停止按钮 I0.1 后，电动机按顺序停止（M3 先停止，接着 M2 停止，最后 M1 停止）。试设计梯形图并写出指令表。

9. VD10 的高字节和低字节是多少？VD10 的最高位和最低位是多少？如 VD10=16#F001，则 VB10、VB11、VB12 和 VB13 是多少？VW10 和 VW12 是多少？

10. 指出图 4-112 所示梯形图的错误，并说明原因。

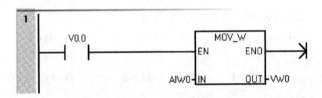

图 4-112 梯形图

第5章

逻辑控制程序的设计方法

本章介绍顺序功能图的画法、梯形图的编程原则以及如何根据顺序功能图用基本指令（"起保停"法）、置位/复位指令和数据移动指令三种方法编写逻辑控制的梯形图程序。

5.1 顺序功能图

5.1.1 顺序功能图的画法

顺序功能图又叫状态转移图，它是描述控制系统的控制过程、功能和特性的一种图形，同时也是一种设计 PLC 顺序控制程序的有力工具。顺序功能图具有简单、直观等特点，不涉及控制功能的具体技术，是一种通用的语言，是 IEC（国际电工委员会）首选的编程语言，近年来在 PLC 编程中已经得到了普及与推广。顺序功能图在 IEC 60848 中被称为顺序功能表图，在我国国家标准 GB/T 6988.1-2008 中被称为功能表图，对应西门子的图形编程语言为 S7-Graph 和 S7-HiGraph。

顺序功能图是设计 PLC 顺序控制程序的一种工具，适用于系统规模较大、程序关系较复杂的场合，特别适用于对顺序操作的控制。在编写复杂的顺序控制程序时，采用 S7-Graph 和 S7-HiGraph 比梯形图更加直观。

顺序功能图的基本思想是设计者按照生产要求，将被控设备的一个工作周期划分成若干个工作阶段（被称为"步"），并明确表示每一步要执行的输出，步与步之间通过制定的条件进行转换，在程序中，只要通过正确连接进行步与步之间的转换，就可以完成被控设备的全部动作。

PLC 执行顺序功能图程序的基本过程是根据转换条件选择工作步，进行步的逻辑处理。组成顺序功能图程序的基本要素是步、转换条件和有向连线，如图 5-1 所示。

1. 步

一个顺序控制过程可分为若干个工作阶段，这些工作阶段被称为步或状态。系统初始状态对应的步被称为初始步，初始步一般用双线框表示。在每一步中施控系统要发出某些"命令"，而被控系统要完成某些"动作"，"命令"和"动作"都被称为动作。当系统处于某一工作阶段时，该步处于激活状态，被称为活动步。

2. 转换条件

使系统由当前步进入下一步的信号被称为转换条件。

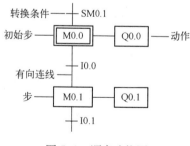

图 5-1 顺序功能图

顺序控制设计法用转换条件控制代表各步的编程元件，让它们的状态按一定顺序变化，然后用代表各步的编程元件控制输出。不同步的转换条件可以不同，也可以相同。当转换条件各不相同时，在顺序功能图中每次只能选择其中一个工作阶段（被称为选择分支）；当转换条件都相同时，在顺序功能图中每次可以选择多个工作阶段（被称为选择并行分支）。只有满足条件，才能进行逻辑处理与输出，因此转换条件是顺序功能图中选择工作状态（步）的"开关"。

3. 有向连线

步与步之间的连接线就是有向连线，有向连线决定了步的转换方向与转换途径。有向连线上的短线表示转换条件。当条件满足时，转换得以实现，即上一步的动作结束，下一步的动作开始，因而不会出现动作重叠。步与步之间必须要有转换条件。

图 5-1 中的双线框为初始步，M0.0、M0.1 是步名，I0.0、I0.1 为转换条件，Q0.0、Q0.1 为动作。当 M0.0 有效时，输出指令驱动 Q0.0。有向连线的箭头省略未画。

4. 顺序功能图的结构分类

根据步与步之间的进展情况，顺序功能图分为以下三种结构。

（1）单一序列　单一序列的动作是一个接一个地完成，每步只连接一个转移条件，每个转移条件只连接一个步，如图 5-2a 所示。根据顺序功能图很容易写出代数逻辑表达式，代数逻辑表达式和梯形图有对应关系，根据代数逻辑表达式可以写出梯形图，如图 5-2b 所示。

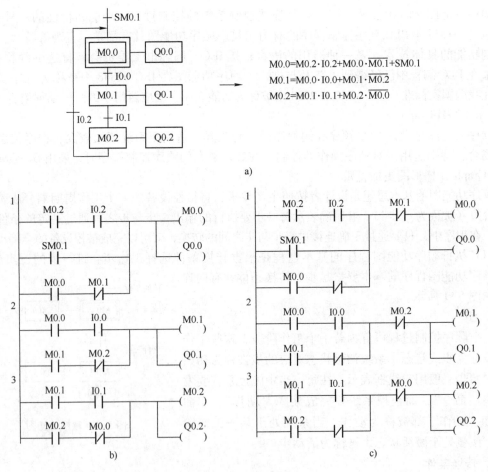

图 5-2　单一序列

图 5-2c 和图 5-2b 的逻辑是等价的，但图 5-2c 更加简洁（程序的容量要小一些），因此经过三次转换，最终的梯形图是图 5-2c。

（2）选择序列 选择序列是指某一步后有若干个单一序列等待选择，这些单一序列被称为分支，一般只允许选择进入一个序列，转换条件只能标在水平线之下。选择序列的结束被称为合并，用一条水平线表示，水平线以下不允许有转换条件，如图 5-3 所示。

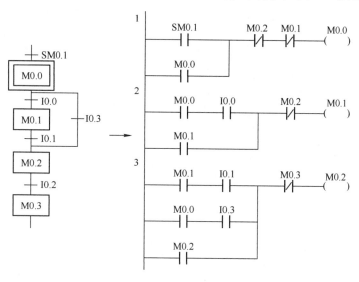

图 5-3 选择序列

（3）并行序列 并行序列是指在某一转换条件下同时启动若干个序列，也就是说转换条件的实现同时激活了几个分支。并行序列的开始和结束都用双水平线表示，如图 5-4 所示。

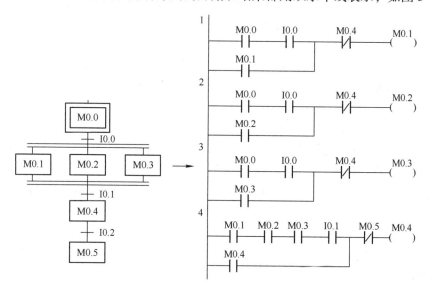

图 5-4 并行序列

（4）选择序列和并行序列的综合 如图 5-5 所示，步 M0.0 之后有一个选择序列的分支。设 M0.0 为活动步，当它的后续步 M0.1 或 M0.2 变为活动步时，M0.0 变为不活动步，即 M0.0 为 0 状态，所以应将 M0.1 和 M0.2 的常闭触点与 M0.0 的线圈串联。

步 M0.2 之前有一个选择序列合并，当步 M0.1 为活动步（即 M0.1 为 1 状态），并且转换条件 I0.1 满足，或者步 M0.0 为活动步，并且转换条件 I0.2 满足时，步 M0.2 变为活动步，所以该步存储器 M0.2 的起保停电路的启动条件为 M0.1·I0.1+M0.0·I0.2，对应的启动电路由两条并联支路组成。

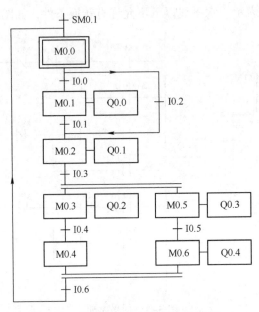

图 5-5　选择序列和并行序列的综合

步 M0.2 之后有一个并行序列分支，当步 M0.2 是活动步并且转换条件 I0.3 满足时，步 M0.3 和步 M0.5 同时变成活动步，这里用 M0.2 和 I0.3 常开触点组成的串联电路，分别作为 M0.3 和 M0.5 的启动电路来实现，与此同时，步 M0.2 变为不活动步。

步 M0.0 之前有一个并行序列的合并，该转换实现的条件是所有的前级步（即 M0.4 和 M0.6）都是活动步且转换条件 I0.6 满足。由此可知，应将 M0.4、M0.6 和 I0.6 的常开触点串联，作为控制 M0.0 的起保停电路的启动电路。图 5-5 所示的顺序功能图对应的梯形图如图 5-6 所示。

5. 顺序功能图设计的注意事项

1）步与步之间要有转换条件，如图 5-7 所示，步与步之间缺少转换条件是不正确的，应改成图 5-8 所示的顺序功能图。必要时转换条件可以简化，应将图 5-9 简化成图 5-10。

2）转换条件之间不能有分支，例如，图 5-11 应该改成图 5-12 所示的合并后的顺序功能图，合并转换条件。

3）顺序功能图中的初始步对应系统等待启动的初始状态，初始步是必不可少的。

4）顺序功能图中一般应有步和有向连线组成的闭环。

6. 应用举例

【例 5-1】 液体混合装置如图 5-13 所示，上限位、下限位和中限位传感器被液体淹没时为 1 状态，电磁阀 A、B、C 的线圈得电时阀门打开，电磁阀 A、B、C 的线圈失电时阀门关闭。初始状态时容器是空的，各阀门均关闭，各传感器均为 0 状态。按下起动按钮后，打开电磁阀 A，液体 A 流入容器，中限位开关变为 ON 时，关闭电磁阀 A，打开电磁阀 B，液体 B 流入容器。液面上升到上限位，关闭电磁阀 B，电动机 M 开始运行，搅拌液体，30s 后停止搅

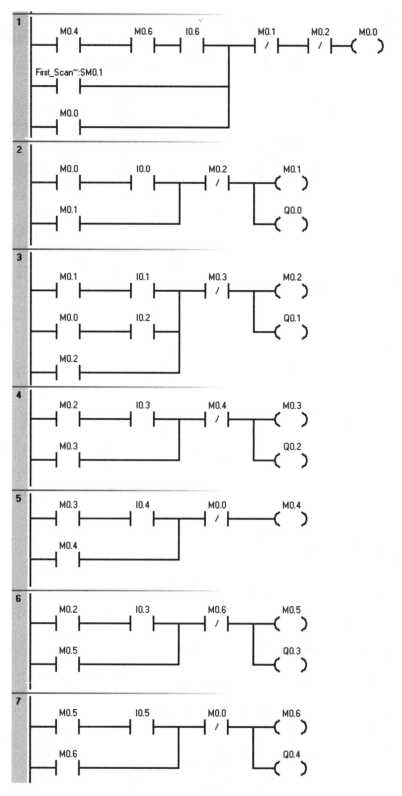

图 5-6　梯形图

动，打开电磁阀 C，放出混合液体，当液面下降到下限位之后，过 3 s，容器放空，关闭电磁阀 C，打开电磁阀 A，又开始下一个周期的操作。按下停止按钮，当前工作周期结束后，才能停止工作，按下急停按钮可立即停止工作。要求设计顺序功能图和梯形图。

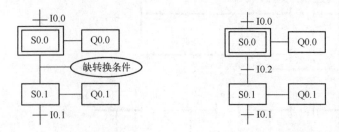

图 5-7 错误的顺序功能图（1）　　图 5-8 正确的顺序功能图

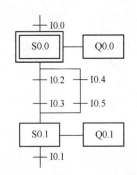

图 5-9 简化前的顺序功能图

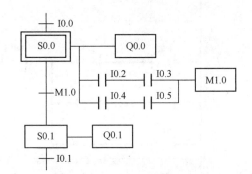

图 5-10 简化后的顺序功能图

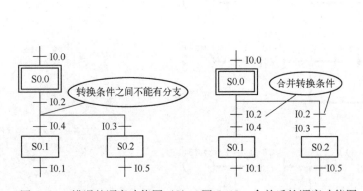

图 5-11 错误的顺序功能图（2）　图 5-12 合并后的顺序功能图

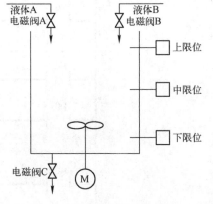

图 5-13 液体混合装置

解 液体混合装置 PLC 的 I/O 分配表见表 5-1。

表 5-1　PLC 的 I/O 分配表

输入			输出		
名称	符号	输入点	名称	符号	输出点
起动按钮	SB1	I0.0	电磁阀 A	YV1	Q0.0
停止按钮	SB2	I0.1	电磁阀 B	YV2	Q0.1
急停按钮	SB3	I0.2	电磁阀 C	YV3	Q0.2

（续）

输入			输出		
名称	符号	输入点	名称	符号	输出点
上限位传感器	SQ1	I0.3	电动机 M	KA1	Q0.3
中限位传感器	SQ2	I0.4			
下限位传感器	SQ3	I0.5			

电气系统的原理图如图 5-14 所示，顺序功能图如图 5-15 所示，梯形图如图 5-16 所示。

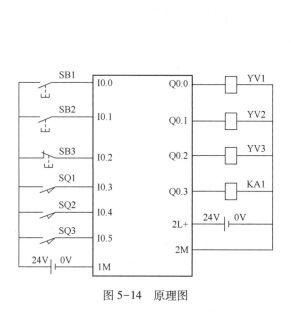

图 5-14　原理图

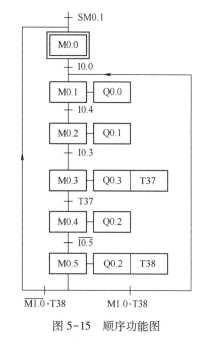

图 5-15　顺序功能图

5.1.2　梯形图的编程原则

尽管梯形图与继电器电路图在结构形式、元件符号和逻辑控制功能等方面相类似，但它们又有许多不同之处，梯形图有自己的编程原则。

1）每一逻辑行总是起于左母线，然后是触点的连接，最后终止于线圈或右母线（右母线可以不画出）。这仅仅是一般原则，S7-200 SMART PLC 的梯形图要求左母线与线圈之间一定要有触点，而线圈与右母线之间则不能有任何触点，如图 5-17 所示。但 S7-300 PLC 的梯形图中与左母线相连的不一定是触点，而且线圈不一定与右母线相连。

2）无论选用哪种机型的 PLC，所用元件的编号必须在该机型的有效范围内。例如 S7-200 SMART PLC 的辅助继电器默认状态下没有 M100.0，若使用就会出错，而 S7-300 PLC 则有 M100.0。

3）梯形图中的触点可以任意串联或并联，但线圈只能并联而不能串联。

4）触点的使用次数不受限制，例如，辅助继电器 M0.0 可以在梯形图中出现无限次，而实物继电器的触点一般少于八对，只能用有限次。

5）在梯形图中同一线圈只能出现一次。如果在程序中，同一线圈使用了两次或多次，这

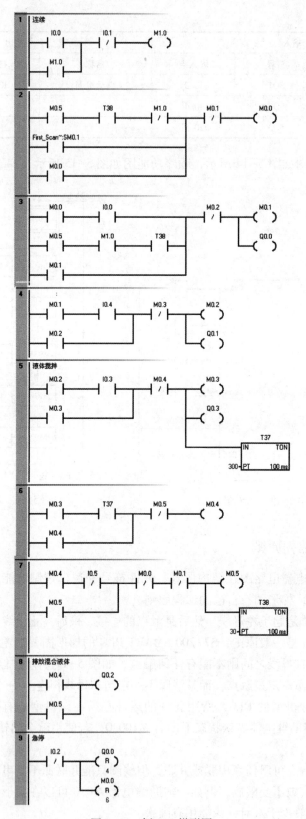

图 5-16 例 5-1 梯形图

图 5-17　梯形图

被称为双线圈输出。对于双线圈输出，有些 PLC 将其视为语法错误，是绝对不允许出现的；有些 PLC 则将前面的输出视为无效，只有最后一次输出有效（如西门子 PLC）；还有些 PLC 在含有跳转指令或步进指令的梯形图中允许双线圈输出。

6）不可编程梯形图必须经过等效变换，变成可编程梯形图，如图 5-18 所示。

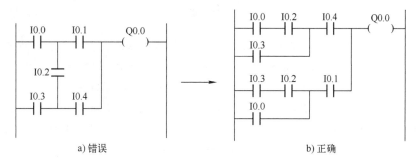

图 5-18　梯形图

7）当有几个串联电路相并联时，应将串联触点多的回路放在上方，归纳为"多上少下"的原则，如图 5-19 所示。当有几个并联电路相串联时，应将并联触点多的回路放在左方，归纳为"多左少右"的原则，如图 5-20 所示。这样所编制的程序简洁明了，语句较少。但要注意，图 5-19a 和图 5-20a 的梯形图逻辑也正确。

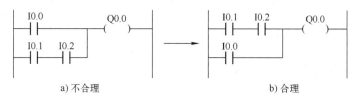

图 5-19　梯形图

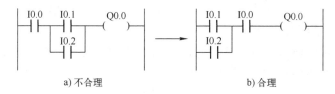

图 5-20　梯形图

8）PLC 的输入端所连的元器件通常使用常开触点，即使与 PLC 对应的继电器-接触器系统使用的是常闭触点，改为 PLC 控制时也应转换为常开触点。图 5-21 所示为继电器-接触器系统控制的电动机起停控制，图 5-22 所示为电动机起停控制的梯形图，图 5-23 所示为电动机起停控制的原理图。从图中可以看出，继电器-接触器系统使用的常闭触点 SB2 和 FR，改用 PLC 控制时，在 PLC 的输入端变成了常开触点。

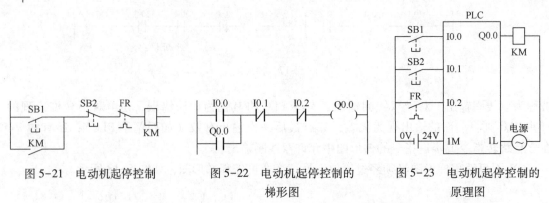

图 5-21 电动机起停控制　　　图 5-22 电动机起停控制的　　　图 5-23 电动机起停控制的
　　　　　　　　　　　　　　　　　　　梯形图　　　　　　　　　　　　　原理图

【关键点】图 5-22 所示的梯形图中 I0.1 和 I0.2 用常闭触点，否则控制逻辑不正确。若读者一定要让 PLC 输入端的按钮为常闭触点输入也可以，但梯形图中 I0.1 和 I0.2 要用常开触点。急停按钮必须使用常闭触点，若一定要使用常开触点，从逻辑上讲是可行的，但在某些情况下，有可能导致急停按钮不起作用而造成事故，这是读者要特别注意的。另外，一般不推荐将热继电器的常开触点接在 PLC 的输入端，因为这样做占用了宝贵的输入点，最好将热继电器的常闭触点接在 PLC 的输出端，与 KM 的线圈串联。

5.2　逻辑控制程序的设计方法

对于比较复杂的逻辑控制程序设计，用经验设计法就不合适，应选用功能图设计法。功能图设计法是应用最为广泛的设计方法。功能图就是顺序功能图，功能图设计法就是先根据系统的控制要求设计出顺序功能图，再根据顺序功能图编写梯形图程序，可以利用"起保停"法编写梯形图程序，也可以利用置位/复位指令或数据移动指令编写梯形图程序。因此，设计顺序功能图是整个设计过程的关键，也是难点。

5.2.1　利用"起保停"法编写梯形图程序

利用"起保停"法编写梯形图程序是最容易想到的方法，该方法不需要了解较多的指令。采用这种方法编写程序的过程是先根据控制要求设计正确的顺序功能图，再根据顺序功能图写出正确的布尔表达式，最后根据布尔表达式设计"起保停"梯形图程序。以下用一个例子讲解利用"起保停"法编写逻辑控制程序的方法。

【例 5-2】某设备原理图如图 5-24 所示，控制四盏灯的亮灭，控制要求如下。

当按下起动按钮 SB1 时，HL1 灯亮 1.8 s 后灭，HL2 灯亮 1.8 s 后灭，HL3 灯亮 1.8 s 后灭，HL4 灯亮 1.8 s 后灭，如此循环。有三种停止模式，停止模式 1 为当按下停止按钮 SB2 时，立即停止，按下起动按钮后，从停止位置开始完成剩下的逻辑；停止模式 2 为当按下停止按钮 SB2 时，完成一个工作循环后停止；停止模式 3 为当按下急停按钮 SB3 时，所有灯灭，完全复位。

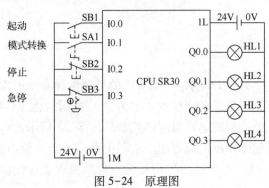

图 5-24　原理图

解 根据题目的控制要求，设计顺序功能图，如图 5-25 所示。

再根据顺序功能图，编程梯形图程序如图 5-26 所示。以下详细介绍程序。

程序段 1：停止模式 1，按下停止按钮，M2.0 线圈得电，M2.0 常闭触点断开，使所有的定时器断电，从而使得程序停止在一个位置。

程序段 2：停止模式 2，按下停止按钮，M2.1 线圈得电，M2.1 常开触点闭合，完成一个工作循环后，定时器 T40 的常开触点闭合，将线圈 M3.0～M3.7 复位，系统停止运行。

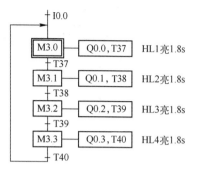

图 5-25 顺序功能图

程序段 3～6：自动运行程序。MB3 = 0（即 M3.0～M3.7 = 0）时按下起动按钮才能起作用，这一点很重要，初学者容易忽略。这个程序段一共有四步，每步一个动作（灯亮），执行当前步的动作时，切断上一步的动作，这是编程的核心思路，有人称这种方法为"起保停"逻辑编程方法。

程序段 7：停止模式 3，即急停模式，立即把所有线圈清 0 复位。

程序段 8：将梯形图逻辑运算的结果输出。

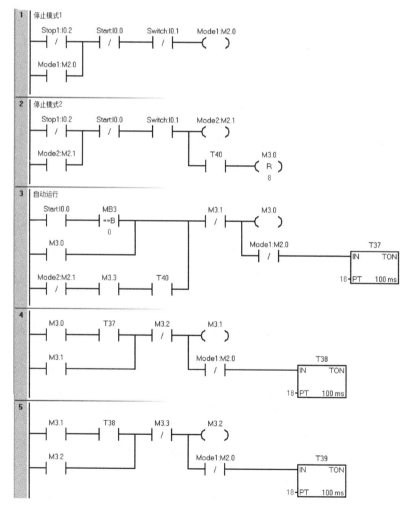

图 5-26 梯形图程序

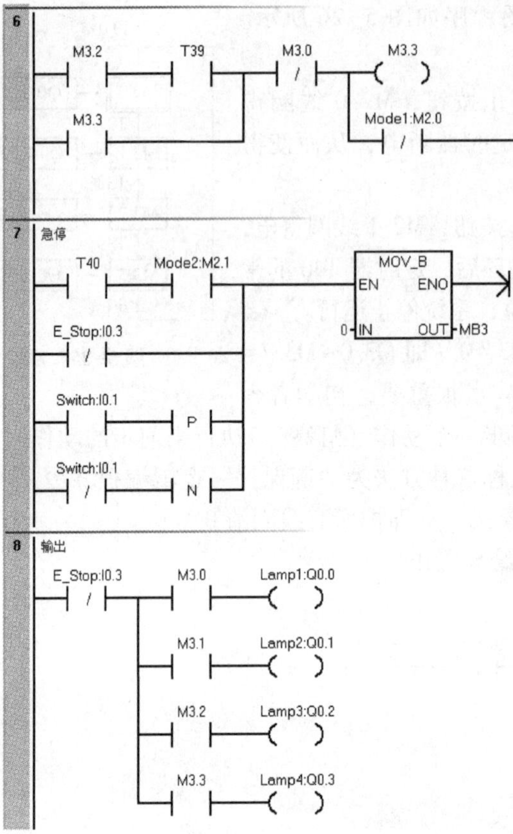

图 5-26　梯形图程序（续）

5.2.2　利用置位/复位指令编写梯形图程序

置位/复位指令是常用指令，利用置位/复位指令编写的程序简洁且可读性强。以下用一个例子讲解利用置位/复位编写梯形图程序的方法。

【例5-3】利用置位/复位指令编写例5-2的程序。

解　根据图5-25的顺序功能图，编程梯形图程序如图5-27所示。以下详细介绍程序。

程序段1：停止模式1，按下停止按钮，M2.0线圈得电，M2.0常闭触点断开，造成所有的定时器断电，从而使得程序停止在一个位置。

程序段2：停止模式2，按下停止按钮，M2.1线圈得电，M2.1常开触点闭合，完成一个工作循环后，定时器T40的常开触点闭合，将线圈M3.0~M3.7复位，系统停止运行。

程序段3~7：自动运行程序。MB3=0（即M3.0~M3.7=0）按下起动按钮才能起作用，这一点很重要，初学者容易忽略。

程序段8：停止模式3，即急停模式，立即把所有线圈清0复位。

程序段9：将梯形图逻辑运算的结果输出。

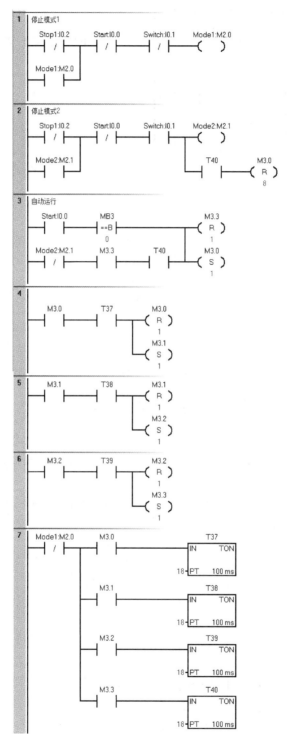

图 5-27 梯形图程序

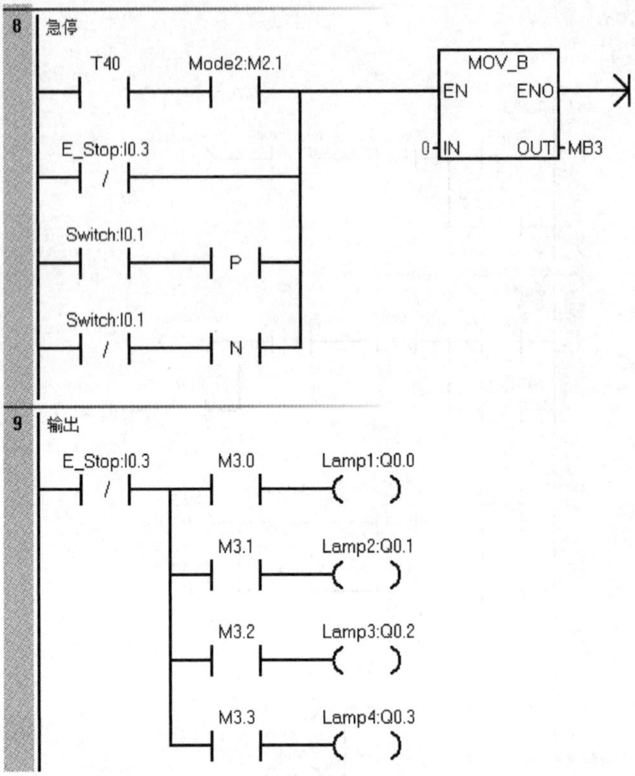

8
急停
T40
Mode2:M2.1
MOV_B
EN
ENO
0
IN
OUT
MB3
E_Stop:I0.3
Switch:I0.1
P
Switch:I0.1
N
9
输出
E_Stop:I0.3
M3.0
Lamp1:Q0.0
M3.1
Lamp2:Q0.1
M3.2
Lamp3:Q0.2
M3.3
Lamp4:Q0.3

图 5-27　梯形图程序（续）

5.2.3　利用数据移动指令编写梯形图程序

微课
利用 MOVE 指令
编写逻辑控制程序

数据移动指令编写程序很简洁，可读性强，编写和调试程序容易，被越来越多的工程师采用，读者应重点掌握。以下用一个例子讲解利用数据移动指令编写梯形图程序。

【**例 5-4**】本例是例 5-2 的功能扩展，某设备原理图如图 5-28 所示，控制四盏灯的亮灭，控制要求如下。

起动
SB1
I0.0
模式转换
SA1
I0.1
停止
SB2
I0.2
急停
SB3
I0.3
手自转换
SA2
I0.4
点动1
SB4
I0.5
点动2
SB5
I0.6
点动3
SB6
I0.7
点动4
SB7
I1.0
24V
0V
1M
CPU SR30
1L
24V
0V
HL1
Q0.0
HL2
Q0.1
HL3
Q0.2
HL4
Q0.3

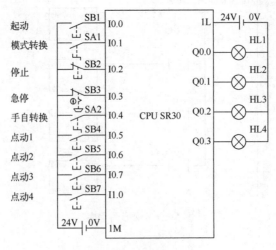

图 5-28　原理图

当按下起动按钮 SB1 时，HL1 灯亮 1.8 s 后灭，HL2 灯亮 1.8 s 后灭，HL3 灯亮 1.8 s 后灭，HL4 灯亮 1.8 s 后灭，如此循环。有三种停止模式，停止模式 1：当按下停止按钮 SB2 时，立即停止，按下起动按钮后，从停止位置开始完成剩下的逻辑；停止模式 2：当按下停止按钮 SB2 时，完成一个工作循环后停止；停止模式 3：当按下急停按钮 SB3，所有灯灭，完全复位。

有点动功能，即手动模式时，可以手动分别点亮每一盏灯。

解　根据顺序功能图，编写梯形图程序如图 5-29~图 5-32 所示。以下详细介绍程序。

图 5-29 所示为主程序，调用三个子程序。

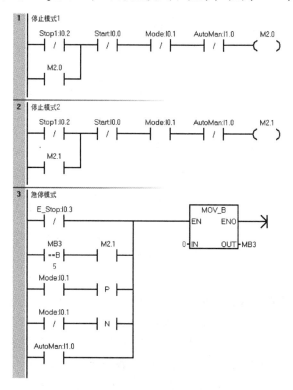

图 5-29　主程序

图 5-30 所示为子程序 Stop_Mode，即停止模式子程序，在例 5-3 中已经介绍了。

图 5-30　子程序 Stop_Mode

图 5-31 所示为子程序 Auto_Run，即自动运行子程序。

程序段1：启动自动运行，MB3实际上就是步号，此时的步号是"1"，第一盏灯亮，启动定时器T37。

程序段2：当T37的定时时间1.8s到，步号变为"2"，第二盏灯亮，启动定时器T38，后续程序类似。

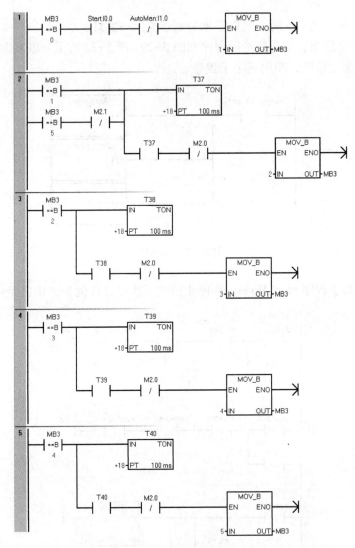

图5-31 子程序 Auto_Run

图5-32所示为子程序OutPut，即灯的亮灭输出。以程序段1为例，I1.0的常闭触点接通时是自动模式，点动不起作用；而I1.0的常开触点接通时是手动模式，自动不起作用。

至此，同一个顺序控制的问题使用了"起保停"法、数据移动指令和置位/复位指令三种解决方案编写程序。三种解决方案的编程都有各自的特点，但有一点是相同的，那就是首先都要设计顺序功能图。三种解决方案没有优劣之分，读者可以根据自己的工程习惯选用。

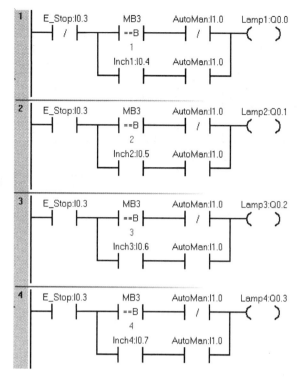

图 5-32　子程序 OutPut

习　　题

一、简答题

1. 在顺序功能图中，什么是步、活动步、动作和转换条件？

2. 设计顺序功能图要注意什么？

3. 编写梯形图程序要注意哪些问题？

4. 编写逻辑控制的梯形图程序有哪些常用方法？

二、编程题

1. 用 I0.0 控制 Q0.0、Q0.1 和 Q0.2，要求：I0.0 闭合两次，Q0.0 亮；I0.0 再闭合两次，Q0.1 亮；I0.0 再闭合两次，Q0.2 亮；I0.0 再闭合一次，Q0.0、Q0.1 和 Q0.2 灭，如此循环，请先设计顺序功能图和原理图，再编写程序，要求用基本指令、数据移动指令和置位/复位指令编写。

2. 要求 PLC 编写程序，使八盏灯以 0.2 s 的速度自左向右亮起，到达最右侧后，再自右向左回到最左侧。如此循环，I0.0 接起动按钮，I0.1 接停止按钮，请先设计顺序功能图和原理图，再编写程序，要求用基本指令、数据移动指令和置位/复位指令编写。

3. 根据如图 5-33 所示的顺序功能图编写程序。

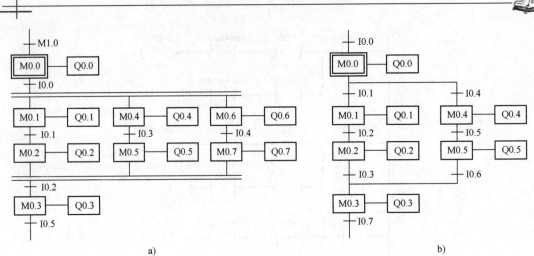

a)   b)

图 5-33   顺序功能图

第6章

S7-200 SMART PLC 的通信及其应用

本章主要介绍了通信的概念、S7-200 SMART PLC 的 OUC（开放用户通信）、S7-200 SMART/1200/1500 PLC 的 S7 通信、S7-200 SMART PLC 的 PROFINET IO 通信和 S7-200 SMART PLC 的自由口通信，本章是 PLC 学习中的重点和难点内容。

6.1 通信的基础知识

PLC 的通信包括 PLC 与 PLC 之间的通信、PLC 与上位计算机之间的通信以及 PLC 与其他智能设备之间的通信。PLC 与 PLC 之间通信的实质就是计算机的通信，使得众多独立的控制任务构成一个控制工程整体，形成模块控制体系。PLC 与计算机连接组成网络，PLC 用于控制工业现场，计算机用于编程、显示和管理等任务，构成集中管理、分散控制的分布式控制系统（DCS）。

6.1.1 PLC 网络的术语解释

PLC 网络中的术语很多，现将常用的予以介绍。

1）主站（Master Station）：PLC 网络中进行数据连接的系统控制站。主站上设置了控制整个网络的参数，每个网络只有一个主站，站号实际就是 PLC 在网络中的地址。

2）从站（Slave Station）：PLC 网络系统中，除主站外，其他的站被称为从站。

3）网关（Gateway）：又被称为网间连接器、协议转换器。网关用来在传输层上实现网络互联，是最复杂的网络互联设备，仅用于两个高层协议不同的网络互联。网关应用实例如图 6-1 所示，CPU 1511-1 PN 通过以太网，把信息传送到 IE/PB LINK 模块，再传送到 PRO-FIBUS 网络上的 IM 155-5 DP ST 模块，IE/PB LINK 通信模块用于不同协议的互联，实际上它就是网关。

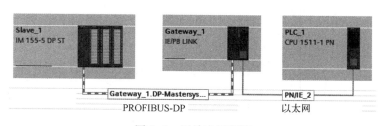

图 6-1　网关应用实例

4）中继器（Repeater）：用于网络信号放大、调整的网络互联设备，能有效延长网络的连接长度。例如，PPI（点对点接口）的正常传输距离不大于 50 m，经过中继器放大后，传输距离超过 1 km。中继器应用实例如图 6-2 所示，PLC 通过 MPI（多点接口）或者 PPI 通信时，传输距离可达 1100 m。在 PROFIBUS-DP 通信中，一个网络多于 32 个站点时需要使用中继器。

图 6-2　中继器应用实例

5）交换机（Switch）：交换机是为了解决通信阻塞而设计的，它是一种基于 MAC（媒体访问控制）地址识别，能完成封装、转发数据包功能的网络设备。交换机可以通过在数据帧的始发者和目标接收者之间建立临时的交换路径，使数据帧直接由源地址到达目的地址。交换机应用实例如图 6-3 所示，交换机 ESM 将 HMI、PLC 和 PC 连接在工业以太网的一个网段中。在工业控制中，只要用到以太网通信，交换机几乎不可或缺。

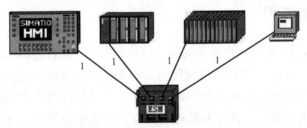

图 6-3　交换机应用实例

6.1.2　OSI 参考模型

通信网络的核心是 OSI（Open System Interconnection，开放系统互联）参考模型。1984年，国际标准化组织（ISO）提出了开放系统互联的七层模型，即 OSI 模型。该模型自下而上分为物理层、数据链路层、网络层、传输层、会话层、表示层和应用层。

OSI 参考模型的上三层通常统为应用层，用来处理用户接口、数据格式和应用程序的访问；下四层负责定义数据的物理传输介质和网络设备。OSI 参考模型定义了大多数协议栈共有的基本框架，信息在 OSI 参考模型中的流动形式如图 6-4 所示。

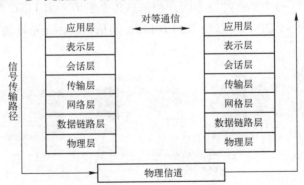

图 6-4　信息在 OSI 参考模型中的流动形式

1）物理层（Physical Layer）：定义传输介质、连接器和信号发生器的类型，规定物理连接的电气、机械功能特性，如电压、传输速率和传输距离等特性，并且可以建立、维护和断开物理连接。典型的物理层设备有集线器（Hub）和中继器等。

2）数据链路层（Data Link Layer）：确定传输站点的物理地址以及将消息传送到协议栈，提供顺序控制和数据流向控制；具有建立逻辑连接、进行硬件地址寻址、差错校验等功能（由底层网络定义协议）。以太网中的 MAC 地址属于数据链路层，相当于人的身份证，不可修改，一般印刷在网口附近。典型的数据链路层的设备有交换机和网桥等。

3）网络层（Network Layer）：进行逻辑地址寻址，实现不同网络之间的路径选择。协议有 ICMP（互联网控制报文协议）、IGMP（互联网组管理协议）、IP〔IPv4（第 4 版互联网协议）、IPv6（第 6 版互联网协议）〕、ARP（地址解析协议）和 RARP（反向地址解析协议）。典型的网络层设备是路由器。IP 地址属于网络层。IP 地址分成两个部分，前 3 个字节代表网络（有的资料称网段），后 1 个字节代表主机，如 192.167.0.1 中，192.167.0 代表网络，1 代表主机。

4）传输层（Transport Layer）：定义传输数据的协议端口号，进行流控和差错校验。协议有 TCP（传输控制协议）、UDP（用户数据报协议）。网关是互联网设备中最复杂的，它是传输层及以上层的设备。

5）应用层（Application Layer）：网络服务与最终用户的一个接口。协议有 HTTP（超文本传送协议）、FTP（文件传送协议）、TFTP（简易文件传送协议）、SMTP（简易邮件传送协议）、SNMP（简易网络管理协议）和 DNS（域名系统）等。

数据经过封装后通过物理介质传输到网络上，接收设备除去附加信息后，将数据上传到上层堆栈层（物理层以上的层）。

【例 6-1】学校有一台计算机，QQ 可以正常登录，可是网页打不开，请问故障在物理层还是其他层？是否可以通过插拔交换机上的网线解决故障？

解

1）故障不在物理层，若在物理层，则 QQ 也不能登录。

2）不能通过插拔网线解决问题，因为网线是物理连接，属于物理层，故障应在其他层。

微课
现场总线介绍

6.1.3　现场总线简介

1. 现场总线的概念

国际电工委员会对现场总线（Fieldbus）的定义为一种应用于生产现场，在现场设备之间、现场设备与控制装置之间实行双向、串行、多节点通信的数字通信网络。

现场总线的概念有广义与狭义之分。狭义的现场总线指基于 EIA-485 的串行通信网络，广义的现场总线泛指用于工业现场的所有控制网络。广义的现场总线包括狭义的现场总线和工业以太网。工业以太网已经成为现场总线的主流。

2. 主流现场总线简介

1984 年，国际电工技术委员会/国际标准协会（ISA）就开始制定现场总线的标准，然而统一的标准至今仍未完成。很多公司推出其各自的现场总线技术，但彼此的开放性和互操作性难以统一。

IEC 61158 现场总线标准的第一版容纳了 8 种互不兼容的总线协议。现行标准是 2007 年 7

月通过的第四版，其现场总线增加到 20 种，见表 6-1。

表 6-1　IEC 61158 中的现场总线

类型编号	名称	发起的公司或学校
Type1	TS61158 现场总线	—
Type2	IP 现场总线	罗克韦尔（Rockwell）
Type3	PROFIBUS 现场总线	西门子（Siemens）
Type4	P-NET 现场总线	Process Data
Type5	FF HSE 高速以太网	罗斯蒙特（Rosemount）
Type6	SwiftNet 现场总线（已被撤销）	波音（Boeing）
Type7	World FIP 现场总线	阿尔斯通（Alstom）
Type8	INTERBUS 现场总线	菲尼克斯电气（Phoenix Contact）
Type9	FF H1 现场总线	现场总线基金会（FF）
Type10	PROFINET 实时以太网	西门子（Siemens）
Type11	TC Net 实时以太网	东芝（Toshiba）
Type12	EtherCAT 实时以太网	倍福（Beckhoff）
Type13	Ethernet Powerlink 实时以太网	ABB，曾经为贝加莱（B&R）
Type14	EPA 实时以太网	浙江大学等
Type15	Modbus RTPS 实时以太网	施耐德（Schneider）
Type16	SERCOS Ⅰ、Ⅱ 现场总线	德国机床协会及德国电气工业协会
Type17	VNET/IP 实时以太网	横河（Yokogawa）
Type18	CC-Link 现场总线	三菱电机（Mitsubishi Electric）
Type19	SERCOS Ⅲ 现场总线	德国机床协会及德国电气工业协会
Type20	HART 现场总线	罗斯蒙特（Rosemount）

6.2　S7-200 SMART PLC 的 OUC 及其应用

6.2.1　S7-200 SMART PLC 的以太网通信方式

1. S7-200 SMART PLC 系统以太网接口

S7-200 SMART PLC 的 CPU 仅集成 X1 接口。最新固件版本 V2.7 支持 PROFINET IO 控制器、I-Device（智能设备）、OUC、S7 通信和 Web 服务器，前期的固件版本支持哪些模式需要参考系统手册。

2. 西门子工业以太网通信方式简介

工业以太网的通信主要利用第三层（ISO）和第四层（TCP）的协议。S7-1200/1500 PLC 系统的以太网接口支持的非实时（NRT）通信有 OUC 和 S7 通信两种，而实时（RT）通信只有 PROFINET IO 通信，不支持 PROFINET CBA。

OUC 包含 TCP、UDP、ISO-on-TCP、SNMP、DCP（设备控制协议）、LLDP（链路层发现协议）、ICMP 和 ARP 等，常用前三种。

6.2.2　S7-200 SMART PLC 与第三方模块之间的 Modbus-TCP 通信应用

Modbus-TCP 通信是非实时通信。西门子 PLC、变频器等产品之间的通信一般不采用 Modbus-TCP 通信，Modbus-TCP 通信通常用于西门子 PLC 与支持 Modbus-TCP 通信协议的第三方设备，典型的应用如西门子 PLC 与施耐德 PLC 的通信、西门子 PLC 与国产自主品牌机器人、机器视觉和仪表等的通信。

1. Modbus-TCP 通信基础

TCP 是中立厂商用于管理和控制自动化设备的系列通信协议的简单的派生产品，它覆盖了使用 TCP/IP 协议的 Intranet（内联网）和 Internet（互联网）环境中报文的用途。协议最通用的用途是为如 PLC、I/O 模块及连接其他简单域总线或 I/O 模块的网关服务。

（1）TCP 的以太网参考模型　Modbus-TCP 传输过程中使用了 TCP/IP 以太网参考模型的五层。

第一层：物理层，提供设备物理接口，与市售介质/网络适配器相兼容。

第二层：数据链路层，在一条物理线路上，通过一些规程或协议来控制这些数据的传输，以保证被传输数据的正确性。

第三层：网络层，实现带有 32 位 IP 地址的 IP 报文包。

第四层：传输层，实现可靠性连接、传输、查错、重发、端口服务和传输调度。

第五层：应用层，Modbus 协议报文。

（2）Modbus-TCP 数据帧　Modbus 数据在 TCP/IP 以太网上传输，支持 Ethernet II 和 802.3 两种帧格式，Modbus-TCP 数据帧包含报文头、功能代码和数据三部分，MBAP 报文头（Modbus Application Protocol，Modbus 应用协议）分四个域，共 7 个字节。

（3）Modbus-TCP 使用的通信资源端口号　在 Modbus 服务器中按默认协议使用 502 通信端口（Port）。

（4）Modbus-TCP 使用的功能代码

1）按照使用的用途区分，共有三种类型。

① 公共功能代码：已定义好功能代码，保证其唯一性，由 Modbus.org 认可。

② 用户自定义功能代码：有两组，分别为 65~72 和 100~110，无须认可，但不保证代码使用唯一性，如变为公共功能代码，需交 RFC（请求评论，是一系列以编号排定的文件）认可。

③ 保留功能代码：由某些公司使用的某些传统设备代码，不可作为公共用途。

2）按照应用深浅区分，共有三个类别。

① 类别 0：客户端/服务器的最小可用子集，可以读多个保持寄存器 [fc.3（功能码 3）]，写多个保持寄存器（fc.16）。

② 类别 1：实现基本互易操作的常用代码，可以读线圈（fc.1），读开关量输入（fc.2），读输入寄存器（fc.4），写线圈（fc.5）以及写单一寄存器（fc.6）。

③ 类别 2：用于 HMI、监控系统例行操作和数据传送功能，可以强制多个线圈（fc.15），读通用寄存器（fc.20），写通用寄存器（fc.21），屏蔽写寄存器（fc.22）以及读写寄存器（fc.23）。

2. Modbus-TCP 通信应用

【例 6-2】某系统的控制器由一台 CPU ST40 和一个分布式模块（ETH-MODBUS-IO5R）组成，分布式模块上集成了数字量输入和输出通道，要用 CPU ST40 与分布式模块进行 Modbus-TCP 通信，要求 CPU ST40 上的按钮可以控制分布式模块上一盏灯的起停，分布式模块上的按钮可以控制 CPU ST40 上一盏灯的起停，请编写相关程序。

解 CPU ST40 的工业以太网可采用 S7、TCP、ISO-on-TCP 和 Modbus-TCP 通信协议，本例用 Modbus-TCP 通信协议实现通信。

（1）主要软硬件配置

① STEP 7-Micro/WIN SMART V2.7。

② 2 根网线。

③ 1 台 CPU ST40。

④ 1 台分布式模块（ETH-MODBUS-IO5R）。

（2）ETH-MODBUS-IO5R 模块 ETH-MODBUS-IO5R 模块是一个分布式模块，支持 Modbus-TCP 和 Modbus-RTU（RTU 为远程终端单元）通信，此模块集成了 5 个数字量输入点（输入通道与 PLC 对应地址见表 6-2）和 5 个数字量输出点（输出通道与 PLC 对应地址见表 6-3）。这些地址在编写程序时会用到。

表 6-2　输入通道与 PLC 对应地址

名称	PLC 对应地址	Modbus 对应地址
输入通道 1	10001	0x00
输入通道 2	10002	0x01
输入通道 3	10003	0x02
输入通道 4	10004	0x03
输入通道 5	10005	0x04

表 6-3　输出通道与 PLC 对应地址

名称	PLC 对应地址	Modbus 对应地址
输出通道 1	00001	0x00
输出通道 2	00002	0x01
输出通道 3	00003	0x02
输出通道 4	00004	0x03
输出通道 5	00005	0x04

（3）设计电气原理图 设计电气原理图如图 6-5 所示，CPU ST40 和 ETH-MODBUS-IO5R 模块之间用以太网双绞线相连。

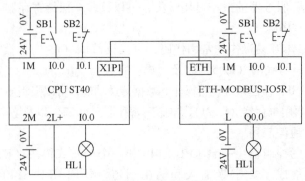

图 6-5　电气原理图

（4）客户端的项目创建

1）创建新项目，命名为 MODBUS_TCP_C，如图 6-6 所示。双击"CPU ST40"，弹出图 6-7 所示的界面。

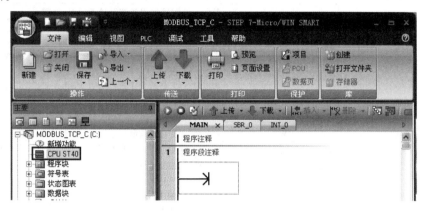

图 6-6　创建新项目

2）硬件组态如图 6-7 所示。更改 CPU 的型号和版本号，勾选"IP 地址数据固定为下面的值，不能通过其他方式更改"选项，将 IP 地址和子网掩码设置为图 6-7 所示的值，单击"确定"按钮。

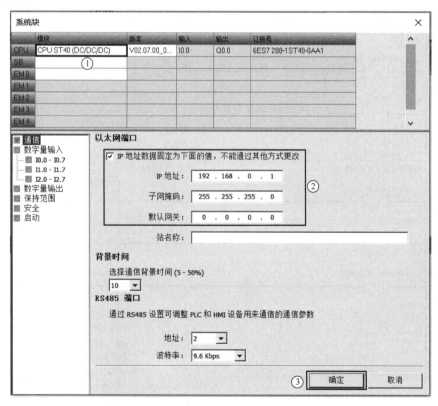

图 6-7　硬件组态

3）相关指令介绍：MBUS_CLIENT 指令用于建立或断开 Modbus-TCP 连接，该指令必须在每次扫描时执行。MBUS_CLIENT 指令的参数说明见表 6-4。

表 6-4　MBUS_CLIENT 指令的参数说明

梯形图	输入/输出	说明
MBUS_CLIENT EN Req Connect IPAddr1　　Done IPAddr2　　Error IPAddr3 IPAddr4 IP_Port RW Addr Count DataPtr	EN	必须保证每一扫描周期都被使能
	Req	参数允许程序向服务器发送 Modbus 请求
	Connect	参数允许程序连接到 Modbus 服务器设备或断开与此设备的连接
	IPAddr1 ~ IPAddr4	Modbus-TCP 客户端的 IP 地址，IPAddr1 是 IP 地址的最高有效字节，IPAddr4 是 IP 地址的最低有效字节
	IP_Port	客户端尝试连接，且随后使用 Modbus-TCP 进行通信的服务器的端口号 默认值：502
	RW	分配请求类型（读取或写入），其中 0 为读取，1 为写入
	Addr	Modbus 起始地址，分配要通过 MBUS_CLIENT 指令进行访问的数据的起始地址，见表 6-2 和表 6-3
	Count	Modbus 数据长度，此请求中要访问的位或保持寄存器的数量
	DataPtr	指向 Modbus 数据寄存器的指针。DataPtr 指向与读取或写入请求关联的数据的 V 存储位置。对于读取请求，此位置存储从 Modbus 服务器读取的数据的第一个存储位置；对于写入请求，此位置存储要写入 Modbus 服务器的数据的第一个存储位置
	Done	Modbus-TCP 连接已经成功建立
	Error	建立或断开连接时，发生错误

4）编写客户端的梯形图程序，如图 6-8 所示，程序的解读如下。

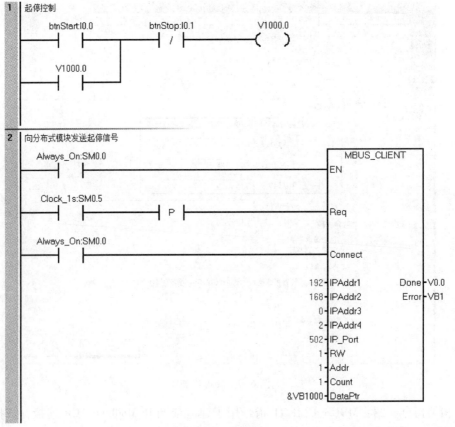

图 6-8　梯形图

程序段 1：起停控制，把指示灯的状态保存在 V1000.0 中。

程序段 2：每秒将 V1000.0 的状态发送到服务器（IP 地址为 192.168.0.2）中，对应的数字量输出为 0001。

本例的服务器无须编写程序。读取分布式模块状态的程序由读者完成编写。

6.3　S7-200 SMART PLC 的 S7 通信及其应用

6.3.1　S7 通信基础

微课
两台 S7-200 SMART PLC
之间的 S7 通信

1. S7 通信简介

S7 通信（S7 Communication）集成在每一个 SIMATIC S7/M7 和 C7 的系统中，属于 OSI 参考模型第七层应用层的协议，它独立于各个网络，可以应用于多种网络（MPI、PROFIBUS、工业以太网）。S7 通信通过不断地重复接收数据来保证网络报文的正确。在 SIMATIC S7 中，通过组态建立 S7 连接来实现 S7 通信。在个人计算机上，S7 通信需要通过 SAPI-S7 接口函数或 OPC（过程控制用对象链接与嵌入）来实现。

S7 通信的客户端是主控端，而服务器是被控端。

2. 指令介绍

S7 通信要用到 PUT 和 GET 指令。GET 指令用于启动以太网端口上的通信操作，从远程设备获取数据。GET 指令可从远程设备读取最多 222 字节的数据。

PUT 指令用于启动以太网端口上的通信操作，将数据写入远程设备。PUT 指令可向远程设备写入最多 212 字节的数据。掌握 PUT 和 GET 指令，关键是掌握 Table（表格）参数定义，见表 6-5。

表 6-5　Table 参数定义

字节偏移量	Bit7	Bit6	Bit5	Bit4	Bit3	Bit2	Bit1	Bit0
0	D	A	E	0	错误代码			
1								
2	远程 CPU 的 IP 地址							
3								
4								
5	预留（必须设置为 0）							
6	预留（必须设置为 0）							
7								
8	指向远程 CPU 通信数据区域的地址指针							
9	（允许数据区域包括：I、Q、M、V）							
10								
11	通信数据长度							
12								
13	指向本地 CPU 通信数据区域的地址指针							
14	（允许数据区域包括：I、Q、M、V）							
15								

需要注意的是，表 6-7 中第 0 字节的含义如下：

1）D，即第 0 字节第 7 位：通信完成标志位，表示通信已经成功完成或者通信发生错误。

2）A，即第 0 字节第 6 位：通信已经激活标志位。

3）E，即第 0 字节第 5 位：通信发生错误，错误原因需要查询错误代码 4。

注意：

1）S7 通信是西门子公司产品的专用保密协议，不与第三方产品（如三菱 PLC）通信，是非实时通信。

2）与第三方 PLC 进行以太网通信常用 OUC（包括 TCP、UDP 和 ISO-on-TCP 等），是非实时通信。

6.3.2　两台 S7-200 SMART PLC 之间的 S7 通信应用

在工程中，西门子 CPU 模块之间的通信，采用 S7 通信比较常见，两台 S7-200 SMART PLC 之间的 S7 通信中，一台 S7-200 SMART PLC 是客户端，起主控作用，类似于主站，另一台 S7-200 SMART PLC 是服务器，处于被控地位，类似于从站。

【例 6-3】 有两台设备，要求从设备 1 上 CPU ST40 以 VW500 为开始的地址，发出 3 个字到设备 2 上 CPU ST40 以 VW600 开始的地址中去，请编写控制程序。

解

（1）软硬件配置　本例用到的软硬件如下。

① 2 台 CPU ST40。

② 1 台四口交换机。

③ 2 根带 RJ45 接头的屏蔽双绞线（正线）。

④ 1 台个人计算机（含网卡）。

⑤ STEP 7-Micro/WIN SMART V2.7。

（2）编写程序　3 个字的数据长度实际就是 6 字节，客户端的梯形图程序如图 6-9 所示，程序解读在梯形图中。服务器中无须编写程序。要理解此程序，必须先理解表 6-7 的参数定义。

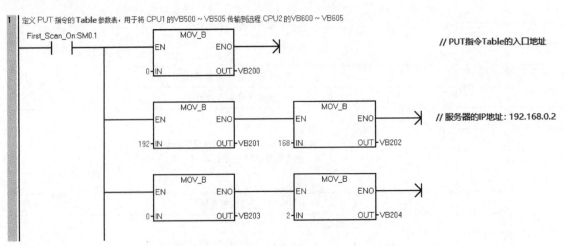

图 6-9　客户端的梯形图程序

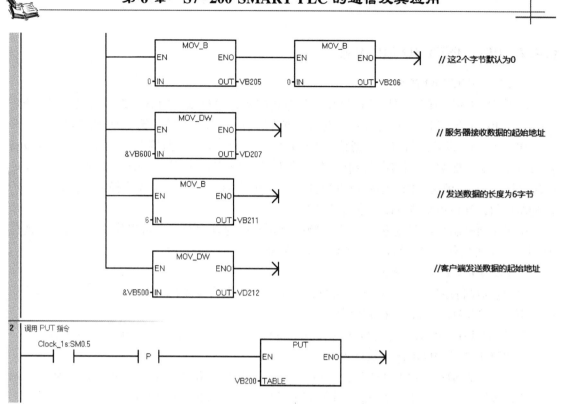

图 6-9　客户端的梯形图程序（续）

本例还有一个解决方案，即指令向导，读者可以参考相关手册。

6.4　PROFINET IO 通信

6.4.1　工业以太网简介

1. 以太网存在的问题

以太网采用随机争用型介质访问方法，即带冲突检测的载波监听多路访问（CSMA/CD），若网络负载过高，则无法预测网络延迟时间，具有不确定性。只要有通信需求，各以太网节点均可向网络发送数据，因此报文可能在主干网中被缓冲，实时性不佳。

2. 工业业态网的概念

显然，对于实时性和确定性要求高的场合（如运动控制），商用以太网存在的问题是不可接受的。因此工业以太网应运而生。

所谓工业以态网是指应用于工业控制领域的以太网技术，在技术上与普通以太网技术相兼容。由于产品要在工业现场使用，所以对产品的材料、强度、适用性、可互操作性、可靠性和抗干扰性等有较高要求；而且工业以太网面向工业生产控制，所以对数据的实时性、确定性和可靠性等有很高要求。

常见的工业以太网标准有 PROFINET、Modbus-TCP、Ethernet/IP 和我国的 EPA（一种实时以太网）等。

6.4.2　PROFINET IO 通信基础

1. PROFINET IO 简介

PROFINET IO 通信主要用于模块化、分布式控制，通过以太网直接连接现场设备（IO-Device）。PROFINET IO 通信是全双工点到点方式通信。一个 IO 控制器（IO-Controller）最多可以和 512 个 IO 设备进行点到点通信，按照设定的更新时间双方对等发送数据。一个 IO 设备作为被控对象只能被一个控制器控制。在共享 IO 控制设备模式下，一个 IO 站点上不同的 IO 模块、同一个 IO 模块中的通道都可以最多被 4 个 IO 控制器共享，但输出模块只能被一个 IO 控制器控制，其他控制器可以共享信号状态信息。

由于访问机制是点到点方式，S7-1200/1500 PLC 的以太网接口可以作为 IO 控制器连接 IO 设备，又可以作为 IO 设备连接到上一级控制器。

2. PROFINET IO 的特点

1）现场设备通过 GSD（电子设备数据库文件）的方式集成在 TIA Portal 软件中，其 GSD 以 XML（可扩展标记语言）格式保存。

2）PROFINET IO 控制器可以通过 IE/PB LINK（网关）连接到 PROFIBUS-DP 从站。

3. PROFINET IO 的三种执行水平

（1）非实时通信　PROFINET 是工业以太网，采用 TCP/IP 标准通信，响应时间为 100 ms，用于工厂级通信。组态和诊断信息、上位机通信时可以采用非实时通信。

（2）实时通信　对于现场传感器和执行设备的数据交换，响应时间为 5 ~ 10 ms（PROFIBUS-DP 满足）。PROFINET 提供了一个优化的、基于第二层的实时通道，解决了实时性问题。PROFINET 的实时数据按优先级传递，标准的交换机可保证实时性。

（3）等时同步实时（IRT）通信　在通信中，对实时性要求最高的是运动控制的通信。100 个节点以下要求响应时间为 1 ms，抖动误差不大于 1 μs。等时数据传输需要特殊交换机（如 SCALANCE X-200IRT）。

6.4.3　S7-200 SMART PLC 与分布式模块 ET200SP 之间的 PROFINET IO 通信

用 S7-200 SMART PLC 与分布式模块 ET200SP 实现 PROFINET IO 通信。某系统的控制器由 CPU ST40、IM 155-6 PN ST、DI 8×24 V DC 和 DQ 16×24 V DC 组成，要求用 S7-200 SMART PLC 上的两个按钮控制远程站上一盏灯的起停，用远程站上的两个按钮控制 S7-200 SMART PLC 上灯的起停。

微课
S7-200 SMART PLC
与分布式模块 ET200SP
之间的 PROFINET 通信

1. 设计电气原理图

本例用到的软硬件如下。

① 1 台 CPU ST40。

② 1 台 IM 155-6 PN ST、DI 8×24 V DC 和 DQ 16×24 V DC 模块。

③ 1 根带 RJ45 接头的屏蔽双绞线（正线）。

④ 1 台个人计算机（含网卡）。

⑤ STEP 7-Micro/WIN SMART V2.7。

电气原理图如图 6-10 所示。以太网口 X1P1（此标记已印刷在网口附近）与 IM 155-6 PN ST 用网线连接。

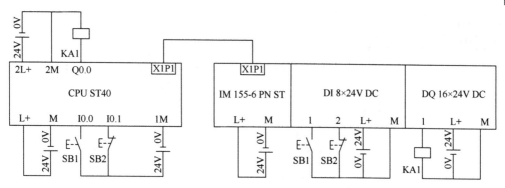

图 6-10　电气原理图

2. 编写控制程序

（1）新建项目　打开 STEP 7-Micro/WIN SMART，新建项目，本例命名为 ET200SP，如图 6-11 所示。

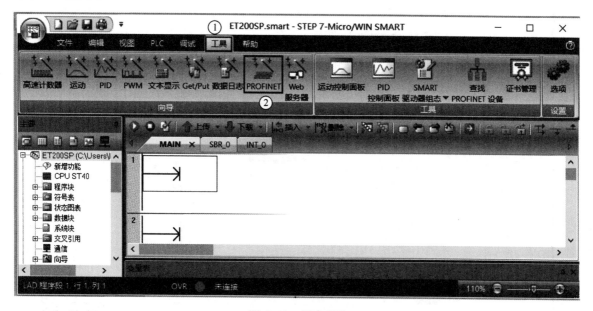

图 6-11　新建项目

在 STEP 7-Micro/WIN SMART 的项目树中，双击"系统块"选项，添加 CPU 模块 CPU ST40，再单击菜单栏中的"工具"→"PROFINET"，打开"PROFINET 配置向导"对话框。

（2）配置控制器的 IP 地址　如图 6-12 所示，先勾选"控制器"选项，即将 CPU ST40 作为控制器使用，然后按照工程需要设置 IP 地址、子网掩码，最后单击"下一步"按钮。

（3）配置远程站　远程站使用的是 IM 155-6 PN ST 模块，在配置之前，STEP 7-Micro/WIN SMART 中必须已经安装 IM 155-6 PN ST 模块的 GSD，此文件在西门子的官方网站上可免费下载。

如图 6-13 所示，将标记①处的 IM 155-6 PN ST 模块拖拽到标记②处即 1 号槽后释放。按照工程需要修改"设备名"和"IP 地址"，这里的 IP 地址要与图 6-12 中的 IP 地址在同一网段。完成后，单击"下一步"按钮。

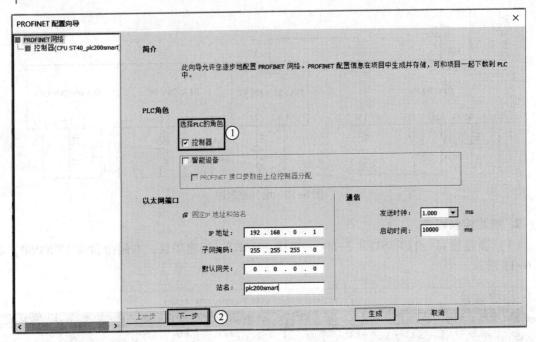

图 6-12　配置控制器的 IP 地址

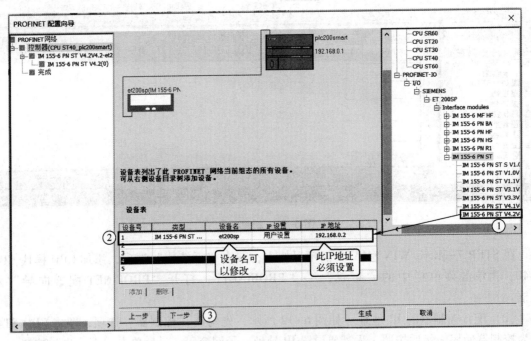

图 6-13　配置远程站（1）

如图 6-14 所示，把数字量输入模块 DI 8×24 V DC 和数字量输出 DQ 16×24 V DC 拖拽到 1 号槽和 2 号槽，注意数字量输入模块的起始地址是 IB128，数字量输出模块的起始地址是 QB128，后续编写的程序必须与这个地址相对应，此地址是可以修改的。完成后，单击"下一步"按钮。

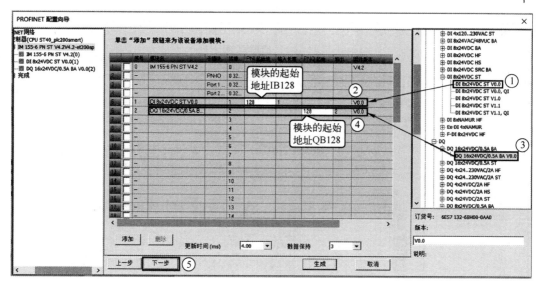

图 6-14　配置远程站（2）

（4）启用电位组　设置如图 6-15 所示，启用的是 1 号槽的电位组，1 号槽的电位组必须启用。其他槽若为浅色模块则需要启用电位组。

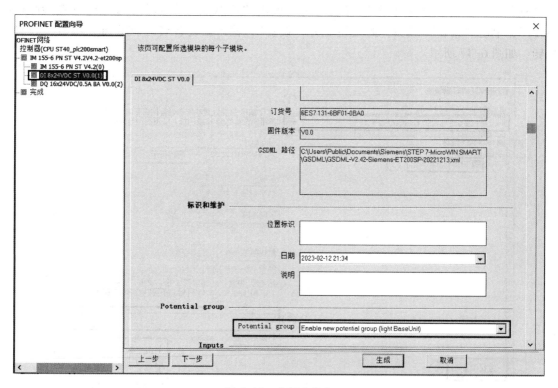

图 6-15　启用电位组

（5）完成硬件配置　如图 6-16 所示，单击"生成"按钮，完成硬件配置。

（6）分配 IO 设备名　在线组态一般不需要分配 IO 设备名，离线组态通常需要此项操作。

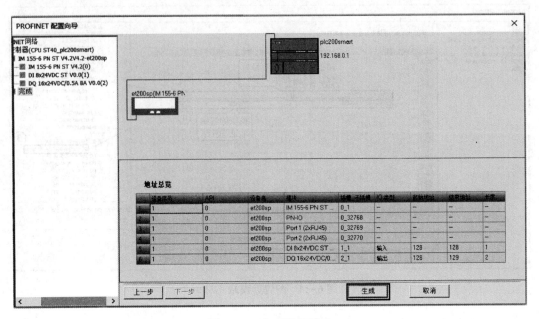

图 6-16 完成硬件配置

在"通信接口"选项区域中选择有线网卡,单击"查找设备"按钮,选中"192.168.0.8 (io1)",单击"编辑"按钮,此按钮变为"设置",输入新设备名为 et200sp,单击"设置"按钮,如图 6-17 所示。

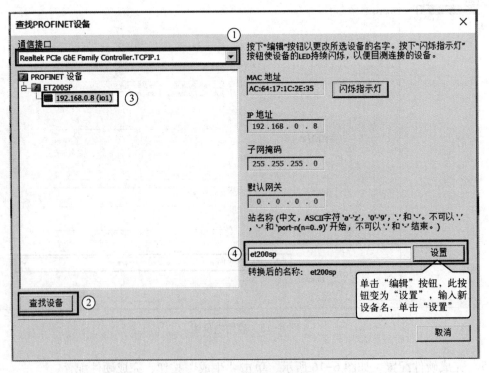

图 6-17 分配 IO 设备名

分配 IO 设备名的目的是确保组态时的设备名与实际的设备名一致，或者是按照设计要求修改设备名。

　　（7）编写程序　只需要在 IO 控制器（CPU 模块）中编写程序，如图 6-18 所示，而 IO 设备（本例中的 IO 设备无 CPU，无法编写程序）中不需要编写程序。

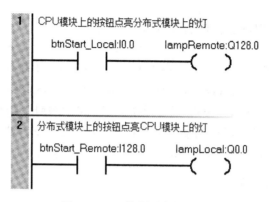

图 6-18　IO 控制器中的程序

任务小结：

　　1）用 STEP 7-Micro/WIN SMART 软件进行硬件组态时，使用拖拽功能能大幅提高工程效率，读者必须学会。

　　2）下载程序后，如发现总线故障（BF）灯为红色，一般情况是因为组态时，IO 设备的设备名或 IP 地址与实际 IO 设备的设备名或 IP 地址不一致，此时需要重新分配设备名或 IP 地址。

　　3）分配 IO 设备的设备名和 IP 地址应在线完成，也就是说必须有在线的硬件设备。

6.5　Modbus 通信及其应用

6.5.1　Modbus 通信协议简介

1. Modbus 通信协议简介

　　Modbus 通信协议是 Modicon 公司（莫迪康公司，现已经并入施耐德公司）于 1979 年开发的一种通信协议，是一种工业现场总线协议标准。1996 年施耐德公司推出了基于以太网 TCP/IP 的 Modbus 通信协议，即 Modbus-TCP 协议。

　　Modbus 通信协议是一项应用层报文传输协议，包括 Modbus-ASCII、Modbus-RTU 和 Modbus-TCP 三种报文类型，协议本身并没有定义物理层，只是定义了控制器能够认识和使用的消息结构，而不管它们经过何种网络进行通信。

　　标准的 Modbus 通信协议物理层接口有 RS-232、RS-422、RS-485 和以太网口。采用 Master/Slave（主/从）方式通信。

　　Modbus 通信协议在 2004 年成为我国国家标准。

　　Modbus-RTU 协议的帧规格如图 6-19 所示。

地址字段	功能代码	数据	循环冗余校验（CRC）
1个字节	1个字节	0~252个字节	2个字节

图 6-19　Modbus-RTU 协议的帧规格

2. S7-200 SMART PLC 支持的通信协议

1）S7-200 SMART PLC 的 CPU 模块 PN/IE 接口（以太网口）支持用户开放通信（Modbus-TCP、TCP、UDP、ISO、ISO-on-TCP 等）、PROFINET 和 S7 通信协议等。

2）S7-200 SMART PLC 的 Modbus-RTU 通信是基于 RS-485/RS-232C 通信基础的通信，S7-200 SMART PLC 拥有 Modbus-RTU 通信功能。S7-200 SMART PLC 所有的 CPU 模块都集成 RS-485 接口，具有自由口通信功能，是端口 0。利用 S7-200 SMART PLC 进行 Modbus-RTU 通信，还可以配置 SB CM01 RS-485/RS-232 模块，是端口 1。

6.5.2　Modbus 通信指令

用于 S7-200 SMART PLC 端口 0 的初始化主设备指令 MBUS_CTRL（或用于端口 1 的 MBUS_CTRL_P1 指令）可以初始化、监视或禁用 Modbus 通信。在使用 MBUS_MSG 指令之前，必须正确执行 MBUS_CTRL 指令，指令执行完成后，立即设定"完成"位，才能继续执行下一条指令。其 MBUS_CTRL 指令参数见表 6-6。

表 6-6　MBUS_CTRL 指令的参数

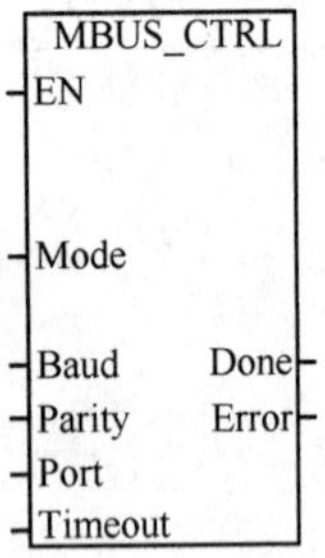

梯形图	输入/输出	说明	数据类型
	EN	使能	Bool
	Mode	为 1 时，将 CPU 端口分配给 Modbus 协议，并启用该协议；为 0 时，将 CPU 端口分配给 PPI 协议，并禁用 Modbus 协议	Bool
MBUS_CTRL EN Mode Baud　Done Parity　Error Port Timeout	Baud	将波特率设为 1200 bit/s、2400 bit/s、4800 bit/s、9600 bit/s、19200 bit/s、38400 bit/s、57600 bit/s 或 115200 bit/s	DWord
	Parity	0 为无奇偶校验，1 为奇校验，2 为偶校验	Byte
	Port	端口：使用 PLC 集成端口时为 0，使用通信板时为 1	Byte
	Timeout	等待来自从站应答的毫秒时间数	Word
	Done	"完成"参数，指令完成时，将"1"返回给 Done 输出	Bool
	Error	出错时返回错误代码	Byte

MBUS_MSG 指令（或用于端口 1 的 MBUS_MSG_P1）可以启动对 Modbus 从站的请求，并处理应答。当 EN 输入和"首次"输入打开时，MBUS_MSG 指令启动对 Modbus 从站的请求，发送请求，等待应答，并处理应答。EN 输入必须打开，以启用请求的发送，并保持打开，直到"完成"位被置位。此指令在一个程序中可以执行多次。MBUS_MSG 指令的参数见表 6-7。

【关键点】MBUS_CTRL 指令的 EN 接通，指令在程序中只能调用一次，MBUS_MSG 指令可以在程序中多次调用，要特别注意区分 Addr、DataPtr 和 Slave 三个参数。

表 6-7　MBUS_MSG 指令的参数

梯形图	输入/输出	说明	数据类型
MBUS_MSG EN First Slave　Done RW　Error Addr Count DataPtr	EN	使能	Bool
	First	"首次"参数，应当在有新请求要发送时打开，进行一次扫描。"首次"输入应当通过一个边沿检测元素（如上升沿）打开，这将保证请求被传送一次	Bool
	Slave	"从站"参数是 Modbus 从站的地址，允许的范围是 0～247	Byte
	RW	0 为读，1 为写	Byte
	Addr	"地址"参数，Modbus 的起始地址	DWord
	Count	"计数"参数，读取或写入的数据元素的数目	Int
	DataPtr	S7-200 SMART PLC 的 V 存储器中与读取或写入请求相关数据的间接地址指针	DWord
	Error	出错时返回错误代码	Byte

Modbus 通信指令中需要用到 Addr 地址和功能码，Modbus 通信指令中的地址和功能码见表 6-8。

表 6-8　Modbus 通信指令中的地址和功能码

Mode	Addr	功能码	功能
0	起始地址：1～9999	01	读取输出位
0	起始地址：10001～19999	02	读取输入位
0	起始地址： 40001～49999 400001～465535	03	读取保持存储器
0	起始地址：30001～39999	04	读取输入字
1	起始地址：1～9999	05	写入输出位
1	起始地址： 40001～49999 400001～465535	06	写入保持存储器
1	起始地址：1～9999	15	写入多个输出位
1	起始地址： 40001～49999 400001～465535	16	写入多个保持存储器
2	起始地址：1～9999	15	写入一个或多个输出位
2	起始地址： 40001～49999 400001～465535	16	写入一个或多个保持存储器

前述的 Modbus_Master 指令（主设备指令）用到了参数 Mode 与 Addr，这两个参数在 Modbus 通信中，对应的功能码及地址见表 6-9。

表 6-9   DatePtr 参数与 Modbus 保持寄存器地址的对应关系举例

Modbus 地址	DatePtr 参数对应的地址	
40001	MW100	DB1DW0
40002	MW102	DB1DW2
40003	MW104	DB1DW4
40004	MW106	DB1DW6
…	…	…

学习小结：

1）得益于免费和开放的优势，Modbus 通信在我国比较常用，尤其在仪表中常用 Modbus-RTU。此外，多数国产的 PLC 支持 Modbus-RTU 通信。

2）在工业以太网通信中，Modbus-TCP 的占有率也名列前茅。

6.5.3   S7-200 SMART PLC 与温度仪表之间的 Modbus-RTU 通信

Modbus-RTU 通信在我国很常见，国产的仪表和小型 PLC 通常支持此协议。Modbus-RTU 通信的典型应用有三菱、西门子 PLC 与第三方仪表的通信。以下用一个例子讲解 S7-200 SMART PLC 与温度仪表之间的 Modbus-RTU 通信。

某设备的主站为 S7-200 SMART PLC，从站为 KCMR-91W 温度仪表，温度仪表支持 Modbus-RTU 通信，且可以连接热电阻和热电偶，要求实时显示主站接收到的温度仪表的温度数据。

微课
S7-200 SMART
PLC 与温度仪表
之间的 Modbus-RTU
通信

通过完成此例，掌握 S7-200 SMART PLC 与第三方仪表之间 Modbus-RTU 通信实施的全过程。

1. 设计电气原理图

（1）KCMR-91W 温度仪表   温度仪表在工程中极为常用，具有测量实时温度、报警、PID 运算和通信（以太网通信、自由口通信和 Modbus-RTU 通信等）等功能。在国产仪表中，支持自由口通信和 Modbus-RTU 通信的仪表很常见。

KCMR-91W 温度仪表是典型的国产仪表，具有实时温度测量、报警、PID 运算和 Modbus-RTU 通信等功能。本例只使用仪表的实时温度测量功能，并将温度实时测量值传送到 PLC 中。

KCMR-91W 温度仪表默认的 Modbus 地址是 1，默认的波特率是 9600bit/s，有默认 8 位传送、1 位停止位、无奇偶校验，当然这些通信参数是可以重新设置的，本例不修改。

KCMR-91W 温度仪表测量值寄存器的绝对地址是 16#1001，对应 PLC 的保持寄存器地址是 44098，这个地址在编程时要用到。这个地址由仪表厂定义，不同厂家有不同地址。

KCMR-91W 温度仪表发送给 PLC 的测量值是乘 10 的数值，因此 PLC 接收到的数值必须除以 10，编写程序时应注意这一点。关于仪表的详细信息，可参考该型号仪表的说明书。

（2）系统的软硬件配置

1）STEP 7-Micro/WIN SMART V2.7。

2）1 台 KCMR-91W 温度仪表（兼容 Modbus-RTU 通信）。

3）1 台 CPU ST40。

4）1 根以太网电缆。

5）1 根 PROFIBUS 网络电缆（含 1 个网络总线连接器）。

KCMR-91W 温度仪表的原理图如图 6-20 所示。注意此仪表的供电电压是 AC 220V。CPU ST40 的串行通信接口 X20 支持 RS-485（半双工），X20 串口的第 3 引脚与 KCMR-91W 温度仪表的 A 相连，X20 串口的第 8 引脚与 KCMR-91W 温度仪表的 B 相连。X20 串口处最好使用 PROFIBUS 总线连接器。

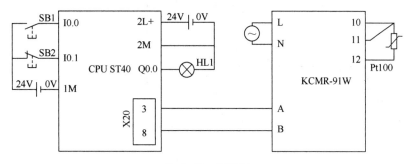

图 6-20　原理图

2. 编写程序

主站梯形图如图 6-21 所示。程序解读如下。

程序段 1：对端口 0（即 X20 串口）进行初始化，设置其波特率为 9600 bit/s，无校验。注意这个设置与 KCMR-91W 温度仪表一致，这是能正常通信的关键。

程序段 2：当停止按钮 SB2 断开（I0.1 常闭触点断开）或上电时，进行初始化。

程序段 3：开始数据采集。

程序段 4：开始读取从站（1 号站）的数据，注意此仪表的 Modbus 地址 44098 中对应的就是仪表的温度数据，这个数据在仪表的说明书中查询。数据读取完成后，V100.1＝1。

程序段 5：读完从站的数据且无错误，点亮一盏灯。将 M2.2 置位，M2.0 和 M2.1 复位。延时 0.1 s 后，M2.1 置位，重新启动读取从站的温度数据，并不断循环。

程序段 6：此仪表的温度数据是实际温度的 10 倍，且用整数保存。因此，接收数据后先将其转换成实数，再除以 10.0，保存在 VD28 中，得到带一位小数的当前真实的温度数据。

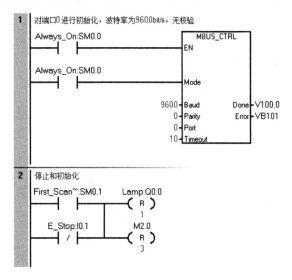

图 6-21　主站梯形图

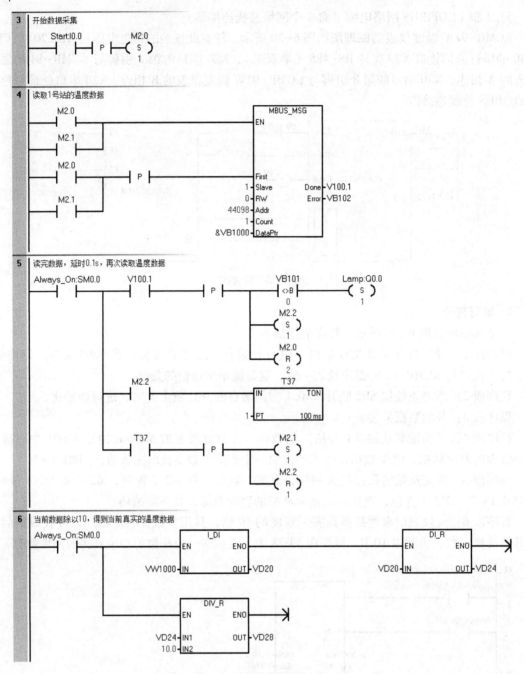

图 6-21　主站梯形图（续）

【关键点】使用 Modbus 指令库，都要对库存储器的空间进行分配，这样可避免库存储器用了的 V 存储器让用户再次使用，以免出错。方法是选中"库"，右击弹出快捷菜单，单击"库存储器"命令，如图 6-22 所示，弹出图 6-23 所示的"库存储器分配"对话框，单击"建议地址"按钮，再单击"确定"按钮。地址 VB570 ~ VB853 被 Modbus 通信占用，编写程序时不能与之冲突。

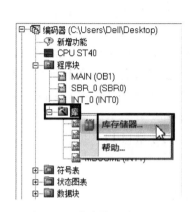

图 6-22　库存储器分配（1）

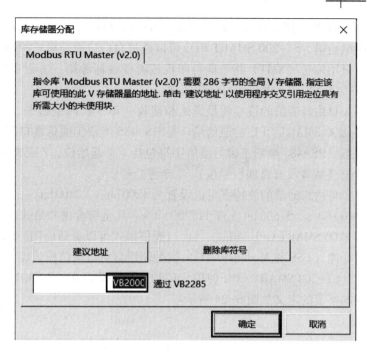

图 6-23　库存储器分配（2）

任务小结：

1）涉及 PLC 与第三方仪表的通信，需要阅读第三方仪表的说明书。要会设置第三方仪表的通信参数，要会查询第三方仪表数据存放的地址（本例为 44098）。

2）理解 S7-200 SMART PLC 的 Modbus 相关指令。

6.6　自由口通信及其应用

6.6.1　自由口通信协议简介

1. 自由口通信协议的概念

自由口通信协议就是通信对象之间采用的不是 PROFIBUS 和 Modbus 等标准的通信协议，而是根据产品需求自定义的协议，任何对象要与之通信，必须遵循该通信协议。有的文献也称自由口通信为无协议通信。自由口通信不属于现场总线范畴。

常见的自由口通信协议物理层是 RS-232C 或者 RS-485/RS-422。

2. 自由口通信协议的应用场合

一般而言，在 PLC 通信中，自由口通信常用于 PLC 与第三方设备的通信，如 PLC 与一维码和二维码扫码器、打印机、仪表、第三方变频器和第三方 PLC 等。通常编程者编写控制程序时，让 PLC 遵循第三方设备的通信协议。例如，PLC 与二维码扫码器进行自由口通信时，PLC 遵守二维码扫码器自定义的协议。

3. S7-200 SMART PLC 的自由口通信

S7-200 SMART PLC 的自由口通信是基于 RS-485 或 RS-232 通信基础的通信，S7-200

SMART PLC 拥有自由口通信功能，用户可以自己规定通信协议。第三方设备大多支持 RS-485 串口通信，S7-200 SMART PLC 可以通过自由口通信模式控制串口通信。最简单的使用案例就是只用发送（XMT）指令向打印机或者变频器等第三方设备发送信息。任何情况都可以通过 S7-200 SMART PLC 编写程序实现。

自由口通信的核心就是发送和接收（RCV）两条指令，以及相应的特殊存储器控制。当 S7-200 SMART CPU 的通信端口是 RS-485 半双工通信端口时，发送和接收不能同时处于激活状态。RS-485 半双工串行通信字符包括 1 个起始位、7 或 8 位字符（数据字节）、1 个奇偶校验位（或者没有奇偶校验位）、1 个停止位。

自由口通信的波特率可以设置为 1200 bit/s、2400 bit/s、4800 bit/s、9600 bit/s、19200 bit/s、38400 bit/s、57600 bit/s 或 115200 bit/s。凡是符合这些格式的串行通信设备，理论上都可以和 S7-200 SMART CPU 通信。自由口通信模式可以灵活应用。STEP 7-Micro/WIN SMART 的两个指令库（USS 和 Modbus-RTU）就是使用自由口通信模式编程实现的。

S7-200 SMART CPU 使用 SMB30（对于端口 0）和 SMB130（对于端口 1）定义通信模式，控制字节的定义如图 6-24 所示。

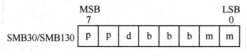

图 6-24　控制字节的定义

① 通信模式由控制字节的最低两位"mm"决定。

- mm = 00：PPI 从站模式（默认为这个模式）。
- mm = 01：自由口通信模式。
- mm = 10：PPI 主站模式。

所以，只要将 SMB30 或 SMB130 赋值为 2#01，即可将通信模式设置为自由口通信模式。

② 控制字节的"pp"两位是奇偶校验选择。

- pp = 00：无校验。
- pp = 01：偶校验。
- pp = 10：无校验。
- pp = 11：奇校验。

③ 控制字节的"d"位是每个字符的位数。

- d = 0：每个字符 8 位。
- d = 1：每个字符 7 位。

④ 控制字节的"bbb"三位是波特率选择。

- bbb = 000：38400 bit/s。
- bbb = 001：19200 bit/s。
- bbb = 010：9600 bit/s。
- bbb = 011：4800 bit/s。
- bbb = 100：2400 bit/s。
- bbb = 101：1200 bit/s。
- bbb = 110：115200 bit/s。

● bbb=111：57600 bit/s。

（1）发送指令　以字节为单位，XMT 指令向指定通信端口发送一串数据字符，要发送的字符为数据缓冲区指定，一次发送的字符最多为 255 个。

发送完成后，会产生一个中断事件，对于端口 0 为中断事件 9，对于端口 1 为中断事件 26。当然也可以不通过中断，而通过监控 SM4.5（对于端口 0）或者 SM4.6（对于端口 1）的状态来判断发送是否完成，若状态为 1，则说明发送完成。XMT 指令缓冲区格式见表 6-10。

表 6-10　XMT 指令缓冲区格式

序号	字节编号	内容
1	T+0	发送字节的个数
2	T+1	数据字节
3	T+2	数据字节
⋮	⋮	⋮
256	T+255	数据字节

（2）接收指令　以字节为单位，RCV 指令通过指定通信端口接收一串数据字符，接收的字符保存在指定的数据缓冲区，一次接收的字符最多为 255 个。

接收完成后，会产生一个中断事件，对于端口 0 为中断事件 23，对于端口 1 为中断事件 24。当然也可以不通过中断，而通过监控 SMB86（对于端口 0）或者 SMB186（对于端口 1）的状态来判断接收是否完成，若状态为非 0，则说明接收完成。SMB86 和 SMB186 的含义见表 6-11，SMB87 和 SMB187 的含义见表 6-12。

表 6-11　SMB86 和 SMB186 的含义

对于端口 0	对于端口 1	控制字节各位的含义
SM86.0	SM186.0	为 1 说明因奇偶校验错误而终止接收
SM86.1	SM186.1	为 1 说明因接收字符超长而终止接收
SM86.2	SM186.2	为 1 说明因接收超时而终止接收
SM86.3	SM186.3	为 0
SM86.4	SM186.4	为 0
SM86.5	SM186.5	为 1 说明是正常收到结束字符
SM86.6	SM186.6	为 1 说明因输入参数错误或者缺少起始和终止条件而结束接收
SM86.7	SM186.7	为 1 说明用户通过禁止命令结束接收

表 6-12　SMB87 和 SMB187 的含义

对于端口 0	对于端口 1	控制字节各位的含义
SM87.0	SM187.0	为 0
SM87.1	SM187.1	为 1 时使用中断条件，为 0 时不使用中断条件
SM87.2	SM187.2	为 1 时使用 SM92 或者 SM192 时间段结束接收 为 0 时不使用 SM92 或者 SM192 时间段结束接收
SM87.3	SM187.3	为 1 时定时器是信息定时器，为 0 时定时器是内部字符定时器

（续）

对于端口 0	对于端口 1	控制字节各位的含义
SM87.4	SM187.4	为 1 时使用 SM90 或者 SM190 检测空闲状态 为 0 时不使用 SM90 或者 SM190 检测空闲状态
SM87.5	SM187.5	为 1 时使用 SM89 或者 SM189 终止符检测终止信息 为 0 时不使用 SM89 或者 SM189 终止符检测终止信息
SM87.6	SM187.6	为 1 时使用 SM88 或者 SM188 起始符检测起始信息 为 0 时不使用 SM88 或者 SM188 起始符检测起始信息
SM87.7	SM187.7	为 0 时禁止接收，为 1 时允许接收

与自由口通信相关的其他重要特殊控制字节和控制字见表 6-13。

表 6-13　与自由口通信相关的其他重要特殊控制字节和控制字

对于端口 0	对于端口 1	含义
SMB88	SMB188	信息字符的开始
SMB89	SMB189	信息字符的结束
SMW90	SMW190	空闲线时间段，按毫秒设定。空闲线时间用完后接收的第一个字符是新消息的开始
SMW92	SMW192	中间字符/消息定时器溢出值，按毫秒设定。如果超过这个时间段，则终止接收消息
SMW94	SMW194	要接收的最大字符数（1~255 字节）。即使不使用字符计数消息终端，此范围也必须设置为期望的最大缓冲区大小

RCV 指令缓冲区格式见表 6-14。

表 6-14　RCV 指令缓冲区格式

序号	字节编号	内容
1	T+0	接收字节的个数
2	T+1	起始字符（如有）
3	T+2	数据字节
4	T+3	数据字节
⋮	⋮	⋮
256	T+255	结束字符（如有）

6.6.2　S7-200 SMART PLC 与二维码扫码器之间的自由口通信

有一台设备，控制器是 CPU ST40，扫码器是 NLS-NVF200（很多扫码器都支持自由口通信），自带 RS-232C 接口，CPU ST40 和扫码器之间进行自由口通信，实现扫码器向 CPU ST40 发送条码字符，当扫描到条码字符为"9787040496659"（一本书的二维码）时，指示灯亮。请设计解决方案。

通过完成此例，掌握 S7-200 SMART PLC 与二维码扫码器的自由口通信实施的全过程。

1. 设计电气原理图

当采用 SB CM01 RS-485/RS-232 通信模块时，其引脚定义见表 6-15，这个引脚定义对接线非常重要，RS-232C 一般使用第 2、4 和 5 引脚，其接线参考图 2-21。

表 6-15　SB CM01 RS-485/RS-232 通信模块的引脚定义

引　　脚	定　　义
1	功能性接地
2	Tx/B
3	RTS
4	M
5	Rx/A
6	5 V 输出（偏置电压）

电气控制系统的软硬件配置如下。

① 1 台 CPU ST40 和 SB CM01 RS-485/RS-232 模块。

② STEP 7-Micro/WIN SMART V2.7。

③ 1 台扫码器 NLS-NVF200（配 RS-232C 端口，支持自由口通信协议）。

原理图如图 6-25 所示，注意 SB CM01 RS-485/RS-232 模块和扫码器连接时，应采用交叉线接线，即串行模块的发送端接扫码器的接收端，反之同理。此外，串行模块的 4 号端子 GND 与扫码器的 0 V 短接。注意一般而言扫码器配有专用接口电缆，订货时不能遗漏。

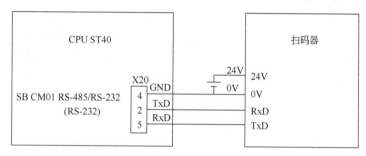

图 6-25　原理图

2. 硬件组态

1）新建项目"二维码_自由口"，如图 6-26 所示。

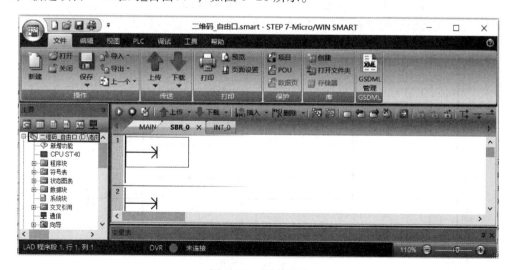

图 6-26　新建项目

2）打开"系统块"对话框，添加 CPU ST40 和 SB CM01 RS-485/RS-232 通信模块，并按照图 6-27 所示设置参数，单击"确定"按钮。

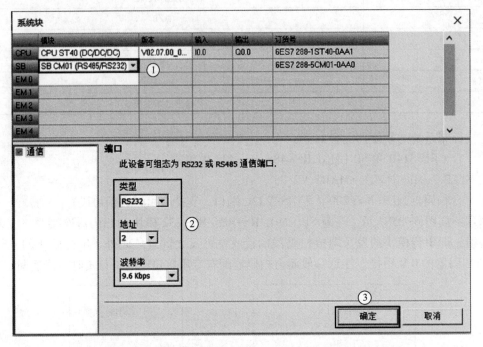

图 6-27　配置 CPU ST40 和 SB CM01 RS-485/RS-232 通信模块

3. 编写控制程序

主程序如图 6-28 所示，程序解读如下。

程序段 1 和程序段 2：主要是对自由口通信的端口（本例为端口 1）进行初始化，这是程序的难点，需要理解特殊寄存器的含义。

程序段 3：设置中断和启用中断，执行 RCU 指令。

程序段 4：字符串连接，就是把字符串"9787040496659"存入到数据块 VB800 中。

程序段 5：当接收到的字符串和 VB800 中的相同时，点亮一盏灯。

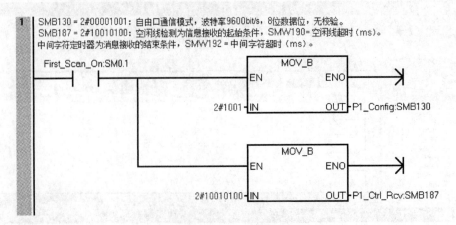

图 6-28　主程序

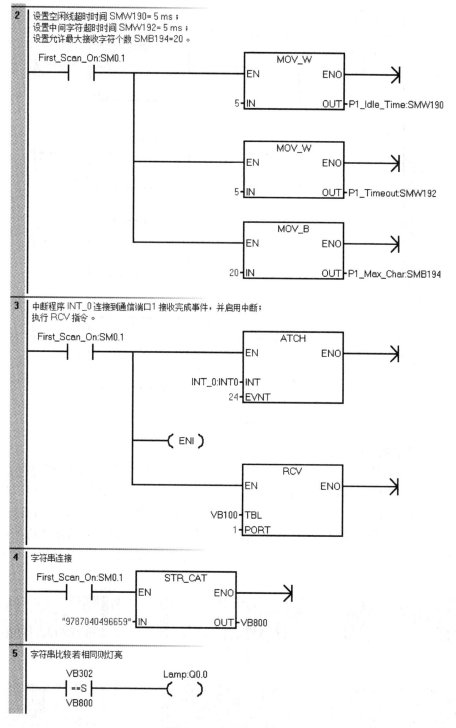

图 6-28　主程序（续）

中断程序如图 6-29 所示，程序解读如下。

程序段 1：把接收到的字符放在 VB100 开始的数据块中，以字符形式保存。把字符复制到 VB300 开始的数据块中。

程序段 2：接收字符。

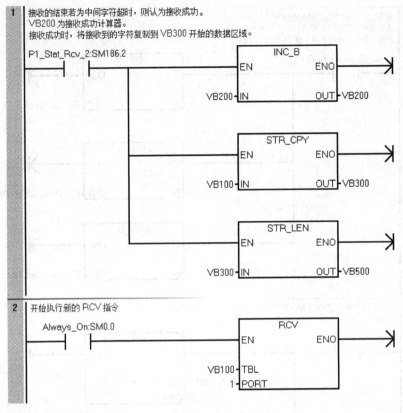

图 6-29　中断程序

4. 设置扫码器的通信参数

本例使用的扫码器为 NLS-NVF200，它具有性价比高和符合用户使用习惯等优点。

S7-200 SMART PLC 与扫码器进行自由口通信时，两者之间的通信参数必须一致。

NLS-NVF200 扫码器的参数设置有两种方法，简易的设置方法只要用扫码器扫设置参数用的条码即可，这些用于设置参数的条码在说明书中可以找到。以下介绍最常用的六个条码，如图 6-30 所示，分别是加载出厂默认设置、设置波特率为 9600 bit/s、无校验、七个数据位、一个停止位和退出设置。

@FACDEF

【加载出厂默认设置】

@232BAD3

**【9600】

@232PAR0

**【无校验】

@232DAT1

【七个数据位】

@232STP0

**【一个停止位】

#SETUPE0

【退出设置】

图 6-30　常用条码（设置参数用）

NLS-NVF200 扫码器的参数设置还可以通过专门的软件即 EasySet 软件设置，软件可以在商家的网站上免费下载。

习　题

一、问答题

1. OSI 参考模型分为哪几层？各层的作用是什么？
2. S7-200 SMART PLC 的常见通信方式有哪几种？
3. PROFINET IO 有哪几种执行水平？最常用的是哪一种？

二、选择题

1. Modbus-RTU 总线的物理层是（　　　　）。

   A. RS-485　　　　　　B. RS-232C　　　　　　C. A 或 B

2. S7-200 SMART PLC 的 PN 口内置的通信协议不包含（　　　　）。

   A. PROFINET　　　B. Modbus-TCP　　　C. Modbus-RTU　　　D. S7

3. 以下几种通信协议不属于以太网范畴的是（　　　　）。

   A. PROFINET　　　B. Modbus-TCP　　　C. EhterNet/IP　　　D. PROFIBUS

4. 以下通信属于实时通信的是（　　　　）。

   A. PROFINET IO　　　B. TCP　　　　　C. S7　　　　　D. USS

5. 以下通信属于主/从通信的是（　　　　）。

   A. Modbus-RTU　　　B. TCP　　　　　C. S7　　　　　D. UDP

三、编程题

1. 有两台 CPU ST40，一台为客户端，另一台为服务器，在客户端上发出一个起停信号，对服务器上的电动机进行起停控制，服务器将电动机的起停状态反馈到客户端，要求采用 S7 和 OUC 通信，请编写程序。

2. 有两台 CPU ST40，一台为主站，另一台为从站，在主站上发出一个起停信号，对从站上的电动机进行起停控制，从站将电动机的起停状态反馈到主站，要求采用 Modbus-RTU 通信，请编写程序。

3. 有两台 CPU ST40，一台为主站，另一台为从站，在主站上发出一个起停信号，对从站上的电动机进行起停控制，从站将电动机的起停状态反馈到主站，要求采用自由口通信，请编写程序。

第 7 章

S7-200 SMART PLC 在变频器调速系统中的应用

本章介绍 G120 变频器的基本使用方法、PLC 控制变频器多段频率给定、PLC 控制变频器模拟量频率给定、USS 通信频率给定和 PROFIBUS 通信频率给定。

7.1 西门子 G120 变频器

7.1.1 西门子 G120 变频器简介

1. 初识西门子 G120 变频器

西门子 G120 变频器由微处理器控制，并采用具有现代先进技术水平的绝缘栅双极晶体管（IGBT）作为功率输出器件，它具有功能多样性和很高的运行可靠性。PWM 的开关频率也是可选的，降低了电动机的运行噪声。

大多 G120 变频器采用模块化设计方案，整机分为控制单元（CU）和功率单元（PM），控制单元和功率单元有各自的订货号，分开出售，BOP-2 基本操作面板是可选件。G120C 变频器是一体机，其控制单元和功率单元做成了一体。

G120 变频器控制单元型号的含义如图 7-1 所示。

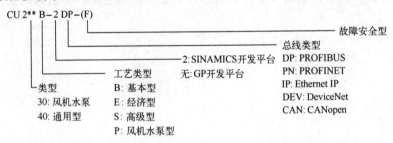

图 7-1　G120 变频器控制单元型号的含义

2. G120 变频器的接线

以 CU240E-2 为例，G120 变频器控制单元的框图如图 7-2 所示，控制端子表见表 7-1。

需要注意的是，不同型号的 G120 变频器控制单元的端子数量不一样，如 CU240B-2 中无 16、17 号端子，但 CU240E-2 有这两个端子。

微课
G120 变频器的接线

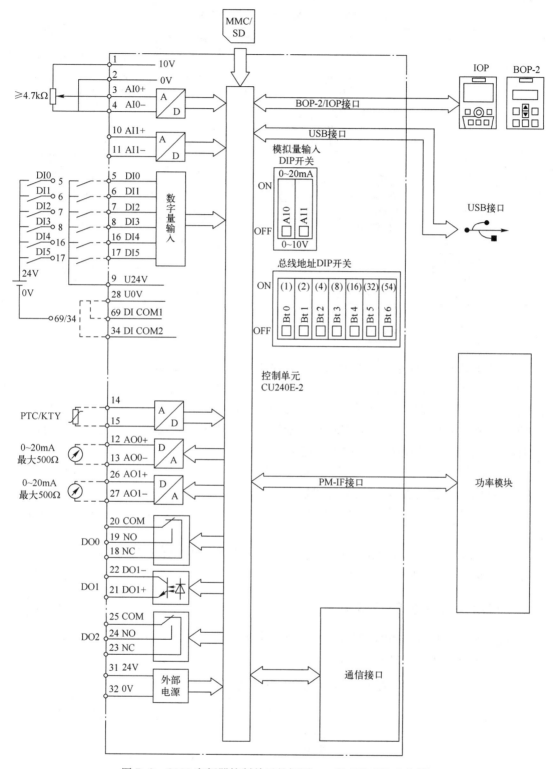

图 7-2　G120 变频器控制单元的框图——以 CU240E-2 为例

G120 变频器的核心部件是 CPU 单元，根据设定的参数，经过运算输出正弦波控制信号，再经过 SPWM，放大输出正弦交流电驱动三相异步电动机运转。

表7-1 G120变频器控制端子表

端子序号	端子名称	功能	端子序号	端子名称	功能
1	10 V OUT	输出10 V	18	DO0 NC	数字量输出0/常闭触点
2	GND	输出0 V/GND	19	DO0 NO	数字量输出0/常开触点
3	AI0+	模拟量输入0（+）	20	DO0 COM	数字量输出0/公共点
4	AI0-	模拟量输入0（-）	21	DO1+	数字量输出1（+）
5	DI0	数字量输入0	22	DO1-	数字量输出1（-）
6	DI1	数字量输入1	23	DO2 NC	数字量输出2/常闭触点
7	DI2	数字量输入2	24	DO2 NO	数字量输出2/常开触点
8	DI3	数字量输入3	25	DO2 COM	数字量输出2/公共点
9	U24 V	隔离输出24 V OUT	26	AO1+	模拟量输入1（+）
12	AO0+	模拟量输出0（+）	27	AO1-	模拟量输入1（-）
13	AO0-	GND/模拟输出0（-）	28	U0 V	GND/最大为100 mA
14	T1 MOTOR	连接PTC/KTY	31	24 V	外部电源
15	T1 MOTOR	连接PTC/KTY	32	0 V	外部电源
16	DI4	数字量输入4	34	DI COM2	公共端子2
17	DI5	数字量输入5	69	DI COM1	公共端子1

7.1.2 预定义接口宏的概念

宏就是预定义接线端子（如数字量、模拟量端子）完成特定功能（如多段速运行、模拟量速度给定运行），与这些特定功能相关的多个参数，大部分都随着宏的修改而被修改，无须用户逐个修改，大大提高了工作效率。预定义的端子定义（功能）可以修改，例如数字量端子 DI2 一般被定义为"应答"，但有时数字量端子不够用或者其他端子被烧毁时，通过修改 DI2 对应的参数，也可以改变 DI2 端子的定义。

宏编号设置在参数 p0015 中。例如多段速运行时，可以将 p0015 设为 1，这里的 1 就是宏编号，即 p0015=1 就代表 G120 变频器可以完成多段速运行。

G120 变频器的宏最多有 18 个，范围从 1～22。根据机型不同，控制单元 CU240B 少，CU250S 多。

需要注意的是，修改参数 p0015 之前，必须先将参数 p0010 修改为 1，然后再修改，变频器运行时，必须设置参数 p0010=0。

7.1.3 G120C 变频器的预定义接口宏

不同类型的控制单元有相应数量的宏，如 CU240B-2 有 8 个宏，CU240E-2 有 18 个宏，而 G120C 变频器也有 18 个宏。部分宏见表7-2。

微课
G120 变频器宏

表7-2 G120C 变频器的部分预定义接口宏

宏编号	宏功能描述	主要端子定义	主要参数设置值
1	双线制控制，两个固定转速	DI0：ON/OFF1（停车方式1）正转 DI1：ON/OFF1 反转 DI2：应答 DI4：固定转速3 DI5：固定转速4	p1003：固定转速3，如150 p1004：固定转速4，如300
4	PROFINET		p0922：352（352 报文）

（续）

宏编号	宏功能描述	主要端子定义	主要参数设置值
7	PROFINET 和点动之间的切换	PROFINET 模式时， DI2：应答 DI3：低电平 点动模式时， DI0：JOG1（点动1） DI1：JOG2（点动2） DI2：应答 DI3：高电平	p0922：1（1报文）
17	双线制控制2，模拟量调速	DI0：ON/OFF1 正转 DI1：ON/OFF1 反转 DI2：应答 AI0+和 AI0−：转速设定	
18	双线制控制3，模拟量调速	DI0：ON/OFF1 正转 DI1：ON/OFF1 反转 DI2：应答 AI0+和 AI0−：转速设定	
21	现场总线 USS	DI2：应答	p2020：波特率，如6 p2021：USS 站地址 p2022：PZD（过程数据）数量 p2023：PKW（参数通道）数量

7.2　变频器多段频率给定

微课
G120 变频器的
多段转速设定

7.2.1　变频器多段频率给定基础

在基本操作面板进行手动频率给定方法简单，对资源消耗少，但这种频率给定方法对于用户来说比较麻烦，而且不容易实现自动控制。通过 PLC 控制的多段频率和通信频率给定，就容易实现自动控制。

多段频率给定也被称为多段速运行，是指通过多功能输入端子（数字量输入端子 DI）的逻辑组合选择多段频率，进行多段速运行。一般运行频率不多于 16 个，这些频率通常是预先设定。

多段频率给定的原理图如图 7-3 所示，左侧是宏 1 定义的数字量输入端子的功能（如 DI0 是正转起动，DI4 是固定转速 3），根据宏 1 的定义，设计多段频率给定的原理图。当 SA1 和

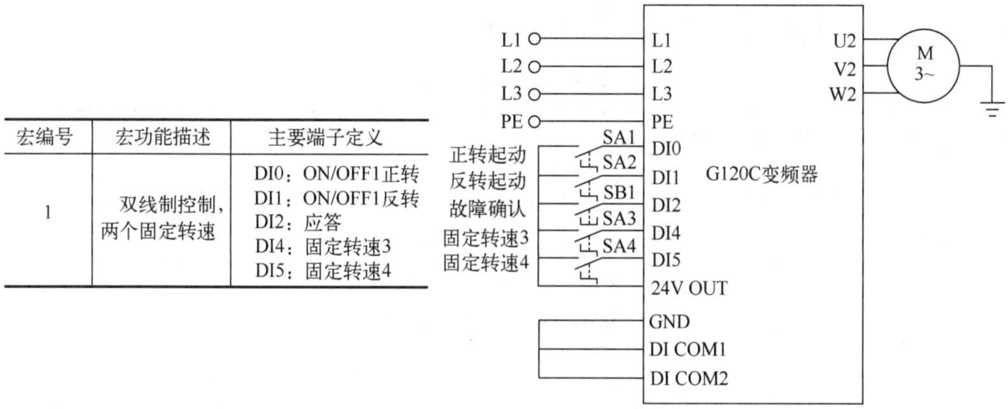

宏编号	宏功能描述	主要端子定义
1	双线制控制，两个固定转速	DI0：ON/OFF1正转 DI1：ON/OFF1反转 DI2：应答 DI4：固定转速3 DI5：固定转速4

图 7-3　多段频率给定的原理图

SA3 闭合时，电动机以固定转速 3 正转；当 SA2 和 SA4 闭合时，电动机以固定转速 4 反转；当 SA1、SA3 和 SA4 闭合时，电动机以固定转速 3 和固定转速 4 相加之后的转速正转。

7.2.2　S7-200 SMART PLC 对 G120C 变频器的多段频率给定

以下用一个例子介绍 S7-200 SMART PLC 对 G120C 变频器的多段频率给定。

用一台继电器输出型 CPU SR20（AC/DC/继电器），控制一台 G120C 变频器。当按下按钮 SB1 时，三相异步电动机以 180 r/min 的转速正转；当按下按钮 SB2 时，三相异步电动机以 540 r/min 的转速正转；当按下按钮 SB3 时，三相异步电动机以 540 r/min 的转速反转。请设计方案，并编写程序。

1. 主要软硬件配置

1）STEP 7-Micro/WIN SMART V2.7。

2）1 台 G120C 变频器。

3）1 台 CPU SR20。

4）1 台三相异步电动机。

5）1 根网线。

PLC 为继电器输出的原理图如图 7-4 所示。

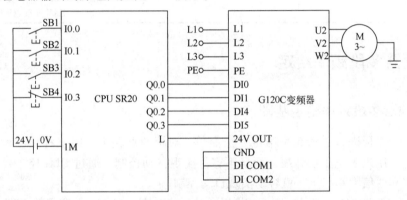

图 7-4　原理图（PLC 为继电器输出）

2. 参数设置

多段频率给定时，当 DI0 和 DI4 端子与变频器的 24 V OUT 接通时，对应一个转速，当 DI0 和 DI5 端子同时与变频器的 24 V OUT 接通时再对应一个转速，DI1、DI4 和 DI5 端子与变频器的 24 V OUT 接通时为反转。变频器参数见表 7-3。

表 7-3　变频器参数

序号	变频器参数	设定值	单位	功能说明
1	p0003	3	—	权限级别
2	p0010	1	—	驱动调试参数筛选。先设置为 1，当 p0015 和电动机相关参数修改完成后，再设置为 0
3	p0015	1	—	驱动设备宏指令
4	p0010	0	—	驱动调试参数筛选。先设置为 1，当 p0015 和电动机相关参数修改完成后，再设置为 0
5	p1003	180	r/min	固定转速 1
6	p1004	360	r/min	固定转速 2

当 Q0.0 和 Q0.2 同时为 1 时，DI0 和 DI4 端子与变频器的 24 V OUT 端子接通，电动机以 180 r/min（固定转速 1）的转速运行，固定转速 1 设定在参数 p1003 中。当 Q0.0 和 Q0.3 同时为 1 时，DI0 和 DI5 端子与变频器的 24 V OUT 端子接通，电动机以 360 r/min（固定转速 2）的转速正转运行，固定转速 2 设定在参数 p1004 中。当 Q0.0、Q0.2 和 Q0.3 同时为 1 时，DI0、DI4 和 DI5 端子与变频器的 24 V OUT 端子接通，电动机以 540 r/min（固定转速 1+固定转速 2）的转速反转运行。

3. 编写程序

梯形图如图 7-5 所示。

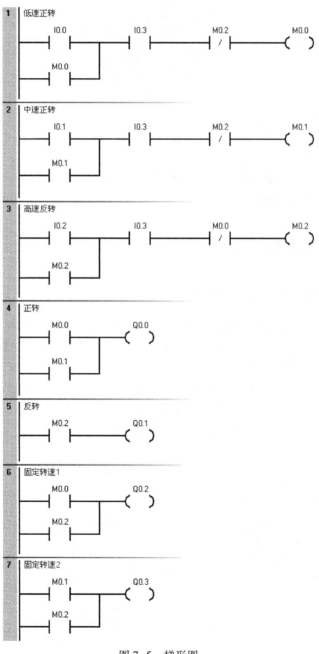

图 7-5 梯形图

4. PLC 为晶体管输出（PNP 型输出）时的控制方案

S7-200 SMART PLC 为 PNP 型晶体管输出，G120C 变频器默认为 PNP 型晶体管输入，因此电平是可以兼容的。由于 Q0.0（或者其他输出点）输出 DC 24 V 信号，且 PLC 与变频器有共同的 0 V，所以 Q0.0（或者其他输出点）输出等同于 DI1（或者其他数字量输入）与变频器的 24 V OUT 端子接通，原理图如图 7-6 所示，控制程序与图 7-5 所示的梯形图相同。

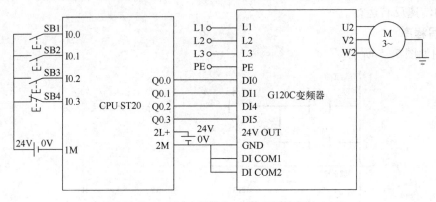

图 7-6　原理图（PLC 为 PNP 型晶体管输出）

【关键点】PLC 为晶体管输出时，其 2M（0 V）必须与变频器的 GND（数字地）短接，否则 PLC 的输出不能形成回路。

7.3　变频器模拟量频率给定

7.3.1　变频器模拟量频率给定基础

变频器模拟量频率给定的最大优点是可以非常容易地进行无级调速，在工程实践中很常用。G120C 变频器提供了一路模拟量输入（AI0），CU240E-2 提供了两路模拟量输入（AI0 和 AI1），AI0 和 AI1 在下标中设置。

模拟量频率给定的原理图如图 7-7 所示，左侧是宏 17 定义的数字量和模拟量输入端子的功能（如 DI0 是正转起动，AI0+ 和 AI0- 转速设定），根据宏 17 的定义，设计模拟量频率给定的原理图。当 SA1 闭合，电动机正转，转速由电位计输入的电压给定。

宏编号	宏功能描述	主要端子定义
17	双线制控制2，模拟量调速	DI0：ON/OFF1正转 DI1：ON/OFF1反转 DI2：应答 AI0+和AI0-：转速设定

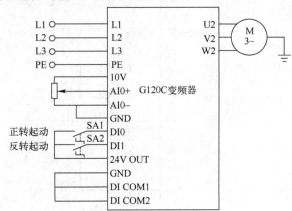

图 7-7　模拟量频率给定的原理图

7.3.2　S7-200 SMART PLC 对 G120C 变频器的模拟量频率给定

数字量多段频率给定可以设定的速度段数量有限，不能做到无级调速，而外部模拟量输入可以做到无级调速，也容易实现自动控制，而且模拟量可以是电压信号或者电流信号，使用比较灵活，因此应用较广。以下用一个例子介绍模拟量频率给定。

用一台触摸屏和 PLC 对变频器进行调速，已知电动机的功率为 0.06 kW，额定转速为 1440 r/min，额定电压为 380 V，额定电流为 0.35 A，额定频率为 50 Hz。请设计方案，并编写程序。

1. 软硬件配置

1）STEP 7-Micro/WIN SMART V2.7。

2）1 台 G120C 变频器。

3）1 台 CPU ST20。

4）1 台电动机。

5）1 根网线。

6）1 台模拟量输出模块 EM AQ02。

7）1 台 HMI。

将 PLC、变频器、EM AQ02 和电动机按照图 7-8 所示接线。

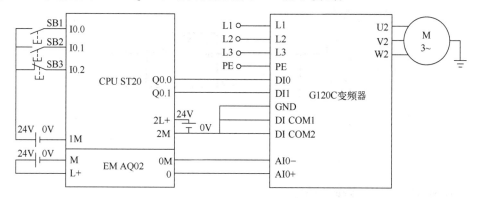

图 7-8　原理图

2. 设定变频器参数

先查询 G120C 变频器的说明书，再依次设定变频器参数，见表 7-4。

表 7-4　变频器参数表

序号	变频器参数	设定值	单位	功能说明
1	p0003	3	—	权限级别
2	p0010	1	—	驱动调试参数筛选。先设置为 1，当 p0015 和电动机相关参数修改完成后，再设置为 0
3	p0015	17	—	驱动设备宏指令
4	p0010	0	—	驱动调试参数筛选。先设置为 1，当 p0015 和电动机相关参数修改完成后，再设置为 0
5	p0756	0	—	模拟量输入类型，0 表示电压范围是 0~10 V

【关键点】p0756 设定成 0 表示利用电压信号对变频器调速，这是容易被忽略的；此外还要将 I/O 控制板上的 DIP 开关设定为 ON。

3. 编写程序

梯形图如图 7-9 所示。

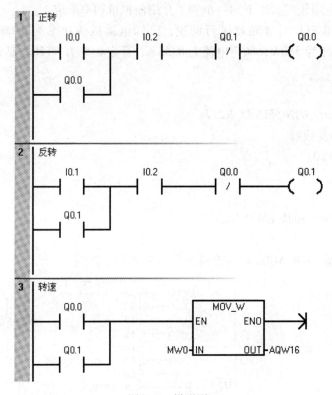

图 7-9　梯形图

7.4　变频器的通信频率给定

7.4.1　USS 协议简介

USS（Universal Serial Interface，通用串行接口）协议是西门子所有传动产品的通用通信协议，它是一种基于串行总线进行数据通信的协议。USS 协议是主-从结构的协议，规定了在 USS 总线上可以有一个主站和最多 31 个从站；总线上的每个从站都有一个站地址（在从站参数中设定），主站依靠它识别每个从站；每个从站也只对主站发来的报文做出响应并回送报文，从站之间不能直接进行数据通信。另外，还有一种广播通信方式，主站可以同时给所有从站发送报文，从站在接收到报文并做出相应的响应后，可不回送报文。

1. 使用 USS 协议的优点

1）对硬件设备要求低，减少了设备之间的布线。

2）无须重新连线就可以改变控制功能。

3）可通过串行接口设置来改变传动装置的参数。

4）可实时监控传动系统。

2. USS 通信硬件连接注意要点

1）在条件许可的情况下，USS 主站尽量选用直流型 CPU（针对 S7-200 SMART PLC 系列）。

2）一般情况下，USS 通信电缆采用双绞线（如常用的以太网电缆）即可，如果干扰比较大，可采用屏蔽双绞线。

3）当采用屏蔽双绞线作为通信电缆时，如果把具有不同电位参考点的设备互连，会造成在互连电缆中产生不应有的电流，从而造成通信接口的损坏。所以，要确保通信电缆连接的所有设备共用一个公共电位参考点，或是相互隔离的，以防止不应有的电流产生。屏蔽线必须连接到机箱接地点或 9 针连接插头的第 1 插针。建议将传动装置上的 0 V 端子连接到机箱接地点。

4）尽量采用较高的波特率，通信速率只与通信距离有关，与干扰没有直接关系。

5）终端电阻的作用是防止信号反射，并不是抗干扰。如果通信距离很近、波特率较低或在点对点通信的情况下，可不用终端电阻。在多点通信的情况下，一般也只需在 USS 主站上加终端电阻就可以取得较好的通信效果。

6）不要带电插拔 USS 通信电缆，尤其是正在通信的过程中，这样极易损坏传动装置和 PLC 的通信端口。如果使用大功率传动装置，即使传动装置掉电后，也要等几分钟让电容放电后，再去插拔通信电缆。

7.4.2　S7-200 SMART PLC 与 G120C 的 USS 通信

G120C 变频器的 USS 通信是相对便宜的通信方式，但其实时性不佳，用户选用时应注意。以下用一个例子介绍 USS 通信的应用。

微课
S7-200 SMART 与
G120 的 USS 通信

用一台 CPU SR20 对变频器拖动的电动机进行 USS 无级调速，已知电动机的功率为 0.06 kW，额定转速为 1440 r/min，额定频率为 50 Hz。请设计解决方案。

1. 软硬件配置

1）STEP 7-Micro/WIN SMART V2.7。

2）1 台 G120C 变频器。

3）1 台 CPU SR20。

4）1 台电动机。

5）1 根屏蔽双绞线。

原理图如图 7-10 所示。

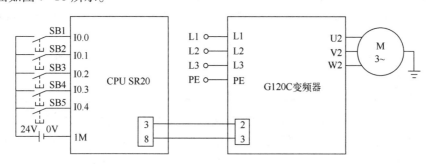

图 7-10　原理图

【关键点】图7-10中，PLC串口的第3端子与变频器串口的第2端子相连，PLC串口的第8端子与变频器串口的第3端子相连，并不需要占用PLC的输出点。图7-10所示的USS通信连接是要求不严格时的方案，一般工程中不宜采用，工程中的PLC端应使用专用的网络连接器，且终端电阻要接通，如图7-11所示。变频器上有终端电阻，要拨到ON一侧。还有一点必须指出：如果有多台变频器，那么只有最末端的变频器需要接入终端电阻。

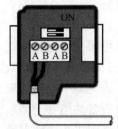

开关位置为ON
接通终端电阻

图7-11　网络连接器

2. 相关指令介绍

（1）初始化指令（USS_INIT）　USS_INIT指令用于启用和初始化或禁止变频器通信。在使用任何其他USS协议指令之前，必须正确执行USS_INIT指令。一旦该指令完成，立即设置"完成"位，才能继续执行下一条指令。

当EN输入打开时，每次扫描时执行USS_INIT指令。仅当每次通信状态改动时，执行一次USS_INIT指令。使用边缘检测指令，以脉冲方式打开EN输入。若要改动初始化参数，则需要执行一条新USS_INIT指令。USS_INIT通过输入值选择通信协议：输入值1将端口0分配给USS协议，并启用该协议；输入值0将端口0分配给PPI，并禁止USS协议。Baud（波特率）将波特率设为1200 bit/s、2400 bit/s、4800 bit/s、9600 bit/s、19200 bit/s、38400 bit/s、57600 bit/s或115200 bit/s。

Active表示激活变频器。当USS_INIT指令完成时，Done输出打开。Error输出字节包含执行指令的结果。USS_INIT指令的参数说明见表7-5。

表7-5　USS_INIT指令的参数说明

梯形图	输入/输出	说明	数据类型
	EN	使能	Bool
	Mode	模式	Byte
USS_INIT	Baud	通信的波特率	DWord
EN	Active	激活变频器	DWord
Mode　Done	Port	设置物理通信端口：使用CPU中集成的RS-485时为0，使用信号板上的RS-485或RS-232时为1	Byte
Baud　Error			
Port	Done	完成初始化	Bool
Active	Error	错误代码	Byte

D0～D31代表32台变频器，要激活某一台变频器，就将该位置1，表7-6将18号变频器激活，Active为16#00040000。若要将所有32台变频器都激活，则Active为16#FFFFFFFF。

表7-6　站点号

站点号	D31	D30	D29	D28	…	D19	D18	D17	D16	…	D3	D2	D1	D0
状态	0	0	0	0		0	1	0	0		0	0	0	0

（2）控制指令（USS_CTRL）　USS_CTRL指令用于控制激活变频器。USS_CTRL指令将选择的命令放在通信缓冲区中，然后送至编址的变频器（Drive参数），条件是已在USS_INIT指令的Active参数中选择该变频器。每台驱动器仅能指定一条USS_CTRL指令。USS_CTRL指令的参数说明见表7-7。

表 7-7　USS_CTRL 指令的参数说明

梯形图	输入/输出	说明	数据类型
	EN	使能	Bool
	RUN	模式	Bool
	OFF2	允许变频器滑行至停止	Bool
	OFF3	命令变频器迅速停止	Bool
USS_CTRL	F_ACK	故障确认	Bool
EN	DIR	变频器应当移动的方向	Bool
RUN	Drive	变频器的地址	Byte
OFF2	Type	选择变频器的类型	Byte
OFF3	Speed_SP	设置变频器速度的全速百分比	DWord
F_ACK　Resp_R	Resp_R	收到应答	Bool
Error	Error	通信请求结果的错误字节	Byte
DIR　　Status	Status	变频器返回的状态字原始数值	Word
Speed	Speed	变频器实际速度的全速百分比	DWord
Drive　Run_EN	Run_EN	变频器运动时为 1，停止时为 0	Bool
Type　D_Dir	D_Dir	表示变频器的旋转方向	Bool
Speed_SP　Inhibit	Inhibit	变频器的禁止位状态	Bool
Fault	Fault	故障位状态	Bool

USS_CTRL 指令的具体描述如下。

EN 必须打开，才能启用 USS_CTRL 指令。USS_CTRL 指令应当始终启用。RUN（运行）表示变频器是打开（RUN 为 1）还是关闭（RUN 为 0）。当 RUN 打开时，变频器收到一条命令，按指定的速度和方向开始运行。要使变频器运行，必须符合三个条件，分别是 Drive 在 USS_INIT 指令中必须被选为 Active，OFF2 和 OFF3 必须为 0，Fault 和 Inhibit 必须为 0。

当 RUN 关闭时，会向变频器发出一条命令，将速度降低，直至电动机停止。OFF2 用于允许变频器滑行至停止。OFF3 用于命令变频器迅速停止。Resp_R 用于确认从变频器收到应答。系统对所有的激活变频器进行轮询，查找最新变频器状态信息。每次 CPU 收到来自变频器的响应时，Resp_R 将接通一个扫描周期，Status、Speed、Run_EN、D_Dir、Inhibit 和 Fault 的数值将被更新。F_ACK 用于确认变频器中的故障。当 F_ACK 从 0 转为 1 时，变频器清除故障。DIR 表示变频器应当移动的方向。Drive 用于输入变频器的地址，向该地址发送 USS_CTRL 命令，其有效地址为 0~31。Type 用于输入选择变频器的类型。将 3（或更早版本）变频器的类型设为 0。将 4 变频器的类型设为 1。

Speed_SP 是设定变频器速度的一个百分数。Speed_SP 的负值会使变频器反向旋转方向。范围：−200.0%~200.0%。例如在变频器中设定电动机的额定频率为 50 Hz，Speed_SP = 20.0，电动机转动的频率为 50 Hz×20% = 10 Hz。

Error 包含对变频器最新通信请求的结果错误字节。USS 执行错误代码定义了执行该指令产生的错误状况，例如 Error 为 0 代表无错误，为 1 代表变频器无响应等。

Status 是变频器返回的状态字原始数值。

Speed 是变频器实际速度的一个百分数，范围：−200.0%~200.0%。

Run_EN 表示变频器是运行（Run_EN 为 1）还是停止（Run_EN 为 0）。

D_Dir 表示变频器的旋转方向。

Inhibit 表示变频器的禁止位状态（0 为不禁止，1 为禁止）。若要清除禁止位，则 Fault 必须关闭，RUN、OFF2 和 OFF3 输入也必须关闭。

Fault 表示故障位状态（0 为无故障，1 为故障）。变频器显示故障代码。若要清除故障位，则需要纠正引起故障的原因，并打开 F_ACK。

3. 设置变频器参数

先查询 G120C 变频器的说明书，再依次设定变频器参数，见表 7-8。

表 7-8　变频器参数表

序号	变频器参数	设定值	单位	功能说明
1	p0003	3	—	权限级别，3 是专家级
2	p0010	1/0	—	驱动调试参数筛选。先设置为 1，当 p0015 和电动机相关参数修改完成后，再设置为 0
3	p0015	21	—	驱动设备宏指令
4	p2020	6	—	USS 通信波特率，6 代表 9600 bit/s
5	p2021	18	—	USS 地址
6	p2022	2	—	USS 通信 PZD 长度
7	p2023	127	—	USS 通信 PKW 长度
8	p2040	100	ms	总线监控时间

【关键点】 p2021 设定值为 18，与程序中的地址一致，p2020 设定值为 6，与程序中的 9600 bit/s 也是一致的，所以正确设置变频器的参数是 USS 通信成功的前提。

变频器的 USS 通信和 PROFIBUS 通信二者只可选其一，不可同时进行，因此进行 USS 通信时，变频器上的 PROFIBUS 模块必须要取下，否则 USS 被封锁，是不能通信成功的。

当有多台变频器时，总线监控时间 100 ms 如果不够，会造成通信不能建立，可将其设置为 0，表示不监控。这点十分重要，但初学者容易忽略。

一般参数设定完成后，需要重新上电使参数生效。

此外，选用 USS 通信的指令，只需要在图 7-12 所示的 USS 指令库中双击对应的指令即可。

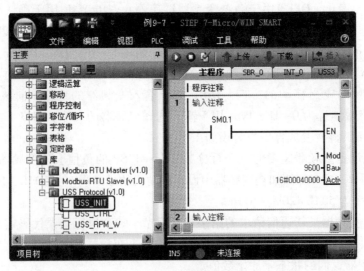

图 7-12　USS 指令库

4. 编写程序

程序如图 7-13 所示。

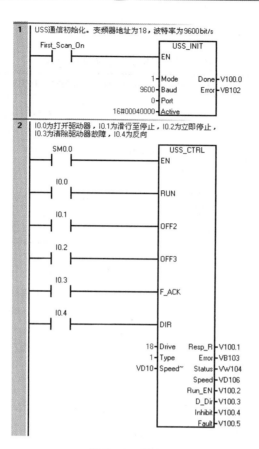

图 7-13 程序

【关键点】读者在运行图 7-13 所示的程序时，VD0 中要先赋值，如赋值 10.0。

7.4.3 SINAMICS 通信报文解析

微课
标准报文 1 的解析

1. 报文的结构

常用标准报文的结构见表 7-9。

表 7-9 常用标准报文的结构

	报文	PZD1	PZD2	PZD3	PZD4	PZD5	PZD6	PZD7	PZD8	PZD9
1	16 位转速设定值	STW1	NSOLL	→ 把报文发送到总线上						
		ZSW1	NIST	← 接收来自总线上的报文						
2	32 位转速设定值	STW1	NSOLL		STW2					
		ZSW1	NIST		ZSW2					
3	32 位转速设定值，一个位置编码器	STW1	NSOLL		STW2	G1_STW				
		ZSW1	NIST		ZSW2	G1_ZSW	G1_XIST1		G1_XIST2	
5	32 位转速设定值，一个位置编码器和 DSC（动态伺服控制）	STW1	NSOLL		STW2	G1_STW	XERR		KPC	
		ZSW1	NIST		ZSW2	G1_ZSW	G1_XIST1		G1_XIST2	

注：表格中关键字的含义：STW1—控制字 1；ZSW1—状态字 1；NSOLL—速度设定值；NIST—实际速度；STW2—控制字 2；ZSW2—状态字 2；G1_STW—编码器控制字；G1_ZSW—编码器状态字；G1_XIST1—编码器实际值 1；XERR—位置差；G1_XIST2—编码器实际值 2；KPC—位置闭环增益。

西门子报文属于企业报文的范畴，常用西门子报文的结构见表7-10。

表7-10　常用西门子报文的结构

报文		PZD1	PZD2	PZD3	PZD4	PZD5	PZD6	PZD7	PZD8	PZD9	PZD10	PZD11	PZD12
105	32位转速设定值，一个位置编码器、转矩降低和DSC	STW1	NSOLL		STW2	MOMRED	G1_STW	XERR			KPC		
		ZSW1	NIST		ZSW2	MELDW	G1_ZSW	G1_XIST1			G1_XIST2		
111	MDI运行方式中的基本定位器	STW1	EPOS_STW1	EPOS_STW2	STW2	OVERRIDE	MDI_TARPOS		MDI_VELOCITY		MDI_ACC	MDI_DEC	USER
		ZSW1	EPOS_ZSW1	EPOS_ZSW2	ZSW2	MELDW	XIST_A		NIST_B		FAULT_CODE	WARN_CODE	USER

注：表格中关键字的含义：EPOS_STW1—位置控制字1；EPOS_STW2—位置控制字2；EPOS_ZSW1—位置状态字1；EPOS_ZSW2—位置状态字2；MOMRED—转矩降低；OVERRIDE—速度倍率；MELDW—信息的状态字；G1_STW—编码器控制字；G1_ZSW—编码器状态字；MDI_TARPOS—MDI（设定值直接给定）位置设定值；XIST_A—MDI位置实际值；XERR—位置差；G1_XIST1—编码器实际值1；MDI_VELOCITY—MDI速度设定值；NIST_B—转速实现值（32位）；KPC—位置闭环增益；G1_XIST2—编码器实际值2；MDI_ACC—MDI加速度倍率；FAULT_CODE—故障代码；MDI_DEC—MDI减速度倍率；WARN_CODE—报警代码；USER—用户定义。

2. 标准报文1的解析

标准报文适用于SINAMICS、MICROMASTER和SIMODRIVE 611变频器的速度控制。标准报文1只有2个字，写报文时，第1个字是控制字STW1，第2个字是主设定值；读报文时，第1个字是状态字ZSW1，第2个字是主监控值。

（1）控制字　当p2038=0时，STW1的内容符合SINAMICS和MICROMASTER系列变频器的标准；当p2038=1时，STW1的内容符合SIMODRIVE 611系列变频器的标准。

当p2038=0时，标准报文1的STW1各位含义见表7-11。

表7-11　标准报文1的STW1各位含义

信号	含义	关联参数	说明
STW1.0	上升沿：ON（使能） 0：OFF1（停机）	p840[0]=r2090.0	设置指令"ON/OFF（OFF1）"的信号
STW1.1	0：OFF2 1：NO OFF2	p844[0]=r2090.1	缓慢停转/无缓慢停转
STW1.2	0：OFF3 1：NO OFF3	p848[0]=r2090.2	快速停止/无快速停止
STW1.3	0：禁止运行 1：使能运行	p852[0]=r2090.3	禁止运行/使能运行
STW1.4	0：禁止斜坡函数发生器 1：使能斜坡函数发生器	p1140[0]=r2090.4	禁止斜坡函数发生器/使能斜坡函数发生器
STW1.5	0：禁止继续斜坡函数发生器 1：使能继续斜坡函数发生器	p1141[0]=r2090.5	禁止继续斜坡函数发生器/使能继续斜坡函数发生器
STW1.6	0：使能设定值 1：禁止设定值	p1142[0]=r2090.6	使能设定值/禁止设定值

（续）

信号	含义	关联参数	说明
STW1.7	上升沿确认故障	p2103[0]=r2090.7	应答故障
STW1.8	保留	—	—
STW1.9	保留	—	—
STW1.10	1：通过 PLC 控制 0：不通过 PLC 控制	p854[0]=r2090.10	通过 PLC 控制/不通过 PLC 控制
STW1.11	1：设定值取反	p1113[0]=r2090.11	设置设定值取反的信号源
STW1.12	保留	—	—
STW1.13	1：设置使能零脉冲	p1035[0]=r2090.13	设置使能零脉冲的信号源
STW1.14	1：设置持续降低电动电位器设定值	p1036[0]=r2090.14	设置持续降低电动电位器设定值的信号源
STW1.15	保留	—	—

读懂表 7-11 是非常重要的，STW 的第 0 位 STW1.0 与起停参数 p840 关联，且为上升沿有效，这点要特别注意。当 STW1 由 16#47E 变成 16#47F（第 0 位是上升沿信号）时，向变频器发出正转起动信号；当 STW1 由 16#47E 变成 16#C7F 时，向变频器发出反转起动信号；当 STW1 为 16#47E 时，向变频器发出停止信号；当 STW1 为 16#4FE 时，向变频器发出故障确认信号（也可以在面板上确认）。以上几个特殊的数据读者应该记住。

（2）主设定值　主设定值是 1 个字，用十六进制格式表示，最大数值是 16#4000，对应变频器的额定频率或者转速，如 V90 伺服驱动器的同步转速一般是 3000 r/min。以下用一个例题介绍主设定值的计算。

【例 7-1】变频器通信时，需要对转速进行标准化计算，请计算 2400 r/min 对应的标准化数值。

解　因为 3000 r/min 对应 16#4000，而 16#4000 对应的十进制数是 16384，所以 2400 r/min 对应的十进制数是

$$n = \frac{2400}{3000} \times 16384 = 13107.2$$

13107 对应的十六进制是 16#3333，所以设置时，应设置数值为 16#3333。初学者容易用 16#4000×0.8=16#3200，这是不对的。

7.4.4　S7-200 SMART PLC 与 G120C 的 PROFINET IO 通信

第 6 章介绍了西门子 PLC 的 PROFINET IO 通信，以下将用两个例子介绍 S7-200 SMART/1200/1500 PLC 与 G120C 的 PROFINET IO 通信。

微课

S7-200 SMART PLC 与
G120 的 PROFINET 通信

S7-200 SMART PLC 早期的版本不支持 PROFINET IO 通信，从软件和固件 V2.4 版本开始增加了此功能。如果读者的 CPU 模块是早期版本，可在西门子官方网站上下载固件并更新，新版的软件也可以在西门子官方网站免费下载。以下用一个例子介绍 S7-200 SMART PLC 与 G120C 变频器的 PROFINET IO 通信实施过程。

用一台 HMI 和 CPU ST40 对变频器拖动的电动机进行 PROFINET 无级调速，已知电动机

的额定功率为 0.75 kW，额定转速为 1440 r/min，额定电压为 380 V，额定电流为 2.05 A，额定频率为 50 Hz。请按要求设计解决方案。

1. 软硬件配置

1）STEP 7-Micro/WIN SMART V2.7（不低于 V2.4，本例为 V2.7）。

2）1 台 G120C 变频器。

3）1 台 CPU ST40。

4）1 台电动机。

5）1 根屏蔽双绞线。

原理图如图 7-14 所示，CPU ST40 的 PN 接口与 G120C 变频器 PN 接口之间用专用的以太网屏蔽电缆连接。

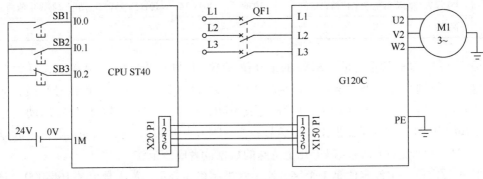

图 7-14　原理图

2. 设置 G120C 变频器参数

设置 G120C 变频器参数十分关键，关系到通信是否能正确建立。变频器参数见表 7-12。

表 7-12　变频器参数

序号	变频器参数	设定值	单位	功能说明
1	p0003	3	—	权限级别，3 是专家级
2	p0010	1/0	—	驱动调试参数筛选。先设置为 1，当 p0015 和电动机相关参数修改完成后，再设置为 0
3	p0015	7	—	驱动设备宏 7 指令，代表报文 1
4	p0311	1440	r/min	电动机的额定转速

需要注意的是，本例的变频器设置的是宏 7 指令，宏 7 指令中采用的是西门子报文 1，与 S7-200 SMART PLC 组态时选用的报文必须一致。

3. 硬件和网络组态

（1）分配 PLC 的角色和 IP 地址　打开 STEP 7-Micro/WIN SMART，在"工具"菜单栏中，单击"PROFINET"按钮，弹出图 7-15 所示的界面，选择 PLC 角色为"控制器"，选定 IP 地址（192.168.0.1），注意这个地址要和实际 CPU 的 IP 地址一致，最后单击"下一步"按钮。

（2）建立 PLC 与 G120C 的通信连接　在进行这一步操作之前，必须先安装 G120C 的 GS-DML 文件（PROFINET 从站设备描述文件），此文件可以在西门子官方网站上下载。拖拽标记

①到②处，并设置 G120C 变频器的 IP 地址，此地址要与实际 G120C 的地址一致，最后单击"下一步"按钮，如图 7-16 所示。

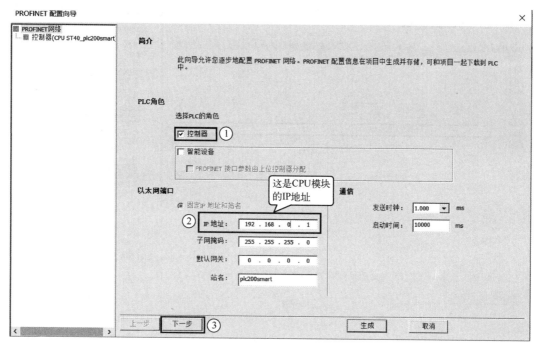

图 7-15　分配 PLC 的角色和 IP 地址

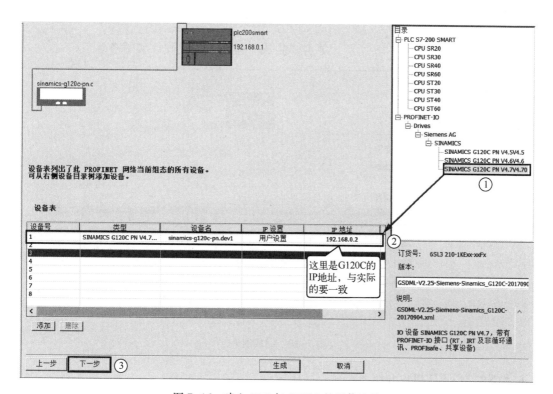

图 7-16　建立 PLC 与 G120C 的通信连接

（3）添加报文　拖拽标记①拖拽到②处，然后单击"下一步"按钮，如图7-17所示。注意输入和输出地址都是128，这个地址在编写程序时要用到。

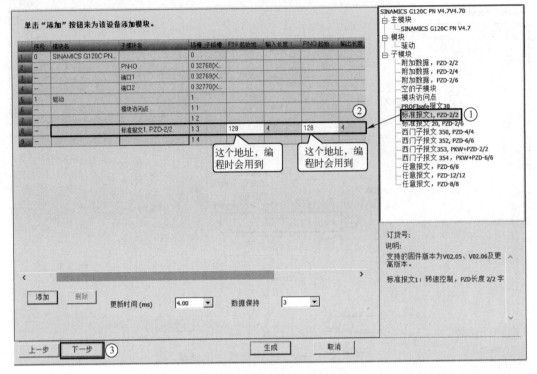

图7-17　添加报文

（4）完成组态　如图7-18所示，单击"生成"按钮，完成硬件和网络组态。

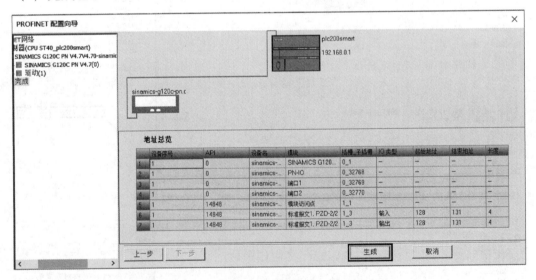

图7-18　完成组态

4. SINA_SPEED 指令介绍

SINA_SPEED 指令说明见表7-13。

表7-13 SINA_SPEED 指令说明

序号	信号	数据类型	含义			
输入						
1	EnableAxis	Bool	为1，驱动使能			
2	AckError	Bool	驱动故障应答			
3	SpeedSp	Real	转速设定值，单位为 r/min			
4	RefSpeed	Real	驱动的参考转速单位为 r/min，对应于变频器中的 p2000 参数			
5	ConfigAxis	Word	默认赋值为 16#003F，详细说明如下			
			位	默认值	含义	
			0	1	OFF2	
			1	1	OFF3	
			2	1	变频器使能	
			3	1	使能/禁止斜坡函数发生器使能	
			4	1	继续/冻结斜坡函数发生器使能	
			5	1	转速设定值使能	
			6	0	打开抱闸	
			7	0	速度设定值反向	
			8	0	电动电位计升速	
			9	0	电动电位计降速	
6	Starting_I_add	Word	PROFINET IO 的 I 存储区起始地址的指针			
7	Starting_Q_add	Word	PROFINET IO 的 Q 存储区起始地址的指针			
输出						
1	AxisEnabled	Bool	驱动已使能			
2	LockOut	Bool	驱动处于禁止接通状态			
3	ActVelocity	Real	实际速度，单位为 r/min			
4	Error	Bool	为 1 时表示存在错误			

5. 编写程序

编写程序如图 7-19 所示。VD10 在 HMI 中设置。

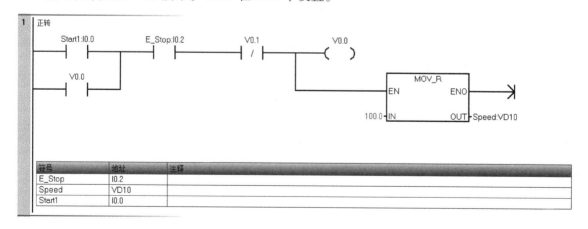

图 7-19 程序

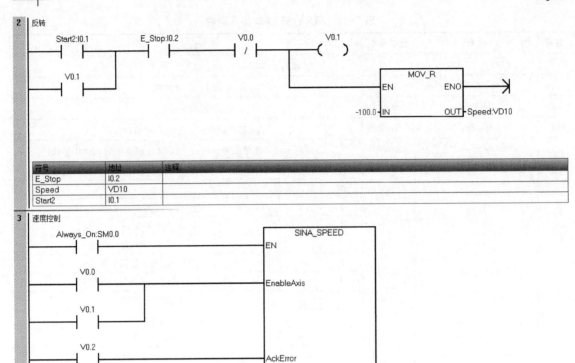

图 7-19 程序（续）

习 题

1. 简述变频器的"交-直-交"工作原理。
2. 三相异步交流电动机有几种调速方式？
3. 使用变频器时，一般有几种调速方式？
4. 变频器电源输入端接到电源输出端后有什么后果？
5. 使用变频器时，电动机的正反转怎样实现？
6. 简述 G120C 变频器宏的含义。

第8章

S7-200 SMART PLC 的运动控制及其应用

通过学习本章，掌握利用 PLC 的高速输出点对步进和伺服驱动系统进行位置控制，掌握利用 PLC 通过现场总线对伺服驱动系统进行速度和位置控制。本章是 PLC 学习晋级的关键。

8.1 步进和伺服驱动系统控制基础

8.1.1 步进驱动系统简介

步进驱动系统主要包含步进电动机和步进驱动器，它通常用于开环控制系统，也有少量步进驱动系统用于闭环控制系统。步进驱动系统相较于伺服驱动系统价格便宜，控制精度较低，功率也较小。

1. 步进电动机

步进电动机是一种将电脉冲转化为角位移的执行机构，是一种专门用于速度和位置精确控制的特种电动机，它以固定的角度（步距角）一步一步旋转，故称步进电动机。一般电动机是连续旋转的，而步进电动机的转动是一步一步进行的。每输入一个脉冲电信号，步进电动机就转动一个角度。通过改变脉冲频率和数量，即可实现调速和控制转动的角位移大小，具有较高的定位精度，其最小步距角可达 0.75°，转动、停止和反转反应灵敏、可靠。步进电动机在开环数控系统中得到了广泛的应用。

2. 步进驱动器

步进驱动器是一种能使步进电动机运转的功率放大器，能把控制器发来的脉冲信号转化为步进电动机的角位移，电动机的转速与脉冲频率成正比，所以控制脉冲频率可以精确调速，控制脉冲数可以精确定位。一个完整的步进驱动系统框图如图 8-1 所示。控制器（通常是 PLC）发出脉冲信号和方向信号，步进驱动器接收这些信号，先进行环形分配和细分，然后

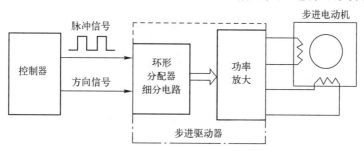

图 8-1 步进驱动系统框图

进行功率放大，变成安培级的脉冲信号发送到步进电动机，从而控制步进电动机的速度和位移。由此可见，步进驱动器最重要的功能是环形分配和功率放大。

8.1.2　伺服驱动系统简介

伺服驱动系统通常用于闭环控制系统。伺服驱动系统相较于步进驱动系统价格较高，控制精度高，常用的功率范围几十瓦到几千千瓦。

伺服驱动系统通常由被控对象（Plant）、执行器（Actuator）和控制器（Controller）三部分组成，机械手臂、机械平台通常作为被控对象。执行器的功能主要是为被控对象提供动力，执行器主要包括电动机和伺服放大器，特别设计应用于伺服驱动系统的电动机被称为伺服电动机（Servo Motor）。伺服电动机通常包括反馈装置（检测器），如光电编码器（Optical Encoder）、旋转变压器（Resolver）。目前，伺服电动机主要包括直流伺服电动机、永磁交流伺服电动机和感应交流伺服电动机，其中永磁交流伺服电动机是市场主流。控制器的功能是为整个伺服系统提供闭环控制，如扭矩控制、速度控制和位置控制等。目前一般工业用伺服驱动器（Servo Driver），也被称为伺服放大器。如图 8-2 所示是一般工业用伺服驱动系统框图。

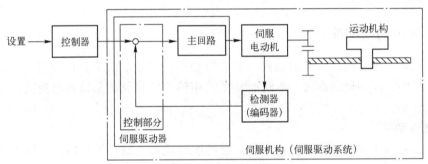

图 8-2　一般工业用伺服驱动系统框图

8.1.3　脉冲当量和电子齿轮比

1. 电子齿轮比的有关概念

（1）编码器分辨率　编码器分辨率是伺服电动机的编码器的分辨率，也就是伺服电动机旋转一圈，编码器所能产生的反馈脉冲数。编码器分辨率是一个固定的常数，伺服电动机选定后，编码器分辨率也就固定了。

（2）丝杠螺距　丝杠即为螺纹式的螺杆，伺服电动机旋转时，带动丝杠旋转，丝杠旋转后，可带动工作台前进或后退。如图 8-3 所示。

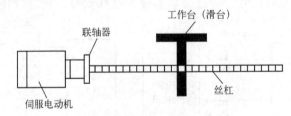

图 8-3　伺服电动机带动丝杠示意图

丝杠螺距是相邻的螺纹之间的距离。实际上丝杠螺距即丝杠旋转一周，工作台所能移动的距离。螺距是丝杠的固有参数，是一个常量。

（3）脉冲当量　脉冲当量是上位机（PLC）发出一个脉冲，工作台所能移动的实际距离。因此脉冲当量就是伺服驱动系统的精度。

例如，脉冲当量规定为 1 μm，则表示 PLC 发出一个脉冲，工作台可以移动 1 μm。因为 PLC 最少只能发一个脉冲，因此伺服驱动系统的精度就是脉冲当量的精度，也就是 1 μm。从理论上看，脉冲当量越小，精度越高，但脉冲当量又不能太小，因为 PLC 发出的频率有限制（如 200 kHz），脉冲当量太小会造成伺服电动机的转速较小，不能发挥出伺服电动机的最大功效。

2. 电子齿轮比的计算

电子齿轮比实际上是一个脉冲放大倍率。PLC 的脉冲频率一般不高于 200 kHz，而伺服驱动系统编码器的脉冲频率则高得多，如 MR-J4 每秒转一圈，其脉冲频率就是 4194304 Hz，明显高于 PLC 的脉冲频率。实际上，PLC 所发的脉冲经电子齿轮比放大后再送入偏差计数器，因此 PLC 所发的脉冲不一定就是偏差计数器接收的脉冲。

计算公式为 PLC 发出的脉冲数×电子齿轮比＝偏差计数器接收的脉冲数

而偏差计数器接收的脉冲数＝编码器反馈的脉冲数

微课
计算电子齿
轮比的方法

【例 8-1】　如图 8-3 所示，编码器分辨率为 131072（17 位，即 $2^{17}=131072$），丝杠螺距为 10 mm，脉冲当量为 10 μm，请计算电子齿轮比。

解　脉冲当量为 10 μm，表示 PLC 发一个脉冲，工作台可以移动 10 μm，若要让工作台移动一个螺距（10 mm），则 PLC 需要发出 1000 个脉冲。工作台移动一个螺距，丝杠需要转一圈，伺服电动机也需要转一圈，伺服电动机转一圈，编码器能产生 131072 个脉冲。

根据公式"PLC 发出的脉冲数×电子齿轮比＝编码器反馈的脉冲数"可得

$$1000×电子齿轮比 = 131072$$

$$电子齿轮比 = 131072/1000$$

微课
S7-200 SMART PLC
运动控制指令介绍

8.1.4　S7-200 SMART PLC 运动控制指令介绍

在使用运动控制指令之前，必须要启用轴，因此必须使用 AXISx_CTRL 指令，该指令的作用是启用和初始化运动轴，方法是自动命令运动轴在 CPU 每次更改为 RUN 模式时加载组态/曲线表，并确保程序会在每次扫描时调用此指令。

1. AXISx_CTRL 指令介绍

在轴运动之前，必须运行 AXISx_CTRL 指令，其参数说明见表 8-1。

表 8-1　AXISx_CTRL 指令的参数说明

梯形图	输入/输出	说明
AXIS0_CTRL ─EN ─MOD_EN 　　Done─ 　　Error─ 　　C_Pos─ 　　C_Speed─ 　　C_Dir─	EN	使能
	MOD_EN	此参数必须开启，才能启用其他运动控制指令向运动轴发送命令
	Done	运动轴完成任何一个指令时，此参数会开启
	Error	产生的错误代码：0 为无错误，1 为被用户中止，2 为组态错误，3 为命令非法
	C_Pos	运动轴的当前位置
	C_Speed	运动轴的当前速度
	C_Dir	电动机的当前方向：0 为正向，1 为反向错误 ID 码

2. AXISx_LDPOS 指令介绍

AXISx_LDPOS 指令（加载位置指令）将运动轴中的当前位置值更改为新值。可以使用本指令为任何绝对移动命令建立一个新的 0 位置，即可以把当前位置作为参考点（RP）。AXISx_LDPOS 指令的参数说明见表 8-2。

表 8-2　AXISx_LDPOS 指令的参数说明

梯形图	输入/输出	说明
AXIS0_LDPOS EN START New_Pos　　Done 　　　　　Error 　　　　　C_Pos	EN	使能
	START	执行的每次扫描，该子程序向运动轴发送一个 AXISx_LDPOS 指令，用上升沿触发
	New_Pos	用于取代运动轴报告和用于绝对移动的当前位置值
	Done	1 为任务完成
	Error	产生的错误代码：0 为无错误，1 为被用户中止，2 为组态错误，3 为命令非法
	C_Pos	运动轴的当前位置

3. AXISx_RSEEK 指令介绍

AXISx_RSEEK 指令（搜索参考点位置指令）使用组态/曲线表中的搜索方法启动参考点搜索操作。运动轴找到参考点且运动停止后，将参考点偏移量（RP_OFFSET）作为当前位置，多数情况该值为 0。AXISx_RSEEK 指令的参数说明见表 8-3。

表 8-3　AXISx_RSEEK 指令的参数说明

梯形图	输入/输出	说明
AXIS0_RSEEK EN START 　　　　Done 　　　　Error	EN	使能
	START	执行的每次扫描，该子程序向运动轴发送一个 AXISx_RSEEK 指令，用上升沿触发
	Done	1 为任务完成
	Error	产生的错误代码：0 为无错误，1 为被用户中止，2 为组态错误，3 为命令非法

AXISx_RSEEK 指令的参考点搜索模式（Mode）有 1~4 四种模式，具体介绍以下两种。

（1）参考点搜索模式 1　参考点位于 RPS（参考点开关）输入有效区接近工作区一边开始有效的位置上。参考点搜索模式 1 示意图如图 8-4 所示，图中 LMT-为负方向极限位。

（2）参考点搜索模式 2　参考点位于 RPS 输入有效区的中央。参考点搜索模式 2 示意图如图 8-5 所示。

4. AXISx_GOTO 指令介绍

AXISx_GOTO 指令（运动轴转到所需位置指令）有绝对位置、相对位置、单速连续正向旋转和单速连续反向旋转四种模式，其中绝对位置最常用，后两种模式实际就是速度模式。AXISx_GOTO 指令的参数说明见表 8-4。

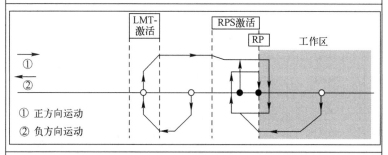

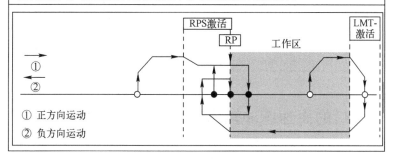

图 8-4　参考点搜索模式 1 示意图

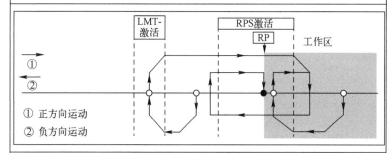

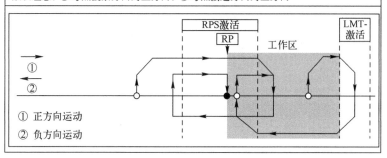

图 8-5　参考点搜索模式 2 示意图

表 8-4   AXISx_GOTO 指令的参数说明

梯形图	输入/输出	说明
	EN	使能
	START	向运动轴发出 AXISx_GOTO 指令，通常用上升沿激发
	Pos	指示要移动的位置（绝对移动）或要移动的距离（相对移动）
	Speed	该移动的最高速度
	Mode	参数选择移动的模式：0 为绝对位置，1 为相对位置，2 为单速连续正向旋转，3 为单速连续反向旋转
	Abort	参数会命令运动轴停止执行此命令并减速，直至电动机停止
	Done	当运动轴完成此指令时，Done 参数会开启
	Error	产生的错误代码：0 为无错误，1 为被用户中止，2 为组态错误，3 为命令非法
	C_Pos	运动轴的当前位置
	C_Speed	运动轴的当前速度

梯形图部分：
```
    AXIS0_GOTO
─┤EN

─┤START

─┤Pos        Done├─
─┤Speed      Error├─
─┤Mode       C_Pos├─
─┤Abort      C_Speed├─
```

8.2   西门子 PLC 的高速脉冲输出控制步进和伺服驱动系统

8.2.1   S7-200 SMART PLC 对步进驱动系统的速度控制（脉冲方式）

【例 8-2】原理图如图 8-6 所示，按下按钮 SB1，步进驱动系统的电动机正向移动 100 mm，再次按下按钮 SB1，步进驱动系统做同样的运动。请按要求编写控制程序。

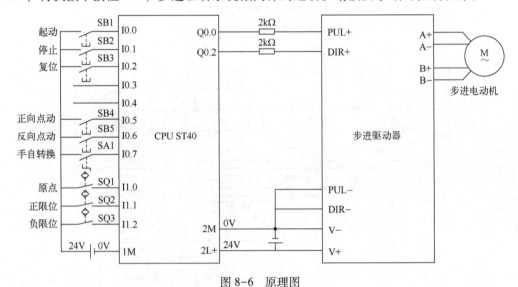

图 8-6   原理图

解

本例使用指令向导法进行硬件配置。

对于脉冲型版本的步进驱动器，运行控制硬件和工艺组态类似，因此本节所有指令都使用以下组态。

已知丝杠螺距是 10 mm，步进电动机编码器的分辨率是 2500 pps，由于是四倍频，所以编码器每转的反馈是 10000 个脉冲，要求一个脉冲对应 1 LU（LU 为长度单位），即一个脉冲对应 1 μm，具体步骤如下。

（1）新建项目　本例为 RSEEK，选择"向导"→"运动"，如图 8-7 所示。

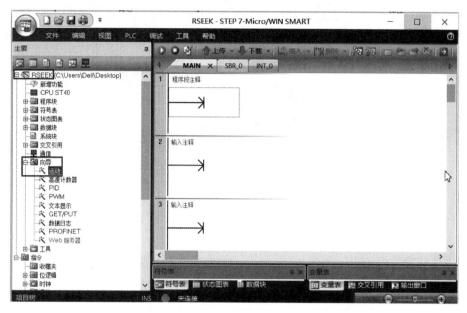

图 8-7　新建项目，并打开指令向导

（2）选择要配置的轴　如图 8-8 所示，选择"轴 0"，单击"下一个"按钮。

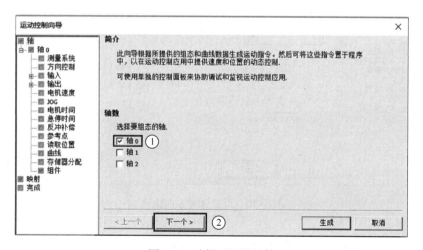

图 8-8　选择要配置的轴

（3）输入测量系统　如图 8-9 所示，选择测量系统为"工程单位"，电动机一次旋转所需的脉冲数选择"1000"，这个数值不能选得太大或者太小，选得太大会限制电动机的转速，选得太小精度又不够。例如，CPU ST40 的最大脉冲频率是 10^6 Hz，若 1000 脉冲电动机转一圈，则最大脉冲频率 10^6 Hz 对应的最大转速是 6000 r/min，通常步进电动机的最大转速是 3000~6000 r/min，所以这里的参数设为 1000~2000 是合适的。测量的基本单位可以根据实际情况选择。最后单击"下一个"按钮。

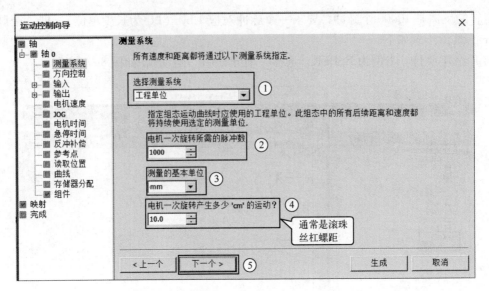

图 8-9 输入测量系统

（4）设置脉冲方向输出 如图 8-10 所示，①为设置有几路脉冲输出（单相为 1 路，双向为 2 路，正交为 2 路），②为设置脉冲输出极性和控制方向，最后单击"下一个"按钮。

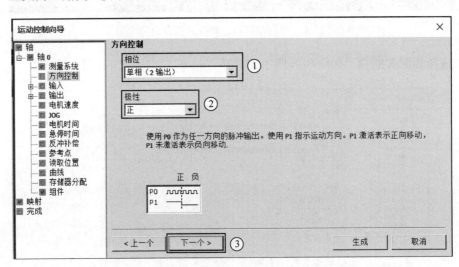

图 8-10 设置脉冲方向输出

（5）设置正限位输入点 如图 8-11 所示，①为使能正限位；②为指定正限位输入点，与原理图要对应；③为指定输入信号有效电平（低电平有效或者高电平有效），原理图中 I1.1 是常开触点，无论此接近开关是 NPN 型还是 PNP 型，常开触点闭合视作高电平；④为单击"下一个"按钮。

（6）设置负限位输入点 如图 8-12 所示，①为使能负限位；②为指定负限位输入点，与原理图要对应；③为指定输入信号有效电平（低电平有效或者高电平有效），原理图中 I1.2 是常开触点，无论此接近开关是 NPN 型还是 PNP 型，常开触点闭合视作高电平；④为单击"下一个"按钮。

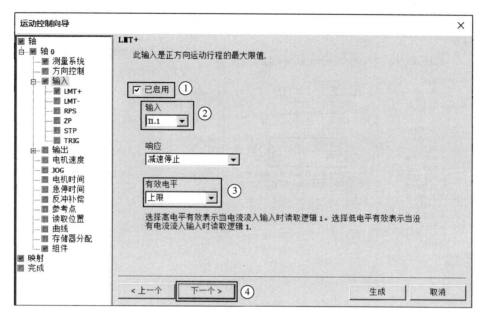

图 8-11　设置正限位输入点

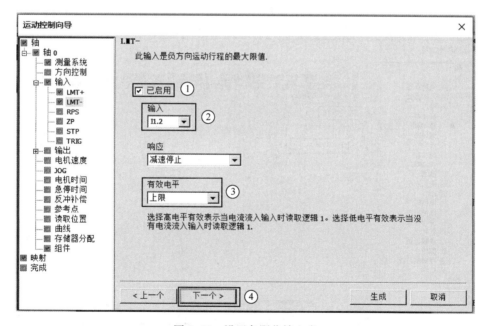

图 8-12　设置负限位输入点

（7）设置参考点　如图 8-13 所示，①为使能参考点；②为指定参考点输入点；③为指定输入信号有效电平（低电平有效或者高电平有效），原理图中 I1.0 是常开触点，无论此接近开关是 NPN 型还是 PNP 型，常开触点闭合视作高电平；④为单击"下一个"按钮。

（8）设置零脉冲（ZP）　如图 8-14 所示，①为使能零脉冲；②为指定零脉冲输入点，由于是高速输入，所以只能选择 I0.0~I0.3，只有参考点搜索模式 3 和 4 才需要配置零脉冲；③为单击"下一个"按钮。

微课
S7-200 SMART PLC
回原点的方式

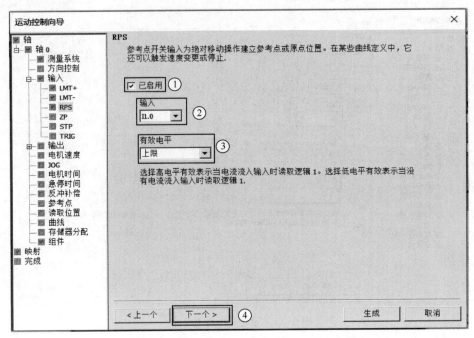

图 8-13　设置参考点

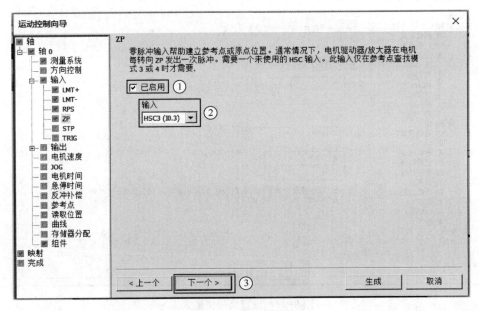

图 8-14　设置零脉冲

（9）设置停止点　如图 8-15 所示，①为使能停止点；②为指定停止输入点，必须与原理图一致；③为指定输入信号的触发方式，可以选择电平触发或者边沿触发；④为指定输入信号有效电平（低电平有效或者高电平有效）；⑤为单击"下一个"按钮。

（10）设置电动机的速度　如图 8-16 所示，①为定义电动机的最大速度（MAX_SPEED），本例的最大速度是以电动机的最大转速为 3000 r/min 计算得到；②为根据定义的最大速度，在运动曲线中可以指定的最小速度；③为定义电动机的起动/停止速度（SS_SPEED）；④为单击"下一个"按钮。

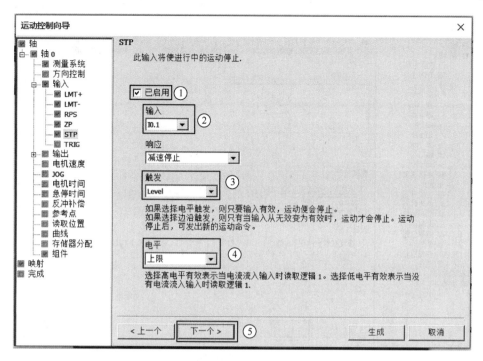

图 8-15　设置停止点

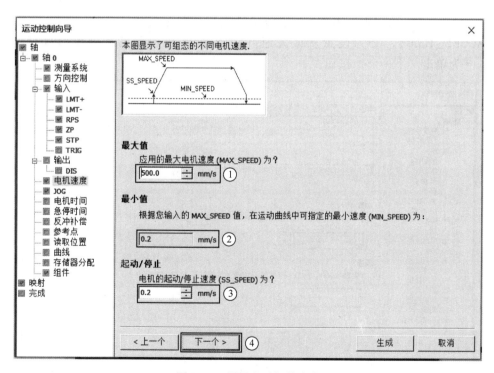

图 8-16　设置电动机的速度

（11）设置点动参数　如图 8-17 所示，①为定义电动机的点动速度（JOG_SPEED），电动机的点动速度是点动命令有效时能够达到的最大速度；②为单击"下一个"按钮。如无点动，这一步可以不设置。

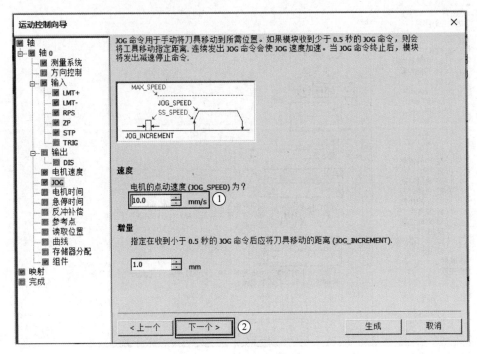

图 8-17　设置点动参数

（12）设置加/减速时间　如图 8-18 所示，①为设置从起动/停止速度到最大速度的加速时间（ACCEL_TIME），②为设置从最大速度到起动/停止速度的减速度时间（DECEL_TIME），③为单击"下一个"按钮。

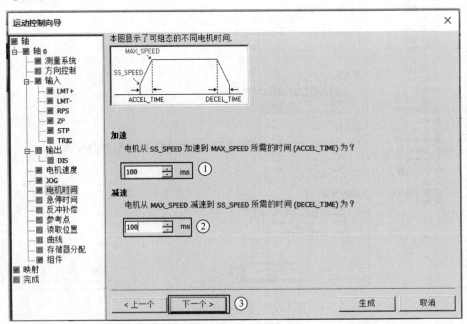

图 8-18　设置加/减速时间

（13）使能搜索参考点位置　如图 8-19 所示，完成后单击"下一个"按钮。

（14）设置搜索参考点位置参数　如图 8-20 所示，①为定义快速参考点查找速度（RP_FAST），快速参考点查找速度是模块执行搜索参考点位置指令的初始速度，通常是最大速度的2/3左右；②为定义慢速参考点查找速度（RP_SLOW），慢速参考点查找速度是接近参考点的最终速度，通常使用一个较慢的速度接近参考点，以免错过，典型值为起动/停止速度；③为定义起始方向（RP_SEEK_DIR），起始方向是参考点搜索操作的初始方向，这个方向通常是从工作区到参考点附近。限位开关

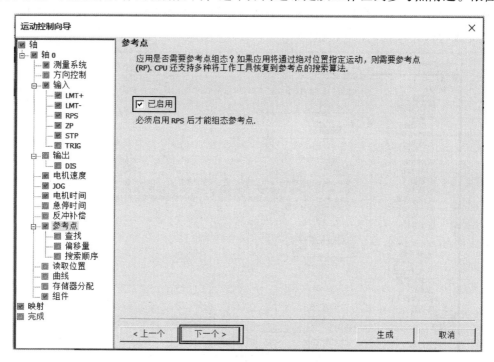

图 8-19　使能搜索参考点位置

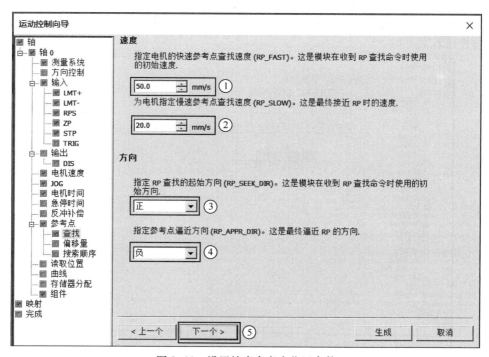

图 8-20　设置搜索参考点位置参数

在确定参考点的搜索区域时扮演着重要角色,当执行参考点搜索操作时,遇到限位开关会引起方向反转,使搜索能够继续下去,默认方向为反向;④为定义最终参考点逼近方向(RP_APPR_DIR),最终参考点逼近方向是为了减小反冲和提供更高的精度,应该按照从参考点移动到工作区所使用的方向来接近参考点,默认方向为正向;使能停止点;⑤为单击"下一个"按钮。

(15)设置参考点偏移量   如图8-21所示,可以根据实际情况选择,很多情况选为"0.0",完成后单击"下一个"按钮。

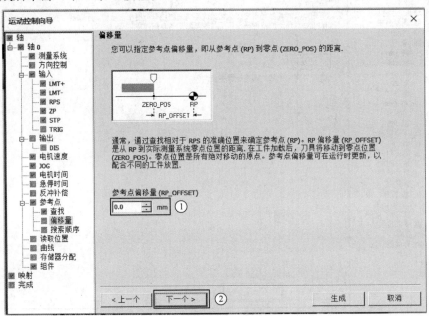

图 8-21   设置参考点偏移量

(16)设置参考点搜索模式   如图8-22所示,S7-200 SMART PLC 提供四种参考点搜索模式,每种模式定义如下。

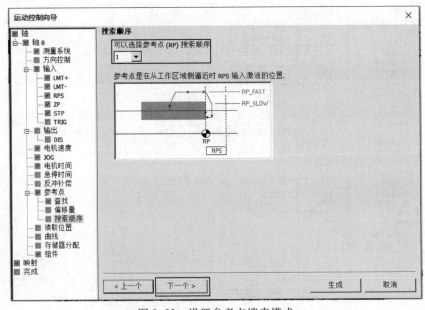

图 8-22   设置参考点搜索模式

参考点搜索模式 1：参考点位于 RPS 输入有效区接近工作区一边开始有效的位置上。

参考点搜索模式 2：参考点位于 RPS 输入有效区的中央。

参考点搜索模式 3：参考点位于 RPS 输入有效区外，需要指定在 RPS 失效后应接收多少个零脉冲输入。

参考点搜索模式 4：参考点位于 RPS 输入有效区内，需要指定在 RPS 激活后应接收多少个零脉冲输入。

（17）新建运动曲线并命名　如图 8-23 所示，单击"添加"按钮，添加运动曲线并命名，完成后单击"下一个"按钮。

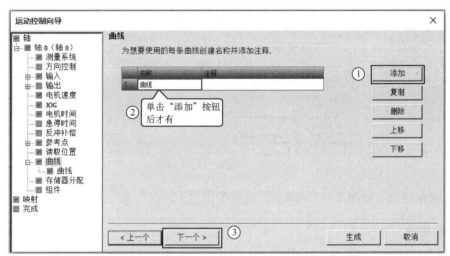

图 8-23　新建运动曲线并命名

（18）定义运动曲线　如图 8-24 所示，先选择运动曲线的运行模式（支持四种运行模式：绝对位置、相对位置、单速连续旋转、两速连续旋转），再单击"添加"按钮，定义该运动曲线每一段的速度和位置，S7-200 SMART PLC 每组运动曲线最多支持 16 步，且速度只能同一方向。最后单击"下一个"按钮。

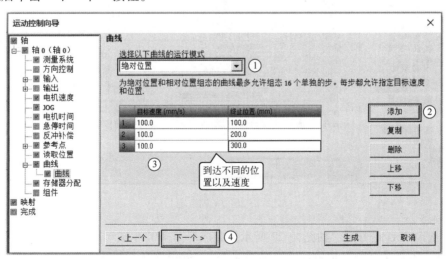

图 8-24　定义运动曲线

（19）为配置分配存储器 如图8-25所示，分配的V存储器地址是系统使用，不可与程序中的地址冲突。完成后单击"下一个"按钮。

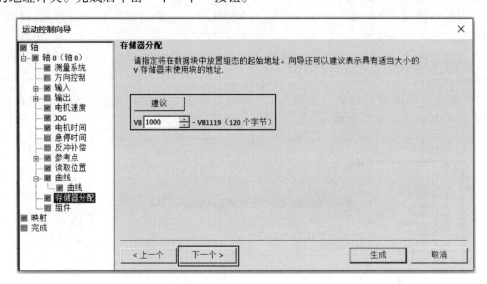

图8-25 为配置分配存储器

（20）完成组态 如图8-26所示，完成后单击"下一个"按钮。

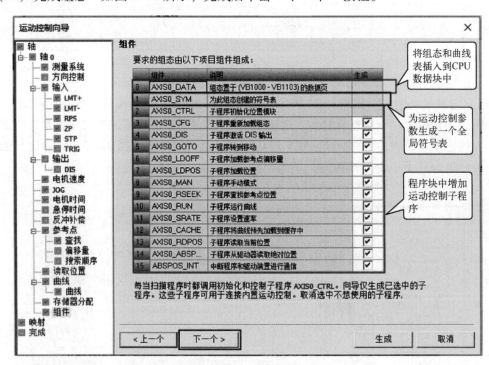

图8-26 完成组态

（21）查看I/O点分配 如图8-27所示，完成后单击"生成"按钮，完成指令向导。

很显然，本例采用相对位置模式，即Mode=1，此模式运行时，无须回参考点，这种运行模式在工程中使用相对较少，梯形图如图8-28所示。

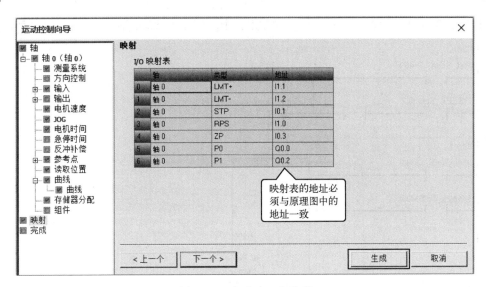

图 8-27 查看 I/O 点分配

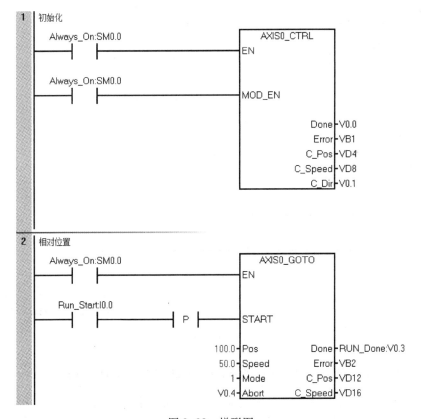

图 8-28 梯形图

【例 8-3】原理图如图 8-6 所示,按下按钮 SB3,步进驱动系统回参考点;按下按钮 SB1,步进驱动系统的电动机正向移动 200 mm;到达 200 mm 处时,再次按下按钮 SB1,步进驱动系统不运行。请按要求编写控制程序。

解 很显然,本例采用绝对位置模式,即 Mode = 0,步进电动机带增量式编码器时,绝对位置模式运行，需要回参考点，这种运行模式在工程中应用较为常见，梯形图如图8-29所示。

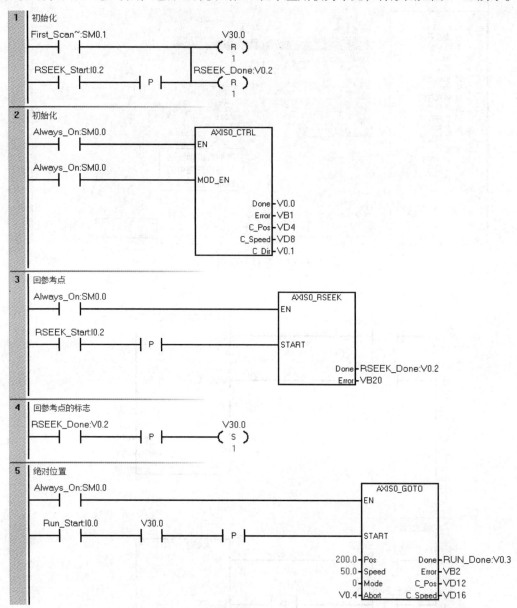

图8-29　梯形图

8.2.2　S7-200 SMART PLC 对伺服驱动系统的位置控制（脉冲方式）

在前面的课程中，已经介绍了外部脉冲位置控制的硬件组态、回参考点和常用指令应用。本节将用一个实例介绍外部脉冲位置控制应用。掌握了此实例，标志着读者初步掌握外部脉冲位置控制应用，就可以完成一些不复杂的运动控制项目了。

【例8-4】已知控制器为 CPU ST40，伺服驱动系统的驱动器是 MR-JE，编码器分辨率是131072，丝杠螺距是10 mm。按下按钮后，轴运动300 mm，停2 s，再运动300 mm，停2 s，返回初始位置，具

微课
S7-200 SMART 对 MR-J4 伺服系统的外部脉冲位置控制（PTI）

备回零功能，请设计此方案并编写程序。

　　解　设计电气原理图，如图 8-30 所示。伺服驱动器的参数设置见表 8-5。

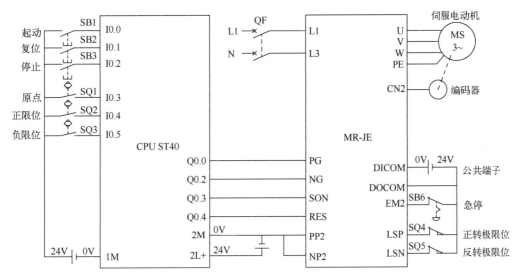

图 8-30　电气原理图

表 8-5　伺服驱动器的参数设置

参数	名称	出厂值	设定值	说明
PA01	控制模式选择	1000	1000	设置成位置控制模式
PA06	电子齿轮比分子	1	524288	设置成上位机（PLC）发出 1000 个脉冲
PA07	电子齿轮比分母	1	125	电动机转一圈
PA13	指令脉冲选择	0000	0001	选择脉冲串输入信号波形，正逻辑，设定脉冲加方向控制
PD01	用于设定 SON（伺服开启）、LSP（正转行程末端）、LSN（反转行程末端）的自动置 ON	0000	0C04	SON、LSP、LSN 内部自动置 ON

　　梯形图如图 8-31 所示，程序解读如下。

　　程序段 1：初始化，回到初始状态。

　　程序段 2：启用和初始化运动轴。

　　程序段 3：回参考点。绝对位置时，要回参考点。

　　程序段 4：轴的运行。

　　程序段 5：停止轴的运行。

　　程序段 6：回参考点成功的标志。

　　程序段 7：起动轴的运行。

　　程序段 8：VB500 = 1 运行到 300 位置，延时 2 s；VB500 = 2 运行到 600 位置，延时 2 s；VB500 = 3 运行到 0 位置。

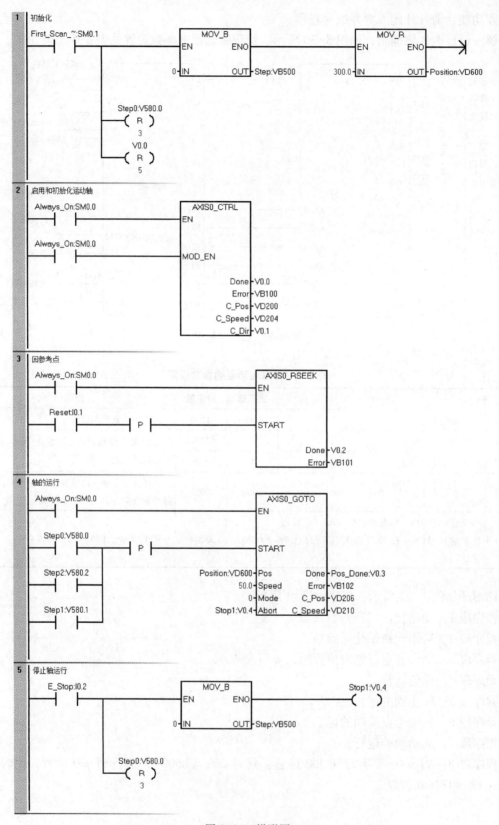

图 8-31 梯形图

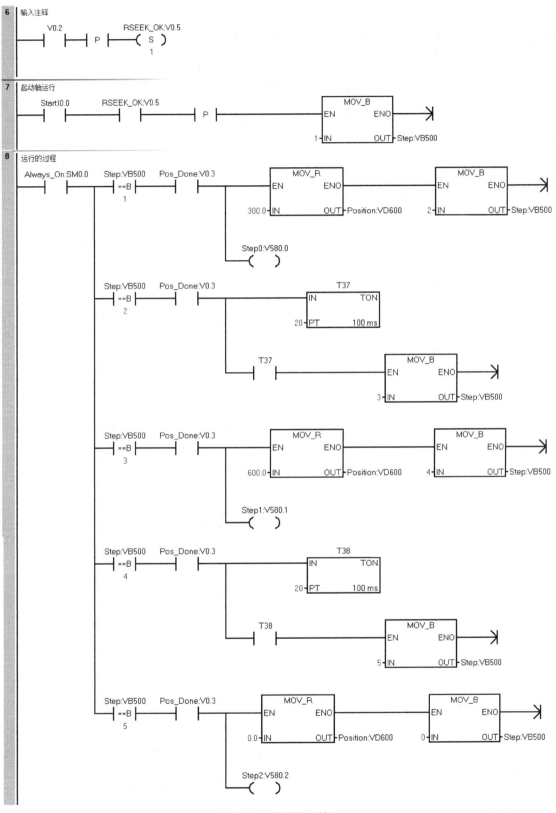

图8-31 梯形图（续）

8.3 用 PROFINET 现场总线控制伺服驱动系统

8.3.1 S7-200 SMART PLC 通过 IO 地址控制 SINAMICS V90 实现速度控制

S7-200 SMART PLC 通过 PROFINET 现场总线与 SINAMICS V90 伺服驱动器通信实现速度控制有以下两种方案：

1）S7-200 SMART PLC 通过 IO 地址控制 SINAMICS V90 实现速度控制。

2）S7-200 SMART PLC 通过函数块块控制 SINAMICS V90 实现速度控制。

以下介绍 S7-200 SMART PLC 通过 IO 地址控制 SINAMICS V90 实现速度控制。

微课
S7-200 SMART PLC 通过
IO 地址控制 SINAMICS
V90 实现速度控制

用一台 HMI（TP700）和 CPU ST40 通过 PROFINET 对 SINAMICS V90 PN 伺服驱动系统进行无级调速和正反转控制。请按要求设计解决方案，并编写控制程序。

1. 软硬件配置

1）STEP 7-Micro/WIN SMART V2.7。

2）1 套 SINAMICS V90 PN 伺服驱动系统。

3）1 台 CPU ST40 和 TP700。

4）1 根屏蔽双绞线。

原理图如图 8-32 所示，CPU ST40 的 PN 接口与 SINAMICS V90 伺服驱动器 PN 接口之间用专用的以太网屏蔽双绞线连接。

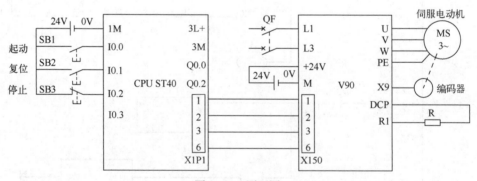

图 8-32 原理图

2. 硬件组态

（1）新建项目 本例为 PN_Speed，如图 8-33 所示。

（2）配置 PROFINET 接口 如图 8-33 所示，选择"向导"→"PROFINET"，弹出图 8-34 所示的对话框，先选择 PLC 的角色为"控制器"，再设置 PLC 的 IP 地址、子网掩码和站名。要注意在同一网段中，站名和 IP 地址是唯一的，而且此处组态的 IP 地址和站名，必须与实际 PLC 的 IP 地址和站名相同，否则运行 PLC 时会出现通信报错。最后单击"下一步"按钮。

（3）安装 GSDML 文件 一般 STEP 7-Micro/WIN SMART V2.7 软件中没有安装 GSDML 文件时，无法组态 SINAMICS V90 伺服驱动器，因此在组态伺服驱动器之前，需要安装 GSDML 文件（若之前安装了 GSDML 文件，则忽略此步骤）。在图 8-35 中，单击菜单栏中的"文件"→

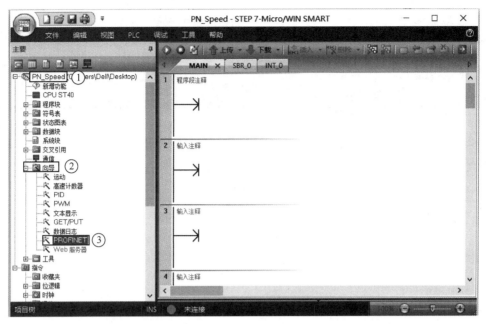

图 8-33　新建项目

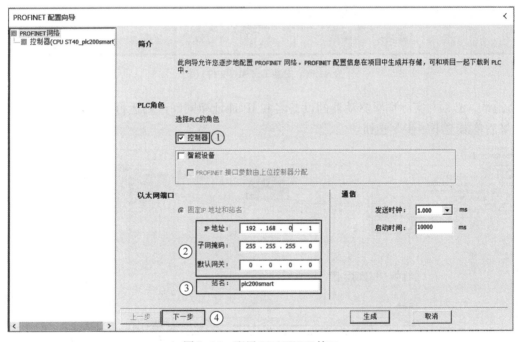

图 8-34　配置 PROFINET 接口

"GSDML 管理"，弹出"GSDML 管理"对话框，如图 8-36 所示，选择 SINAMICS V90 伺服驱动器的 GSDML 文件"GSDML-V2.32…"，单击"确认"按钮即可。安装完成后，软件自动更新硬件目录。

（4）配置 SINAMICS V90 伺服驱动器　如图 8-37 所示，展开右侧的硬件目录，选择"PROFINET-IO"→"Drives"→"Siemens AG"→"SINAMICS"→"SINAMICS V90 PN V1.0V1.00"，拖拽①处到②处。设置 SINAMICS V90 的设备名和 IP 地址，此处组态的设备名

图 8-35　安装 GSDML 文件（1）

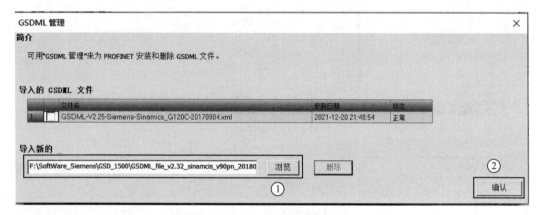

图 8-36　安装 GSDML 文件（2）

和 IP 地址，必须与实际伺服驱动器的设备名和 IP 地址相同，否则运行 PLC 时会出现通信报错。最后单击"下一步"按钮。

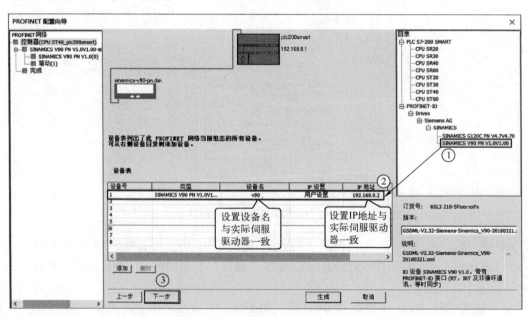

图 8-37　配置 SINAMICS V90 伺服驱动器

（5）配置通信报文　如图 8-38 所示，选择"标准报文 1，PZD-2/2"，并拖拽到②处。需要注意的是，PLC 侧选择通信报文 1，那么伺服驱动器侧也要选择报文 1。报文的控制字是 QW128，主设定值是 QW130。最后单击"下一步"按钮，弹出图 8-39 所示的界面，单击"生成"按钮即可。

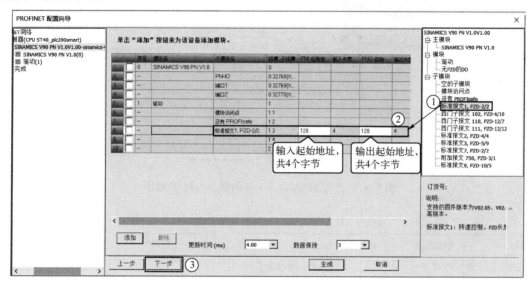

图 8-38　配置通信报文（1）

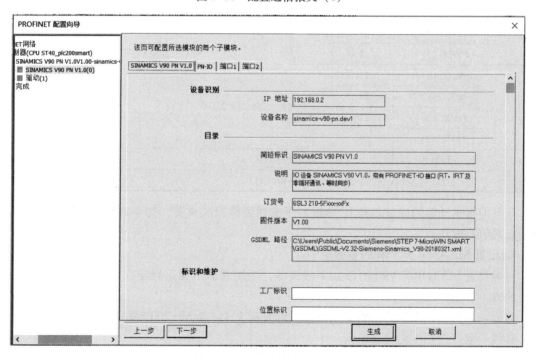

图 8-39　配置通信报文（2）

3. 分配 SINAMICS V90 的设备名和 IP 地址

如果使用 V-ASSISTANT 软件调试，分配 SINAMICS V90 的设备名和 IP 地址可以在 V-AS-SISTANT 软件中进行，如图 8-40 所示，确保 STEP 7-Micro/WIN SMART V2.7 软件中组态时的 SINAMICS V90 的设备名和 IP 地址与实际一致。当然还可以使用 TIA Portal 软件、

PRONETA 软件分配。使用 BOP 面板，可根据表 8-6 设置参数。

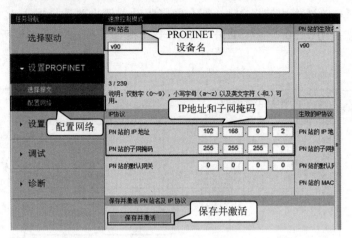

图 8-40　分配 SINAMICS V90 的设备名和 IP 地址

表 8-6　SINAMICS V90 参数

序号	参数	参数值	说明
1	P922	1	西门子报文 1
2	P8921 (0)	192	IP 地址 192.168.0.2
	P8921 (1)	168	
	P8921 (2)	0	
	P8921 (3)	2	
3	P8923 (0)	255	子网掩码：255.255.255.0
	P8923 (1)	255	
	P8923 (2)	255	
	P8923 (3)	0	
4	p1120	1	斜坡上升时间 1 s
5	p1121	1	斜坡下降时间 1 s

分配伺服驱动器的设备名和 IP 地址对于成功通信至关重要，初学者往往会忽略这一步从而造成通信不成功。

4. 设置 SINAMICS V90 的参数

正确设置 SINAMICS V90 的参数十分关键，否则通信不能正确建立。SINAMICS V90 参数见表 8-9。

需要注意的是，本例的伺服驱动器设置的是报文 1，与 S7-200 SMART PLC 组态时选用的报文必须一致，否则不能建立通信。

5. 编写程序

梯形图如图 8-41 所示。由于本例中伺服电动机处于运行状态时，状态字的 I129.1 和 I129.2 位为 1，所以无论伺服电动机正转还是反转，I129.2 的常闭触点均处于断开状态，切断了对设定值 VD10 = 100.0 或者 VD10 = -100.0 的固定赋值，可以用触摸屏等对伺服驱动系统速度赋任意值。

需要注意的是，编写程序时，控制字 QW128 和主设定值 QW130 要与图 8-38 中组态的一致。

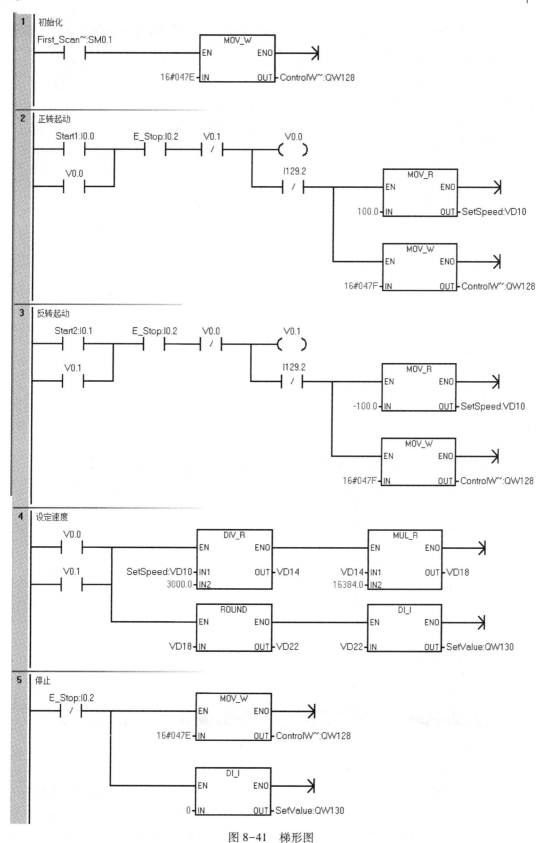

图 8-41　梯形图

8.3.2 S7-200 SMART PLC 对伺服驱动系统的位置控制（PROFINET 通信方式）

已知控制器为 S7-200 SMART PLC，伺服驱动系统的驱动器是 SI-NAMICS V90，编码器分辨率是 2500 p/s，滚珠丝杠的螺距是 10 mm。要求采用 PROFINET 通信实现定位，编写程序实现回零功能，之后按下起动按钮伺服驱动系统运动 50 mm，请设计此方案并编写程序。

微课

S7-200 SMART PLC
通信控制 SINAMICS
V90 PN 实现定位

1. 设计电气原理图

电气原理图如图 8-42 所示。

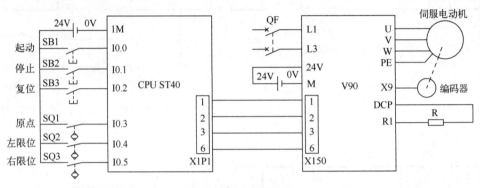

图 8-42 电气原理图

2. 硬件组态

（1）新建项目 本例为 PN_Speed，如图 8-43 所示。

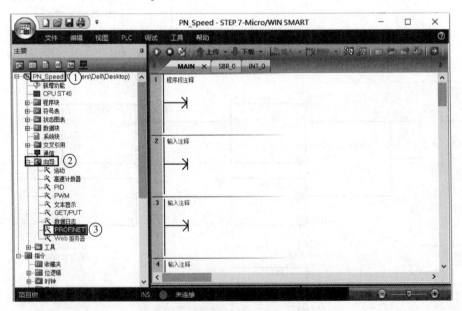

图 8-43 新建项目

（2）配置 PROFINET 接口 如图 8-43 所示，选择"向导"→"PROFINET"，弹出如图 8-44 所示的界面，先选择 PLC 的角色为"控制器"，再设置 PLC 的 IP 地址、子网掩码和站名。要注意在同一网段中，站名和 IP 地址是唯一的，而且此处组态的 IP 地址和站名，必须与实际 PLC 的 IP 地址和站名相同，否则运行 PLC 时会出现通信报错。最后单击"下一步"

按钮。

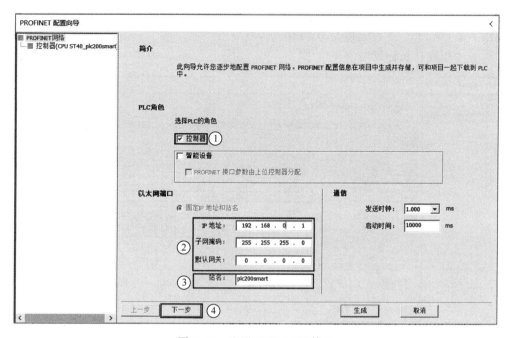

图 8-44　配置 PROFINET 接口

（3）配置 SINAMICS V90 伺服驱动器　如图 8-45 所示，展开右侧的硬件目录，选择"PROFINET-IO"→"Drives"→"Siemens AG"→"SINAMICS"→"SINAMICS V90 PN V1.0V1.00"，拖拽①处到②处。设置 SINAMICS V90 的设备名和 IP 地址，此处组态的设备 IP 地址，必须与实际 V90 的 IP 地址和站名相同，否则运行 PLC 是会出现通信报错。最后单击"下一步"按钮。

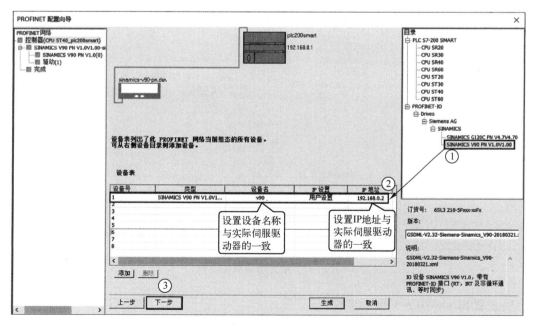

图 8-45　配置 SINAMICS V90 伺服驱动器

（4）配置通信报文 如图 8-46 所示，选择"西门子报文 111，PZD-12/12"，并拖拽到②处。需要注意的是，PLC 侧选择西门子报文 111，那么伺服驱动器侧也要选择报文 111。报文的控制字是 QW128，主设定值是 QW130。最后单击"下一步"按钮，弹出图 8-47 所示的界面，单击"生成"按钮即可。

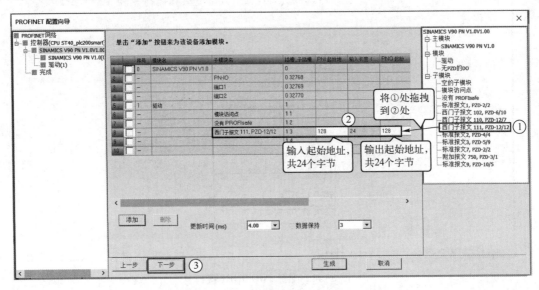

图 8-46　配置通信报文（1）

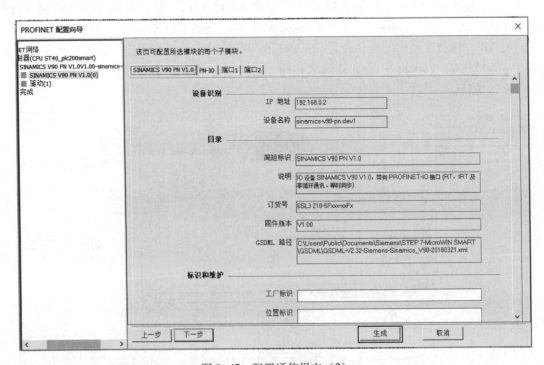

图 8-47　配置通信报文（2）

3. 设置 SINAMICS V90 的参数

正确设置 SINAMICS V90 的参数十分关键，否则通信不能正确建立。SINAMICS V90 参数见表 8-7。

表 8-7　SINAMICS V90 参数

序号	参数	参数值	说明
1	P922	111	西门子报文 111
2	P8921（0）	192	IP 地址 192.168.0.2
	P8921（1）	168	
	P8921（2）	0	
	P8921（3）	2	
3	P8923（0）	255	子网掩码：255.255.255.0
	P8923（1）	255	
	P8923（2）	255	
	P8923（3）	0	
4	p29247	10000	机械齿轮，单位为 LU
5	p2544	40	定位完成窗口：40 LU
	p2546	1000	动态跟随误差监控公差：1000 LU
6	p2585	-300	EPOS JOG1 的速度，为 1000 LU/min
	p2586	300	EPOS JOG2 的速度，为 1000 LU/min
	p2587	1000	EPOS JOG1 的运行行程，单位为 LU
	p2588	1000	EPOS JOG2 的运行行程，单位为 LU
7	p2605	5000	EPOS 搜索参考点挡块速度，为 1000 LU/min
	p2611	300	EPOS 接近参考点速度，为 1000 LU/min
	p2608	300	EPOS 搜索零脉冲速度，为 1000 LU/min
	p2599	0	EPOS 参考点坐标，单位为 LU

需要注意的是，本例的伺服驱动器设置的是报文 111，与 S7-200 SMART PLC 组态时选用的报文必须一致，否则不能建立通信。

（1）配置网络参数　配置网络参数如图 8-48 所示。先设置 PN 站名、IP 地址和子网掩码等参数，最后单击"保存并激活"按钮。

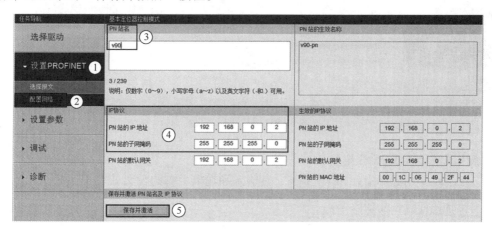

图 8-48　配置网络参数

（2）配置机械齿轮参数　配置机械齿轮参数如图8-49所示。这个参数与机械结构、减速器的减速比及期望的分辨率相关。

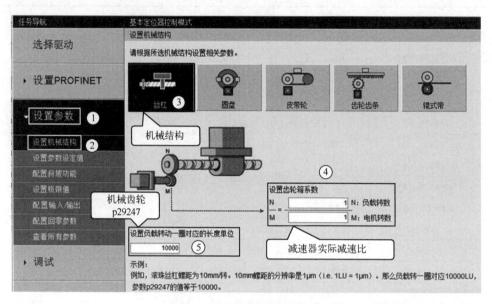

图8-49　配置机械齿轮参数

（3）配置回零参数　回零参数不易理解，但用图8-50所示的画面就能直观展示回零参数的配置。

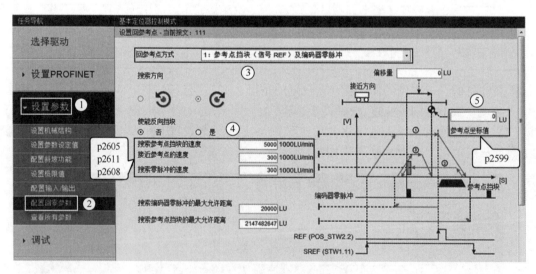

图8-50　配置回零参数

4. 库指令 SINA_POS 介绍

定位控制时要用到库指令 SINA_POS，其输入和输出引脚的含义见表8-8。

表 8-8　库指令 SINA_POS 输入和输出引脚的含义

引脚	数据类型	默认值	描述
输入			
ModePos	Int	0	运行模式: 1 为相对定位 2 为绝对定位 3 为连续位置运行 4 为主动回零操作 5 为设置回零位置 6 为运行位置块 0~16 7 为点动 8 为点动增量
EnableAxis	Bool	0	伺服运行命令: 0 为 OFF1 1 为 ON
CancelTransing	Bool	1	0 为拒绝激活的运行任务 1 为不拒绝
IntermediateStop	Bool	1	中间停止: 0 为中间停止运行任务 1 为不停止
St_I_add	DWord	0	PROFINET IO I 存储区起始地址的指针,如 &IB128
St_Q_add	DWord	0	PROFINET IO Q 存储区起始地址的指针,如 &QB128
Control_table	DWord	0	起始地址的指针,如 &VD8000
Status_table	DWord	0	起始地址的指针,如 &VD9000
Execute	Bool	0	激活运行任务/设定值接受/激活参考函数
Position	DInt	0	对于运行模式,直接设定位置值(单位为 LU) /MDI 或运行的块号
Velocity	DInt	0	MDI 运行模式时的速度设置(单位为 LU/min)
输出			
Done	Bool	0	操作模式为相对运动或绝对运动时达到目标位置
ActVelocity	DInt	0	当前速度(单位为 LU/min)
ActPosition	DInt	0	当前位置(单位为 LU)
ActWarn	Word	0	当前的报警代码
ActFault	Word	0	当前的故障代码

库指令 SINA_POS 输入参数 Control_table 的含义见表 8-9。

表 8-9　库指令 SINA_POS 输入参数 Control_table 的含义

字节偏移	参数	数据类型	默认值	描述
0~1	保留			
2~3	OverV	Int	100 [%]	所有运行模式下的速度倍率 0~199%
4~5	OverAcc	Int	100 [%]	直接设定值/MDI 模式下的加速度倍率 0~100%
6~7	OverDec	Int	100 [%]	直接设定值/MDI 模式下的减速度倍率 0~100%

（续）

字节偏移	参数	数据类型	默认值	描述
8~11	ConfigEPOS	DWord	0	可以通过此引脚传输 111 报文的 STW1、STW2、POS_STW1 和 POS_STW2 中的位，传输位的对应关系如下：

ConfigEPos 位	111 报文位
ConfigEPos. %X0	STW1. %X1
ConfigEPos. %X1	STW1. %X2
ConfigEPos. %X2	EPosSTW2. %X14
ConfigEPos. %X3	EPosSTW2. %X15
ConfigEPos. %X4	EPosSTW2. %X11
ConfigEPos. %X5	EPosSTW2. %X10
ConfigEPos. %X6	EPosSTW2. %X2
ConfigEPos. %X7	STW1. %X13
ConfigEPos. %X8	EPosSTW1. %X12
ConfigEPos. %X9	STW2. %X0
ConfigEPos. %X10	STW2. %X1
ConfigEPos. %X11	STW2. %X2
ConfigEPos. %X12	STW2. %X3
ConfigEPos. %X13	STW2. %X4
ConfigEPos. %X14	STW2. %X7
ConfigEPos. %X15	STW1. %X14
ConfigEPos. %X16	STW1. %X15
ConfigEPos. %X17	EPosSTW1. %X6
ConfigEPos. %X18	EPosSTW1. %X7
ConfigEPos. %X19	EPosSTW1. %X11
ConfigEPos. %X20	EPosSTW1. %X13
ConfigEPos. %X21	EPosSTW2. %X3
ConfigEPos. %X22	EPosSTW2. %X4
ConfigEPos. %X23	EPosSTW2. %X6
ConfigEPos. %X24	EPosSTW2. %X7
ConfigEPos. %X25	EPosSTW2. %X12
ConfigEPos. %X26	EPosSTW2. %X13
ConfigEPos. %X27	STW2. %X5
ConfigEPos. %X28	STW2. %X6
ConfigEPos. %X29	STW2. %X8
ConfigEPos. %X30	STW2. %X9

可通过此方式传输硬件限位使能、回零开关信号等给 V90。需要注意的是，如果程序里对此引脚进行了变量分配，则必须保证 ConfigEPos. %X0 和 ConfigEPos. %X1 都为 1 时变频器才能运行

5. 编写程序

梯形图如图 8-51 所示。解读程序要认真阅读表 8-7 和表 8-8，具体说明如下。

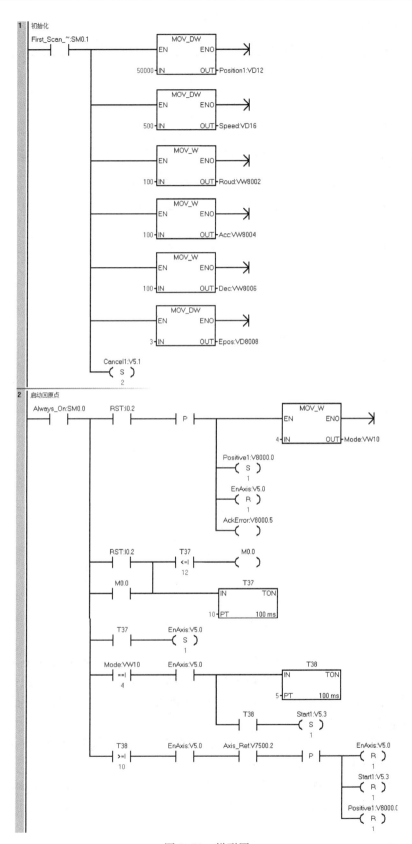

图 8-51 梯形图

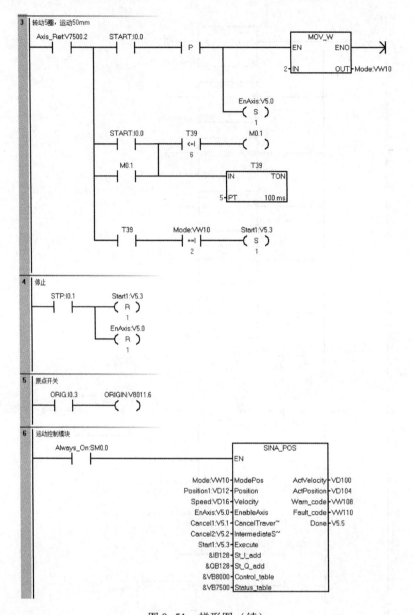

图 8-51　梯形图（续）

程序段 1：由于库指令 SINA_POS 输入参数 Control_table 的起始地址是 VB8000，所以 VW8002＝100，代表倍率是 100%；VW8004＝VW8006＝100 代表加速度和减速度的倍率为 100%；VD8008＝3，即 V8011.0＝V8011.1＝1 表示伺服驱动系统处于可以运行的状态；Mode＝4 即 ModePos＝4 表示主动回零操作。

程序段 2：如伺服驱动系统有故障，当 I0.2 闭合时，进行伺服驱动系统复位，即故障确认。1 s 后，激活伺服使能，延时 0.5 s 后，启动回原点。

程序段 3：当伺服驱动系统回参考点后，按下起动按钮，I0.0 闭合，ModePos＝2 表示绝对位置操作；激活伺服驱动系统，延时 0.5 s 后，伺服电动机开始旋转，转动 5 圈，即运动 50 mm。

程序段 4：停止伺服驱动系统运行。

程序段 5：使用库指令 SINA_POS 回原点，有几个关键参数要再次强调，ModePos＝4 表示主动回零操作；ConfigEPOS 的 ConfigEPos.%X0 表示 OFF2 停止，应设置为 1 才能运行；ConfigEPOS 的 ConfigEPos.%X1 表示 OFF3 停止，应设置为 1 才能运行；ConfigEPOS 的 ConfigEPos.%X6 是零点开关信号。在本例中，I0.3 是零点信号，赋值给 V8011.6，就是 ConfigEPOS 的 ConfigEPos.%X6。VW10＝4 表示主动回零操作。VD16 和 VD12 无需设置。V8011.0＝V8011.1＝1 表示伺服驱动系统处于可以运行的状态。

程序段 6：运动控制模块。

习　　题

有一台步进电动机，其脉冲当量是 3°，此步进电动机转速为 250 r/min 时，转 10 圈，用 CPU ST40 控制，请设计原理图，并编写梯形图程序。

第 9 章

S7-200 SMART PLC 的工艺
功能及其应用

工艺功能包括高速输入、高速输出和 PID（比例积分微分）功能，工艺功能是 PLC 学习中的难点内容。通过学习本章，掌握高速计数器的基本概念和指令，掌握利用高速计数器的测距离和测速度编写程序。本章是 PLC 学习晋级的关键。

9.1 S7-200 SMART PLC 的高速计数器及其应用

9.1.1 S7-200 SMART PLC 高速计数器简介

高速计数器对超出 CPU 普通计数器能力的脉冲信号进行测量。S7-200 SMART PLC 的 CPU 提供了多个高速计数器（HSC0～HSC5）以响应快速脉冲输入信号，不同固件版本 CPU 的高速计数器的性能指标有差异，目前版本为 V2.7，功能较为强大。高速计数器的计数速度比 PLC 的扫描速度要快得多，因此高速计数器可独立于用户程序进行工作，不受扫描时间的限制。用户通过相关指令，设置相应的特殊存储器控制高速计数器的工作。高速计数器的一个典型应用是利用光电编码器测量转速和位移。

1. 高速计数器的工作模式和输入

高速计数器有八种工作模式，每个高速计数器都有时钟、方向控制、复位启动等特定输入。对于双向计数器，两个时钟都可以运行在最高频率上，高速计数器的最高计数频率取决于 CPU 的类型。在正交模式下，可选择 1×输入脉冲频率（一倍频）或者 4×输入脉冲频率（四倍频）的内部计数频率。高速计数器有八种四类工作模式。

（1）无外部方向输入信号的加/减计数器（模式 0 和模式 1） 用高速计数器控制字的第 3 位控制加减计数，该位为 1 时进行加计数，为 0 时进行减计数。高速计数器模式 0 和模式 1 工作原理如图 9-1 所示。

（2）有外部方向输入信号的加/减计数器（模式 3 和模式 4） 方向信号为 1 时进行加计数，方向信号为 0 时进行减计数。高速计数器模式 3 和模式 4 工作原理如图 9-2 所示。

（3）有加计数时钟脉冲和减计数时钟脉冲输入的双相计数器（模式 6 和模式 7） 若加计数时钟脉冲和减计数时钟脉冲的上升沿出现的时间间隔短，高速计数器认为这两个事件同时发生，当前值不变，也不会有计数方向改变的指示，否则高速计数器能捕捉到每一个独立的信号。高速计数器模式 6 和模式 7 工作原理如图 9-3 所示。

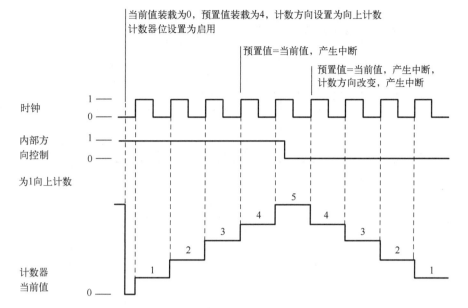

图 9-1 高速计数器模式 0 和模式 1 工作原理

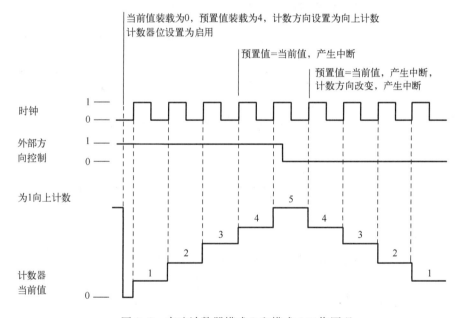

图 9-2 高速计数器模式 3 和模式 4 工作原理

（4）A/B 相正交计数器（模式 9 和模式 10） 它的两路时钟脉冲的相位相差 90°，正转时 A 相时钟脉冲比 B 相时钟脉冲超前 90°，反转时 A 相时钟脉冲比 B 相时钟脉冲滞后 90°。利用这一特点，正转时进行加计数，反转时进行减计数。

高速计数器模式 9 和模式 10 就是 A/B 相正交计数器，又分为一倍频和四倍频，一倍频高速计数器模式 9 和模式 10（A/B 正交相位 1×）工作原理如图 9-4 所示，四倍频高速计数器模式 9 和模式 10（A/B 正交相位 4×）在相同条件下的计数值是一倍频的四倍。

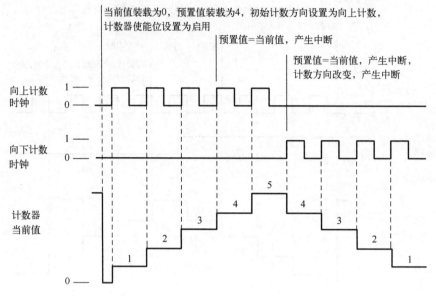

图 9-3　高速计数器模式 6 和模式 7 工作原理

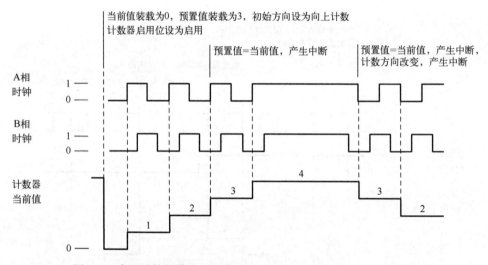

图 9-4　高速计数器模式 9 和模式 10（A/B 正交相位 1×）工作原理

高速计数器的输入分配和功能见表 9-1。

表 9-1　高速计数器的输入分配和功能

高速计数器	A 相时钟	B 相时钟	复位	单相、双相最大时钟/输入频率	正交最大时钟/输入频率
HSC0	I0. 0	I0. 1	I0. 4	200 kHz（S 型号 CPU） 100 kHz（C 型号 CPU）	① 100 kHz（S 型号 CPU） ● 最大一倍计数频率 = 100 kHz ● 最大四倍计数频率 = 400 kHz ② 20 kHz（C 型号 CPU） ● 最大一倍计数频率 = 20 kHz ● 最大四倍计数频率 = 80 kHz
HSC1	I0. 1			200 kHz（S 型号 CPU） 100 kHz（C 型号 CPU）	

（续）

高速 计数器	A 相时钟	B 相时钟	复位	单相、双相最大时钟/ 输入频率	正交最大时钟/输入频率
HSC2	I0. 2	I0. 3	I0. 5	200 kHz（S 型号 CPU） 100 kHz（C 型号 CPU）	① 100 kHz（S 型号 CPU） • 最大一倍计数频率 = 100 kHz • 最大四倍计数频率 = 400 kHz ② 20 kHz（C 型号 CPU） • 最大一倍计数频率 = 20 kHz • 最大四倍计数频率 = 80 kHz
HSC3	I0. 3			200 kHz（S 型号 CPU） 100 kHz（C 型号 CPU）	
HSC4	I0. 6	I0. 7	I1. 2	① SR30 和 ST30 型号 CPU： 200 kHz ② SR20、ST20、SR40、ST40、 SR60 和 ST60 型号 CPU：30 kHz	① SR30 和 ST30 型号 CPU • 最大一倍计数频率 = 100 kHz • 最大四倍计数频率 = 400 kHz ② SR20、ST20、SR40、ST40、SR60 和 ST60 型号 CPU • 最大一倍计数频率 = 20 kHz • 最大四倍计数频率 = 80 kHz
HSC5	I1. 0	I1. 1	I1. 3	30 kHz（S 型号 CPU）	S 型号 CPU • 最大一倍计数频率 = 20 kHz • 最大四倍计数频率 = 80 kHz

【关键点】S 型号 CPU 包括 SR20、ST20、SR30、ST30、SR40、ST40、SR60 和 ST60，C 型号 CPU 包括 CR40、CR60。

高速计数器 HSC0 和 HSC2 支持八种计数模式，分别是模式 0、1、3、4、6、7、9 和 10。HSC1 和 HSC3 只支持一种计数模式，即模式 0。

高速计数器的硬件输入接口与普通数字量接口使用相同的地址。已经定义用于高速计数器的输入点不能再用于其他功能。但某些模式下，没有用到的输入点还可以用作开关量输入点。S7-200 SMART PLC 的高速计数器模式和输入分配见表 9-2。

表 9-2　S7-200 SMART PLC 的高速计数器模式和输入分配

模式	中断描述	输入点		
	HSC0	I0. 0	I0. 1	I0. 4
	HSC1	I0. 1		
	HSC2	I0. 2	I0. 3	I0. 5
	HSC3	I0. 3		
	HSC4	I0. 6	I0. 7	I1. 2
	HSC5	I1. 0	I1. 1	I1. 3
0	具有内部方向控制的单相计数器	时钟		
1		时钟		复位
3	具有外部方向控制的单相计数器	时钟	方向	
4		时钟	方向	复位
6	带有两个时钟输入的双相计数器	加时钟	减时钟	
7		加时钟	减时钟	复位
9	A/B 正交计数器	时钟 A	时钟 B	
10		时钟 A	时钟 B	复位

2. 高速计数器的控制字和初始值、预置值

所有的高速计数器在 S7-200 SMART PLC 的特殊存储器中都有各自的控制字。控制字用来定义计数器的计数方式和其他一些设置，以及在用户程序中对计数器的运行进行控制。高速计数器控制字的位地址分配表见表9-3。

表9-3 高速计数器控制字的位地址分配表

HSC0	HSC1	HSC2	HSC3	HSC4	HSC5	描述
SM37.0	不支持	SM57.0	不支持	SM147.0	SM157.0	复位有效控制，0 为复位高电平有效，1 为复位低电平有效
SM37.2	不支持	SM57.2	不支持	SM147.2	SM157.2	正交计数频率选择，0 为 4×计数频率，1 为 1×计数频率
SM37.3	SM47.3	SM57.3	SM137.3	SM147.3	SM157.3	计数方向控制，0 为减计数，1 为加计数
SM37.4	SM47.4	SM57.4	SM137.4	SM147.4	SM157.4	向高速计数器中写入计数方向，0 为不更新，1 为更新
SM37.5	SM47.5	SM57.5	SM137.5	SM147.5	SM157.5	向高速计数器中写入预置值，0 为不更新，1 为更新
SM37.6	SM47.6	SM57.6	SM137.6	SM147.6	SM157.6	向高速计数器中写入初始值，0 为不更新，1 为更新
SM37.7	SM47.7	SM57.7	SM137.7	SM147.7	SM157.7	高速计数器允许，0 为禁止 HSC，1 为允许 HSC

高速计数器都有初始值和预置值，所谓初始值就是高速计数器的起始值，而预置值就是计数器运行的目标值，当前值（当前计数值）等于预置值时，会引发一个内部中断事件，初始值、预置值和当前值都是 32 位有符号整数。必须先设置控制字以允许装入初始值和预置值，并且将初始值和预置值存入特殊存储器中，然后执行高速计数器指令使新的初始值和预置值有效。装载高速计数器初始值、预置值和当前值的寄存器与计数器的对应关系见表9-4。

表9-4 装载高速计数器初始值、预置值和当前值的寄存器与计数器的对应关系

高速计数器	HSC0	HSC1	HSC2	HSC3	HSC4	HSC5
初始值	SMD38	SMD48	SMD58	SMD138	SMD148	SMD158
预置值	SMD42	SMD52	SMD62	SMD142	SMD152	SMD162
当前值	HC0	HC1	HC2	HC3	HC4	HC5

3. 指令介绍

高速计数器指令根据高速计数器特殊存储器位的状态配置和控制高速计数器。高速计数器定义指令（HDEF）选择特定高速计数器（HSCx）的操作模式，模式选择定义高速计数器的时钟、方向、起始和复原功能。高速计数器指令的格式见表9-5。

表9-5 高速计数器指令的格式

梯形图	输入/输出	参数说明	数据类型
HDEF EN ENO HSC MODE	HSC	高速计数器的号码，取值 0、1、2、3	Byte
	MODE	模式，取值为 0、1、3、4、6、7、9、10	Byte

（续）

梯形图	输入/输出	参数说明	数据类型
 HSC EN　ENO N	N	高速计数器的号码，取值0、1、2、3	Word

以下用一个简单例子说明控制字和高速计数器指令的具体应用，如图9-5所示。

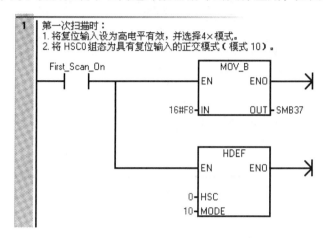

图9-5　梯形图

4. 滤波时间

S7-200 SMART PLC 数字量输入的默认滤波时间是 6.4 ms，可以测量的最大频率是 78 Hz，因此测量高速输入信号时需要修改滤波时间，否则对于高于 78 Hz 的信号进行测量，会产生较大的误差。高速计数器可检测到的各种输入滤波组态的最大输入频率见表9-6。

表9-6　高速计数器可检测到的各种输入滤波组态的最大输入频率

输入滤波时间	可检测到的最大输入频率	输入滤波时间	可检测到的最大输入频率
0.2 μs	200 kHz（S 型号 CPU） 100 kHz（C 型号 CPU）	0.2 ms	2.5 kHz
0.4 μs	200 kHz（S 型号 CPU） 100 kHz（C 型号 CPU）	0.4 ms	1.25 kHz
0.8 μs	200 kHz（S 型号 CPU） 100 kHz（C 型号 CPU）	0.8 ms	625 Hz
1.6 μs	200 kHz（S 型号 CPU） 100 kHz（C 型号 CPU）	1.6 ms	312 Hz
3.2 μs	156 kHz（S 型号 CPU） 100 kHz（C 型号 CPU）	3.2 ms	156 Hz
6.4 μs	78 kHz	6.4 ms	78 Hz
12.8 μs	39 kHz	12.8 ms	39 Hz

例如，若要测量 100 kHz 的高速输入信号，则应把滤波时间修改为 3.2 μs 或者更小。打开系统块，修改输入点 I0.0 和 I0.1 滤波时间的方法如图9-6所示，勾选"I0.0-I0.7"选项，

用下拉列表框把 I0.0 和 I0.1 的滤波时间修改成 3.2μs，并勾选"脉冲捕捉"选项，单击"确定"按钮即可。

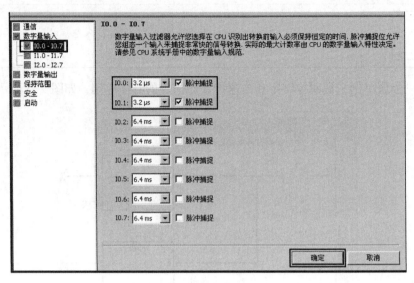

图 9-6　修改滤波时间

9.1.2　S7-200 SMART PLC 高速计数器的应用——测量位移和转速

1. 光电编码器简介

利用 PLC 高速计数器测量转速，一般要用到光电编码器。光电编码器是集光、机、电技术于一体的数字化传感器，可以高精度测量被测物体的旋转角度或直线位移量，并将测量到的旋转角度转化为脉冲电信号输出。控制器（PLC 或者数控机床的控制系统）检测到这个输出的电信号即可得到转速或位移。

（1）光电编码器的分类　按测量方式，可分为旋转编码器、直尺编码器。按编码方式，可分为绝对式编码器、增量式编码器和混合式编码器。

（2）光电编码器的应用场合　光电编码器在机器人、数控机床上得到广泛应用，一般而言只要用到伺服电动机就可能用到光电编码器。

2. 应用实例

以下用两个例子说明高速计数器在位移和转速测量中的应用。

【例 9-1】用 S7-200 SMART PLC 和光电编码器测量工作台运动的实时位移。光电编码器为 500 线（即编码器转一圈，发出 500 个脉冲），与电动机同轴安装，电动机角位移和光电编码器角位移相等，滚珠丝杠螺距是 10mm，电动机每转一圈，工作台移动 10mm。硬件系统示意图如图 9-7 所示。

微课
用 S7-200 SMART PLC
和编码器对工作台的
实时位移进行测量

图 9-7　硬件系统示意图

解

（1）设计电气原理图　由于编码器是 NPN 型输出，所以 CPU 模块是 NPN 型输入，1M 连接的是 24 V。查表 9-2 可知，采用 A/B 正交模式输入时，编码器的 A 相和 B 相分别连接 PLC 的 I0.0 和 I0.1。设计电气原理图如图 9-8 所示。

【关键点】光电编码器的输出脉冲信号有 5 V 和 24 V（或者 18 V），而多数 S7-200 SMART PLC 输入端的有效信号是 24 V（PNP型），因此在选用光电编码器时要注意，最好不要选用 5 V 输出的光电编码器。图 9-8 中的编码器是 PNP 型输出，这一点非常重要，涉及程序的初始化，在选型时要注意。此外，编码器的 A 相端子要与 PLC 的 1M 短接，否则不能形成回路。

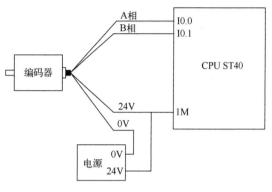

图 9-8　电气原理图

如果只有 5 V 输出的光电编码器，是否可以直接用于以上回路测量转速呢？答案是否，但经过晶体管升压后是可行的，具体解决方案读者自行思考。

（2）设置脉冲捕捉时间　打开系统块，选择"数字量输入"→"I0.0～I0.7"，将 I0.0 和 I0.1 的捕捉时间设置为 3.2 μs，同时勾选"脉冲捕捉"，最后单击"确定"按钮，如图 9-6 所示。

（3）编写程序　本例的编程思路是先对高速计数器进行初始化，启动高速计数器，高速计数器的计数个数转化成编码器旋转的圈数，乘以螺距，就是工作台的位移。光电编码器为 500 线，也就是说，高速计数器每收到 500 个脉冲，电动机就转一圈。工作台的位移公式为

$$s = \frac{N}{500} \times 10 = \frac{N}{50} \tag{9-1}$$

式中，s 为工作台的位移，N 为高速计数器的计数个数（收到脉冲个数）。

特殊存储器 SMB37 各位的含义如图 9-9 所示。梯形图如图 9-10 所示。

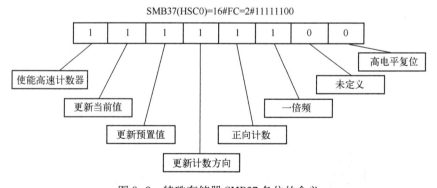

图 9-9　特殊存储器 SMB37 各位的含义

【例 9-2】一台电动机上配有一台光电编码器（光电编码器与电动机同轴安装），示意图如图 9-11 所示，试用 S7-200 SMART PLC 测量电动机的转速，要求正向旋转为正数转速，反向旋转为负数转速。

微课
用 S7-200 SMART PLC 和编码器对电动机的实时转速测量

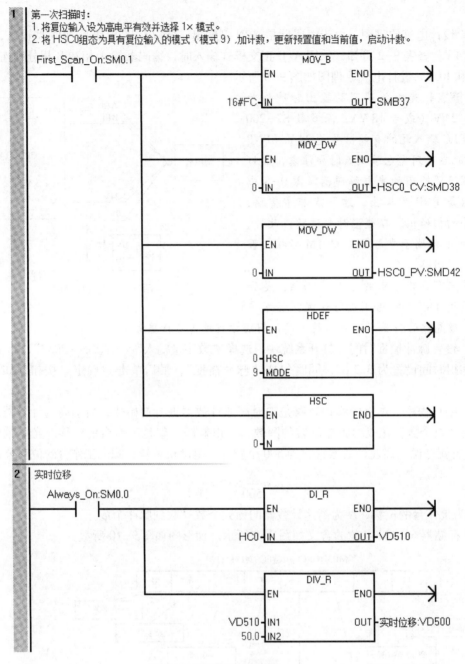

图 9-10 梯形图

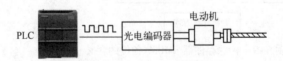

图 9-11 测量电动机转速示意图

解 由于光电编码器与电动机同轴安装，所以光电编码器的转速就是电动机的转速。用高速计数器 A/B 正交计数器的模式 9 或者模式 10 测量，可以得到有正负号的转速。

方法一：直接编写程序

（1）软硬件配置

1）STEP 7-Micro/WIN SMART V2.7。

2）1 台 CPU ST40。

3）1 台光电编码器（1024 线）。

4）1 根以太网线。

电气原理图如图 9-8 所示。

（2）设置脉冲捕捉时间　打开系统块，选择"数字量输入"→"I0.0~I0.7"，将 I0.0 和 I0.1 的捕捉时间设置为 3.2 μs，同时勾选"脉冲捕捉"，最后单击"确定"按钮，如图 9-6 所示。

（3）编写程序　本例的编程思路是先对高速计数器进行初始化，启动高速计数器，100 ms 内高速计数器的计数个数转化成每分钟光电编码器旋转的圈数，就是光电编码器的转速，也就是电动机的转速。光电编码器为 1024 线，也就是说，高速计数器每收到 1024 个脉冲，电动机就转一圈。电动机的转速公式为

$$n = \frac{N \times 10 \times 60}{1024} = \frac{N \times 75}{2^7} \tag{9-2}$$

式中，n 为电动机的转速；N 为 100 ms 内高速计数器的计数个数（收到脉冲个数）。

特殊存储器 SMB37 各位的含义如图 9-9 所示。梯形图如图 9-12 和图 9-13 所示。

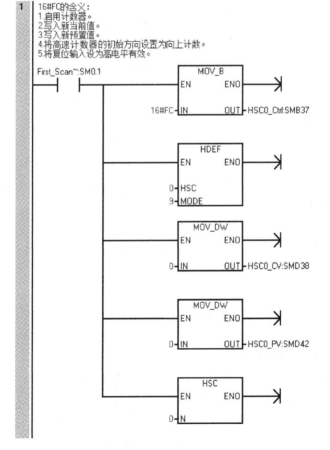

图 9-12　主程序

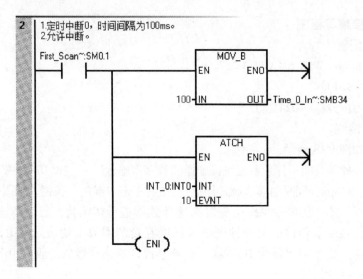

图 9-12 主程序（续）

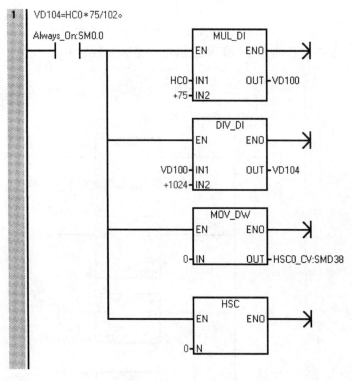

图 9-13 中断程序 INT_0

方法二：使用指令向导编写程序

初学者学习高速计数器有一定的难度，STEP 7-Micro/WIN SMART 软件内置的指令向导提供了简单方案，能快速生成初始化程序，以下介绍这一方法。

（1）设置脉冲捕捉时间 设置脉冲捕捉时间与方法一相同。

（2）打开指令向导 如图 9-14 所示，单击菜单栏中的"工具"→"高速计数器"，弹出"高速计数器向导"对话框。

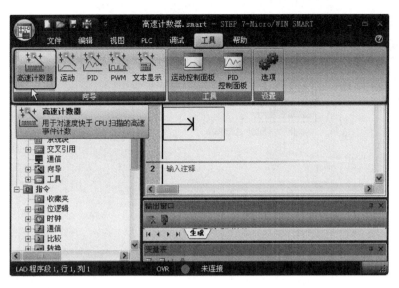

图 9-14　打开指令向导

（3）选择高速计数器　本例选择高速计数器 0，也就是要勾选"HSC0"，如图 9-15 所示。选择哪个高速计数器由具体情况决定，单击"模式"选项或者单击"下一个"按钮。

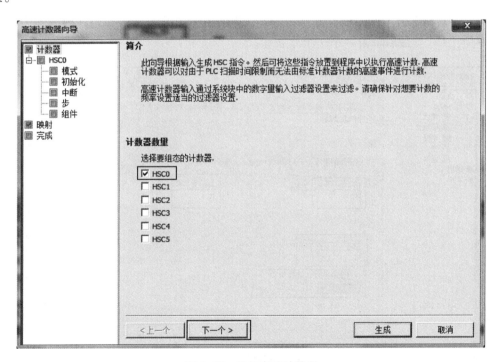

图 9-15　选择高速计数器

（4）选择高速计数器的工作模式　如图 9-16 所示，在"模式"的下拉列表框中选择"9"（A/B 相正交计数器），单击"下一个"按钮。

（5）设置高速计数器参数　如图 9-17 所示，初始化子程序的名称可以使用系统自动生成

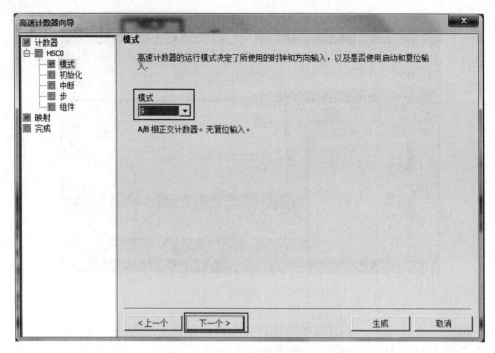

图 9-16　选择高速计数器的工作模式

的，也可以重新命名。本例的预置值为"100"，当前值为"0"，输入初始计数方向为"上"，计数速率为"1×"。最后单击"下一个"按钮。

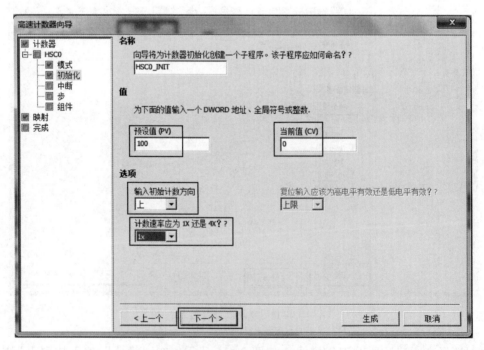

图 9-17　设置高速计数器参数

（6）设置完成　本例不需要设置高速计数器的中断、步和组建，因此单击"生成"按钮即可，如图 9-18 所示。

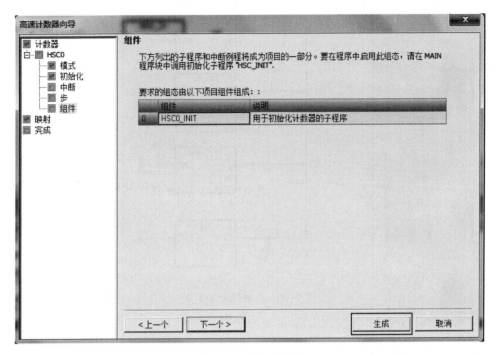

图 9-18　设置完成

高速计数器设置完成后，可以看到指令向导自动生成初始化程序 "HSC0_INIT"。编写主程序如图 9-19 所示，中断程序 INT_0 如图 9-20 所示。

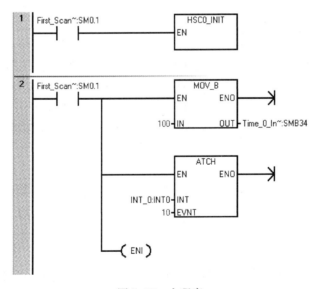

图 9-19　主程序

【关键点】利用指令向导只能生成高速计数器的初始化程序，其余的程序仍然需要用户编写。

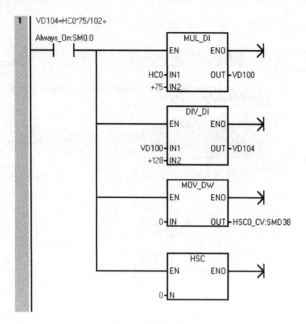

图 9-20　中断程序 INT_0

9.2　S7-200 SMART PLC 在 PID 中的应用

微课
PID 参数的
整定介绍

9.2.1　PID 控制原理简介

在过程控制中，按偏差的比例（P）、积分（I）和微分（D）进行控制的
PID 控制器（也称 PID 调节器）是应用最广泛的一种自动控制器。它具有原
理简单，易于实现，适用面广，控制参数相互独立，参数选定比较简单，调整方便等优点；
而且在理论上可以证明，对于过程控制的典型对象——"一阶滞后+纯滞后"与"二阶滞后+
纯滞后"的控制对象，PID 控制器是一种最优控制。PID 调节规律是连续系统动态品质校正的
一种有效方法，它的参数整定方法简便，结构改变灵活 [如可为 PI（比例积分）调节、PD
（比例微分）调节等]。长期以来，PID 控制器被广大科技人员及现场操作人员所采用，并积
累了大量的经验。

1. 比例控制

比例控制是一种最简单、最常用的控制方式，如放大器、减速器和弹簧等。比例控制器
能立即成比例地响应输入的变化量。但仅有比例控制时，系统输出存在稳态误差（Steady-
State Error）。

2. 积分控制

在积分控制中，控制器的输出量是输入量对时间的积累。对于一个自动控制系统，如果
在进入稳态后存在稳态误差，那么称这个控制系统为有稳态误差的系统或简称有差系统
（System with Steady-State Error）。为了消除稳态误差，必须在控制器中引入积分项。积分项对
误差的运算取决于时间的积分，随着时间的增加，积分项会增大。所以即便误差很小，积分
项也会随着时间的增加而增大，它推动控制器的输出增大，使稳态误差进一步减小，直到等

于 0。因此，采用 PI 控制器，可以使系统在进入稳态后无稳态误差。

3. 微分控制

在微分控制中，控制器的输出与输入误差信号的微分（即误差的变化率）成正比关系。自动控制系统在克服误差的调节过程中可能会出现振荡甚至失稳，其原因是存在有较大惯性的组件（环节）或滞后（Delay）组件，具有抑制误差的作用，其变化总是落后于误差的变化。解决办法是使抑制误差的作用变化超前，即在误差接近 0 时，抑制误差的作用就应该是 0。这就是说，在控制器中仅引入比例项往往是不够的，比例项的作用只是放大误差的幅值，需要增加的是微分项，它能预测误差变化的趋势，这样 PD 控制器就能够提前使抑制误差的作用使其为 0，甚至为负值，从而避免被控量的严重超调。所以对有较大惯性或滞后的被控对象，PD 控制器能改善系统在调节过程中的动态特性。

4. PID 的算法

（1）PID 控制系统原理　PID 控制系统原理框图如图 9-21 所示。

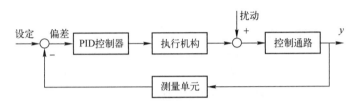

图 9-21　PID 控制系统原理框图

（2）PID 算法　PID 算法根据以下公式工作：

$$y = K_P \left[(bw-x) + \frac{1}{T_I s}(w-x) + \frac{T_D s}{a \cdot T_D s + 1}(cw-x) \right] \tag{9-3}$$

式中，y 为 PID 算法的输出值，K_P 为比例增益，s 为拉普拉斯运算符，b 为比例作用权重，w 为设定值，x 为过程值，T_I 为积分时间，T_D 为微分时间，a 为微分延迟系数（微分延迟时间 $T_1 = a \times T_D$），c 为微分作用权重。

【关键点】式（9-3）是非常重要的，读者必须根据这个公式建立一个概念：K_P 增加直接导致输出值 y 的快速增加，T_1 的减小直接导致积分项数值的增加，微分项数值的大小随着 T_D 的增加而增加，从而直接导致 y 增加。理解了这一点，对正确调节 P、I、D 三个参数是至关重要的。

9.2.2　PID 控制器的参数整定

PID 控制器的参数整定是控制系统设计的核心内容。它是根据被控过程的特性，确定 PID 控制器的比例增益、积分时间和微分时间的大小。PID 控制器参数整定的方法很多，概括起来有以下两大类。

（1）理论计算整定法　它主要依据系统的数学模型，经过理论计算确定控制器参数。这种方法所得到的计算数据未必可以直接使用，还必须通过工程实际进行调整和修改。

（2）工程整定法　它主要依赖于工程经验，直接在控制系统的试验中进行，且方法简单、易于掌握，在工程实际中被广泛采用。PID 控制器参数的工程整定法主要有临界比例法、反应曲线法和衰减法。这三种方法各有其特点，其共同点是都通过试验，按照工程经验公式对控制器参数进行整定。但无论采用哪一种方法得到的控制器参数，都需要在实际运行中进行最后的调整与完善。

1. 整定的方法和步骤

现在一般采用的是临界比例法。利用该方法进行 PID 控制器的参数整定步骤如下。

1）首先预选择一个足够短的采样周期让系统工作。

2）仅加入比例控制环节，直到系统对输入的阶跃响应出现临界振荡，记下这时的比例放大系数和临界振荡周期。

3）在一定的控制度下通过公式计算得到 PID 控制器的参数。

2. PID 控制器参数整定实例

PID 控制器参数整定对于初学者来说并不容易，不少初学者看到 PID 的曲线往往不知道是什么含义，当然也就不知道如何下手调节了，以下用几个简单的例子进行介绍。

【例 9-3】某系统的电炉在进行 PID 控制器参数整定，其输出曲线如图 9-22 所示，测量值与设定值曲线重合（40℃），所以有人认为 PID 控制器参数整定成功，请读者分析，并给出自己的见解。

解 在进行 PID 控制器参数整定时，分析曲线图是必不可少的，测量值与设定值曲线基本重合是基本要求，并非说明 PID 控制器参数整定就一定合理。

分析 PID 运算的结果曲线是至关重要的，如图 9-22 所示，PID 运算的结果曲线虽然很平滑，但过于平坦，这样在运行过程中，电炉抗干扰能力弱，也就是说，当负载的热量稳定时，温度能保持稳定，但当负载的热量变化大时，测量值与设定值曲线就未必处于重合状态了。这种 PID 运算的结果曲线过于平坦，说明 P = 20.0 过小。将 P 的数值设定为 100.0，如图 9-23 所示，整定就比较合理了。

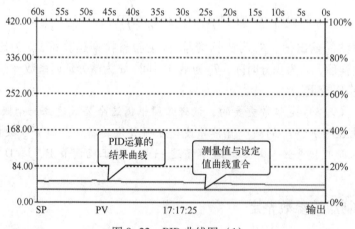

图 9-22　PID 曲线图（1）

【例 9-4】某系统的电炉在进行 PID 控制器参数整定，其输出曲线如图 9-24 所示，测量值和设定值曲线未重合（40℃），所以有人认为 PID 控制器参数整定成功，请读者分析，并给出自己的见解。

解 如图 9-24 所示，虽然测量值和设定值曲线未重合，但 PID 控制器参数整定不合理。

这是因为 PID 运算的结果曲线已经超出了设定的范围，实际就是超调，说明比例环节 P = 150.0 过大。

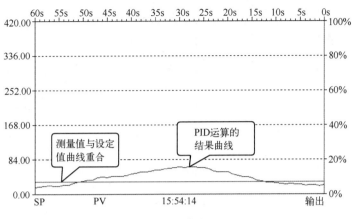

图 9-23　PID 曲线图（2）

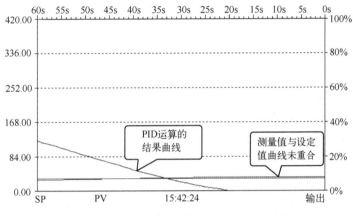

图 9-24　PID 曲线图（3）

9.2.3　S7-200 SMART PLC 对电炉温度的 PID 控制

要求将一台电炉的温度控制在一定范围内。电炉的工作原理如下。

当设定电炉温度后，S7-200 SMART PLC 经过 PID 运算后由模拟量输出模块 EM AQ02 输出一个电压信号送到控制板，控制板根据电压信号（弱电）的大小控制电热丝的加热电压（强电）的大小，甚至断开，温度传感器测量电炉的温度，温度信号经过控制板的处理后输入到模拟量输入模块 EM AE04，再送到 S7-200 SMART PLC 进行 PID 运算，如此循环，要求有手动模式和自动模式。整个系统的电气原理图如图 9-25 所示。

1. 主要软硬件配置

1）STEP 7-Micro/WIN SMART V2. 7。

2）1 台 CPU SR20。

3）1 台 EM AE04。

4）1 台 EM AQ02。

5）1 根以太网线。

6）1 台电炉（含控制板）。

S7-200 SMART PLC 的 PID 控制有两种方案，一种是用 PID 指令编写程序，程序比较复杂，不能使用 PID 整定控制面板；另一种是用 PID 指令向导自动生成 PID 子程序，程序简单，

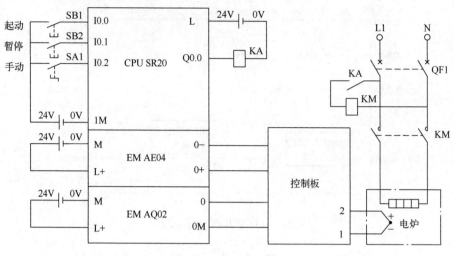

图 9-25　电气原理图

而且可以使用 PID 整定控制面板，PID 参数可以自动整定，是工程中常用的方法。本例用第二种方法。

2. PID 指令向导配置

（1）定义需要配置的 PID 回路号　新建项目，单击"向导"→"PID"，打开"PID 回路向导"对话框，进行图 9-26 所示的设置。

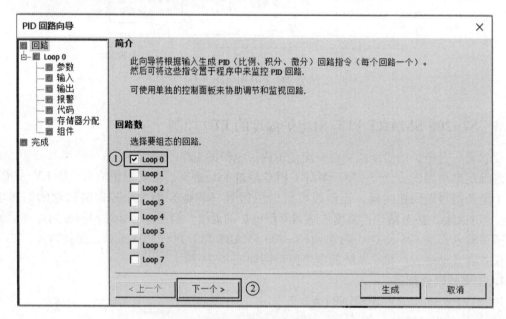

图 9-26　定义需要配置的 PID 回路号

（2）为回路组态命名　为回路组态命名为"Loop 0"，如图 9-27 所示。

（3）设置 PID 回路参数　如图 9-28 所示，参数可以使用默认值，最终参数还需要在调试时整定。

（4）设置回路过程变量　这里的过程变量就是传感器 A-D 转换后的数值，如图 9-29 所示，若模拟量是 4~20 mA 的电流信号，则标记②处的下限为 5530，上限为 27648。

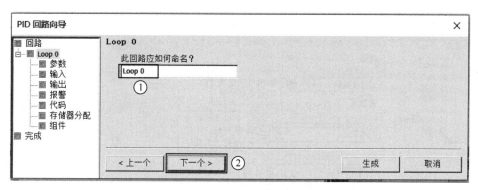

图 9-27　为回路组态命名为"Loop 0"

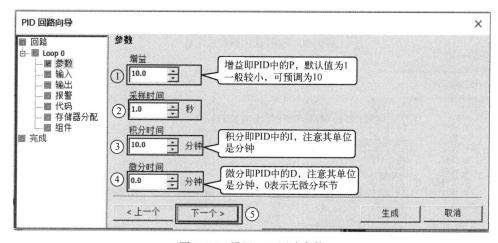

图 9-28　设置 PID 回路参数

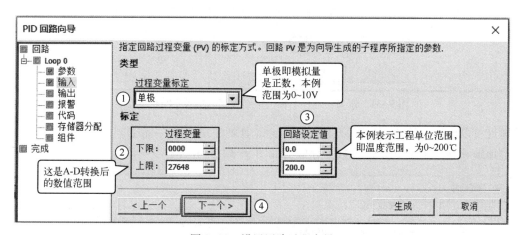

图 9-29　设置回路过程变量

（5）设置输出回路输出选项　输出变量可以是模拟量或数字量（高速脉冲），本例为模拟量，如图 9-30 所示。

（6）定义向导所生成的 PID 初始化子程序名称、中断程序名称及手/自动模式　如图 9-31 所示，如有手动模式，则需要勾选"添加 PID 的手动控制"选项。

（7）指定 PID 运算数据存储器　指令向导的生成需要 120 字节的专用存储空间，这个空

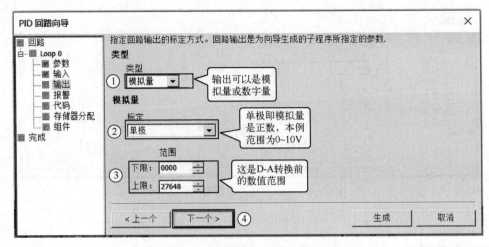

图 9-30 设置输出回路输出选项

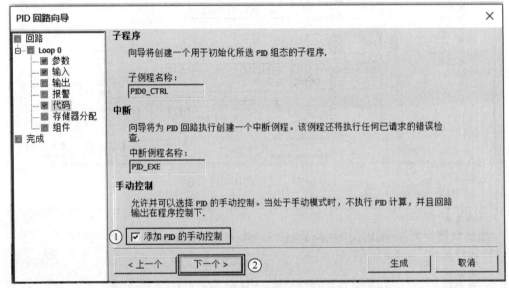

图 9-31 定义子程序名称、中断程序名称及手/自动模式

间的地址可以使用默认值，也可以由用户指定，但要注意这个存储空间的地址不可与编程时的其他地址冲突。指定 PID 运算数据存储器如图 9-32 所示。

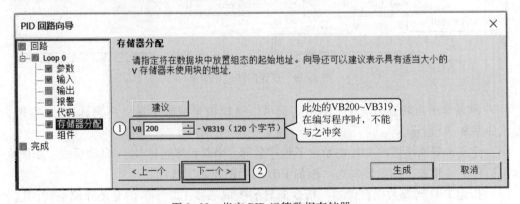

图 9-32 指定 PID 运算数据存储器

（8）配置完成　PID 回路向导配置完成，单击"生成"按钮，如图9-33所示，生成的子程序在"指令"→"调用子例程"中可以找到。

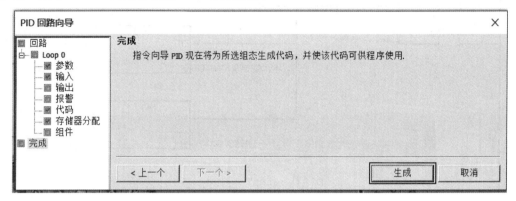

图 9-33　配置完成

3. 编写程序

梯形图如图9-34所示。程序的解读如下。

程序段 1：设置一个自动模式时的初始温度，手动模式时输出为80%，即程序中 AQW32 为 27648×0.8＝22118.4。

程序段 2：开/关加热器的电源。启动状态时，将模拟量输入通道的温度值送入 PID 指令，并将 PID 计算的结果送到模拟量输出通道。

程序段 3：不通电时，无模拟量输出。

程序段 4：PID 运算。需要注意的是，PID 指令前只能是 SM0.0。

在实际工程中，很多时候 PID 不用启停控制。当系统运行时，PID 正常运行；当系统关机时，PID 自动关闭。

此外，本例的 PID 程序直接放在主程序中，这样设计比较简单，但会影响 PLC 的扫描周期。另一种方案是将 PID 程序编写在中断程序（S7-1200/1500 PLC 为循环组织块）中。

4. PID 参数整定

（1）打开"PID 整定控制面板"对话框　如图9-35所示，单击"工具"菜单，再单击"PID 控制面板"按钮，打开"PID 整定控制面板"对话框。双击"Loop 0（Loop 0）"选项，弹出需要整定参数的 PID 回路，如图9-36所示。

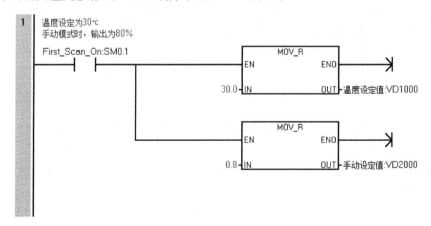

图 9-34　梯形图

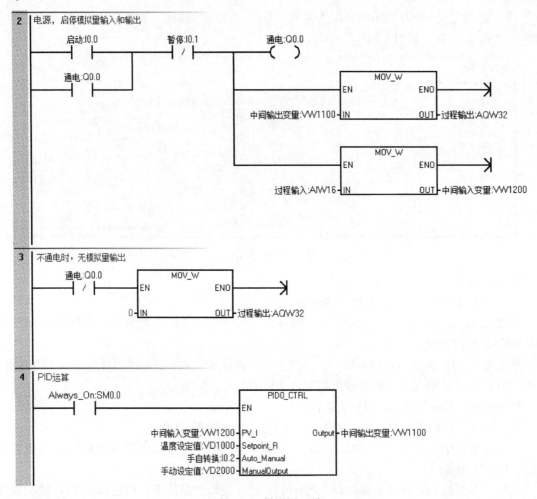

图 9-34 梯形图（续）

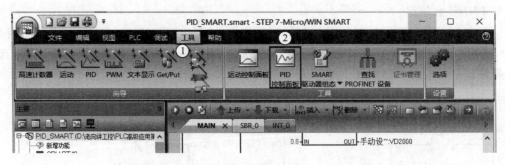

图 9-35 打开"PID 整定控制面板"对话框（1）

（2）运行监控 如图 9-37 所示，SP 是温度设定值；PV 是温度测量值；OUT 是 PID 运算的结果曲线，控制加热器的加热功率。

（3）手动整定参数 如图 9-38～图 9-40 所示，温度设定值和温度测量值的曲线重合了，但这并不意味着 PID 参数合理。

如图 9-38 所示，首先勾选"启用手动调节"，在"计算值"方框中输入增益、积分和微分的参数，本例分别为 20.0、5.0 和 0.0，最后单击"更新 CPU"按钮，将参数下载到 CPU

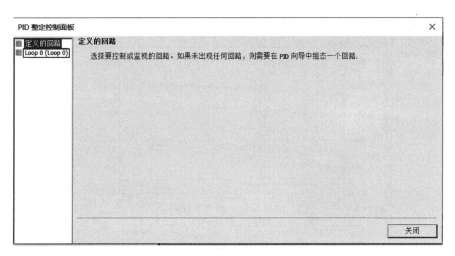

图 9-36 打开"PID 整定控制面板"对话框(2)

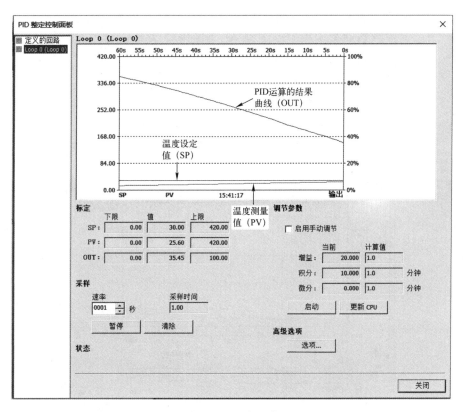

图 9-37 运行监控

中。PID 运算的结果曲线非常平坦,近乎直线,说明 P 相对较小。

经过数次修改 P 的大小,将 P 设定为 40.0,如图 9-39 所示,可以看到 PID 运算的结果曲线波动要大一些,曲线也比较平滑,显然 P=40 仍然偏小。

经过数次修改 P 的大小,将 P 设定为 100.0,如图 9-40 所示,可以看到 PID 运算的结果曲线波动要更大一些,曲线也比较平滑,显然 P=100 更加合适。

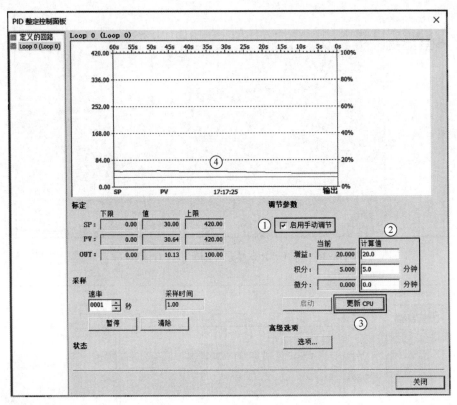

图 9-38　手动整定参数（1）

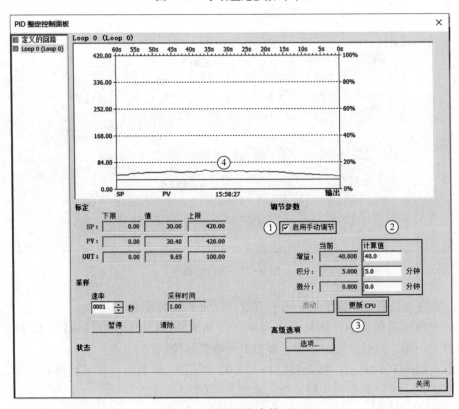

图 9-39　手动整定参数（2）

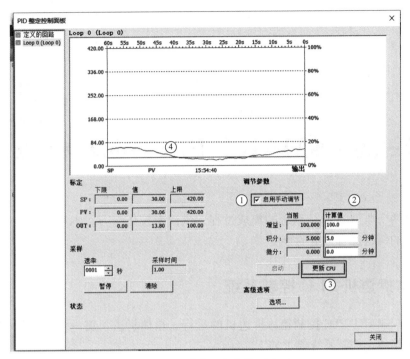

图 9-40 手动整定参数（3）

习　题

一、简答题

1. P、I、D 三个参数的含义是什么?

2. 闭环控制有什么特点?

3. 简述调整 PID 参数的方法。

4. 简述 PID 控制器的主要优点。

二、编程题

1. 某水箱出水口的流量是变化的，注水口的流量可通过调节水泵的转速控制，水位检测可以通过水位传感器完成，水箱最大盛水高度为 2 m，要求对水箱进行水位控制，保证水位高度为 1.6 m。PLC 作为控制器；EM AE04 作为模拟量输入模块，用于测量水位信号；EM AQ02 产生输出信号，控制变频器，从而控制水泵的输出流量。水箱的水位控制原理图如图 9-41 所示。

2. 用一台 CPU ST40 和一只电感式接近开关测量一台电动机的转速，请先设计接线图，再编写梯形图程序。

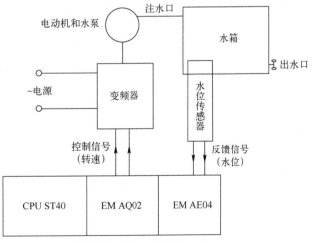

图 9-41　水箱的水位控制原理图

第 10 章

S7-200 SMART PLC 的工程应用

本章介绍两个典型的 PLC 系统的集成过程，供读者模仿学习，本章是前面内容的综合应用，因此本章的例题都有一定的难度。

10.1 箱体折边机 PLC 控制系统

用 S7-200 SMART PLC 控制箱体折边机的运行。箱体折边机将一块平板薄钢板，折成 U 形，用于制作箱体。控制系统要求如下。

1）有起动、复位和急停控制。

2）要有复位指示和一个工作完成结束的指示。

3）折边过程可以手动控制和自动控制。

4）按下急停按钮，设备立即停止工作。

箱体折边机工作示意图如图 10-1 所示。箱体折边机由四个气缸组成，包括一个下压气缸、两个翻边气缸（由同一个电磁阀控制，在此仅以一个气缸为例说明）和一个顶出气缸，其工作过程是：当按下复位按钮 SB1 时，YV2 得电，下压气缸向上运行（缩回），到上极限位置 SQ1 为止；YV4 得电，翻边气缸向右运行（缩回），直到右极限位置 SQ3 为止；YV5 得电，顶出气缸向上运行（伸出），直到上极限位置 SQ6 为止，三个气缸同时动作，复位完成后，指示灯以 1 s 为周期闪烁。工人放置钢板，此时按下起动按钮 SB2，YV6 得电，顶出气缸向下运行（缩回），到下极限位置 SQ5 为止；YV1 得电，下压气缸向下运行（伸出），到下极限位置 SQ2 为止；YV3 得电，翻边气缸向左运行（伸出），到左极限位置 SQ4 为止；保压 1 s 后，YV4 得电，翻边气缸向右运行，到左极限位置 SQ3 为止；接着 YV2 得电，下压气缸向上运行，到上

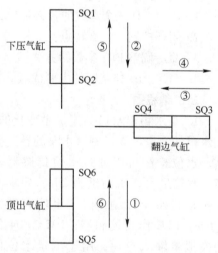

图 10-1 箱体折边机工作示意图

极限位置 SQ1 为止；YV5 得电，顶出气缸向上运行，顶出已经折弯完成的钢板，到上极限位置 SQ6 为止，一个工作循环完成。箱体折边机气动原理图如图 10-2 所示。

通过完成该任务，熟悉 PLC 控制系统的项目实施过程，熟练掌握简单逻辑控制程序的编写方法。

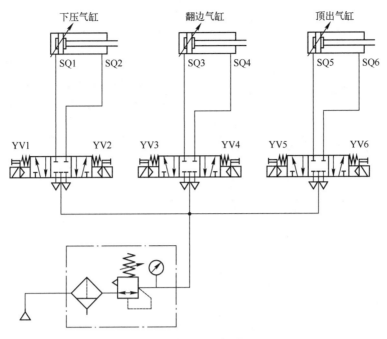

图 10-2　箱体折边机气动原理图

10.1.1　硬件系统集成

1. 问题分析

1）整个任务只有逻辑控制。

2）先计算所需要的 I/O 点数，输入点为 17 个，输出点为 7 个，由于 I/O 点最好留 15% 左右的余量备用，又因为控制对象为电磁阀和信号灯，因此 CPU 的输出形式选为继电器输出（输出电流可达 2A）比较有利，所以选择 CPU SR30。

2. 系统的软硬件配置

1）1 台 CPU SR30。

2）STEP 7-Micro/WIN SMART V2.7。

3）1 根网线。

3. 设计控制系统的原理图

（1）I/O 分配　箱体折边机的 I/O 分配表见表 10-1。

表 10-1　I/O 分配表

输入			输出		
功能	符　号	输入点	功能	符　号	输出点
手动/自动转换	SA1	I0.0	复位指示灯	HL1	Q0.0
复位按钮	SB1	I0.1	下压气缸伸出电磁阀线圈	YV1	Q0.1
起动按钮	SB2	I0.2	下压气缸缩回电磁阀线圈	YV2	Q0.2
急停按钮	SB3	I0.3	翻边气缸伸出电磁阀线圈	YV3	Q0.3
下压气缸伸出按钮	SB4	I0.4	翻边气缸缩回电磁阀线圈	YV4	Q0.4

（续）

输入			输出		
功能	符号	输入点	功能	符号	输出点
下压气缸缩回按钮	SB5	I0.5	顶出气缸伸出电磁阀线圈	YV5	Q0.5
翻边气缸伸出按钮	SB6	I0.6	顶出气缸缩回电磁阀线圈	YV6	Q0.6
翻边气缸缩回按钮	SB7	I0.7			
顶出气缸伸出按钮	SB8	I1.0			
顶出气缸缩回按钮	SB9	I1.1			
下压气缸原位限位	SQ1	I1.2			
下压气缸伸出限位	SQ2	I1.3			
翻边气缸原位限位	SQ3	I1.4			
翻边气缸伸出限位	SQ4	I1.5			
顶出气缸原位限位	SQ5	I1.6			
顶出气缸伸出限位	SQ6	I1.7			
光电开关	SQ7	I2.0			

（2）设计电气原理图　电气原理图如图10-3所示。

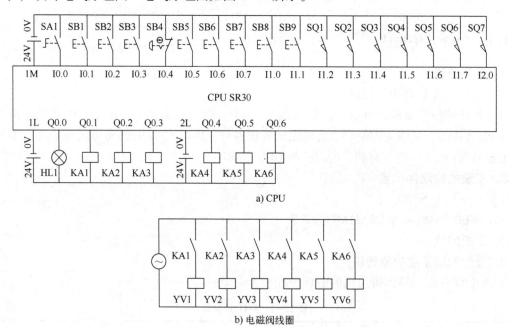

a) CPU

b) 电磁阀线圈

图 10-3　电气原理图

4. 控制系统的接线与测试

完成接线后，要认真检查，在不带电的状态下，用万用表测试，以确保接线正确。要特别注意，线路中不允许有短路。

10.1.2　编写控制程序

主程序如图10-4所示，主程序是调用手动模式、自动模式和急停的程序。

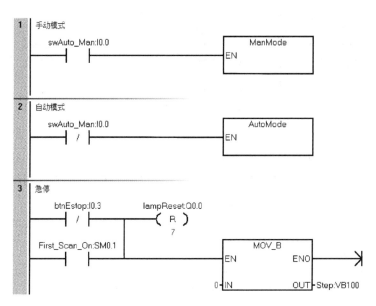

图 10-4　主程序

手动模式的程序如图 10-5 所示，程序解读如下。

程序段 1：当自动模式切换到手动模式时，将所有的输出复位。

程序段 2~7：手动模式运行程序。

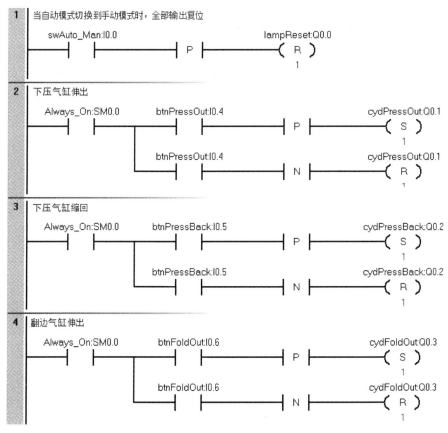

图 10-5　手动模式的程序

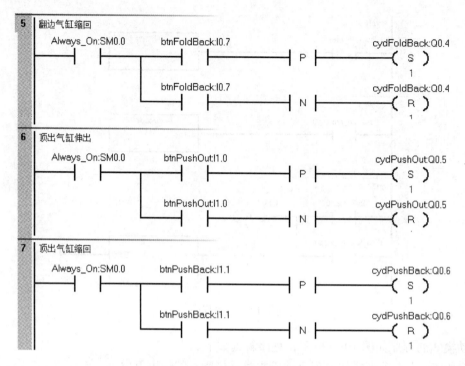

图 10-5　手动模式的程序（续）

自动模式的程序如图 10-6 所示，程序解读如下。

程序段 1：当手动模式切换到自动模式时，将所有的输出复位。

程序段 2~9：自动模式运行程序。VB100 是步号，当 VB100＝0 时，系统处于初始状态，各气缸的电磁阀线圈失电，复位指示灯不亮；当 VB100＝1 时，系统处于初始状态，各气缸处于初始位置，复位指示灯亮。每个步号对应一个动作，这种编程方法非常适合编写逻辑控制程序。

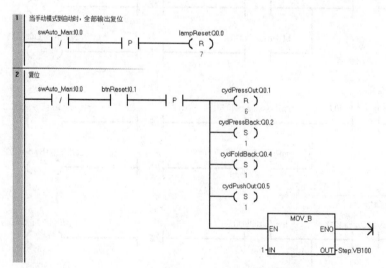

图 10-6　自动模式的程序

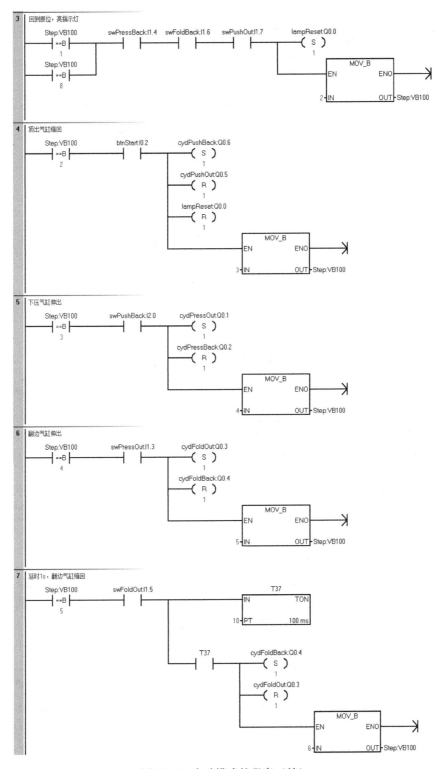

图 10-6　自动模式的程序（续）

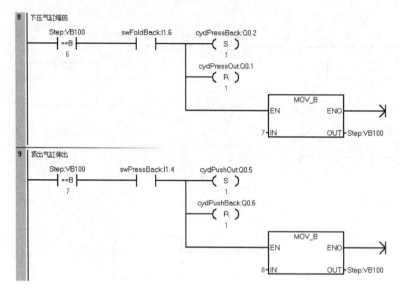

图 10-6　自动模式的程序（续）

10.2　物料搅拌机 PLC 控制系统

有一台物料搅拌机，主机由 7.5 kW 的电动机带动，根据物料不同，要求速度在一定的范围内无极可调，且要求物料太多或者设备卡死时系统能及时保护；机器上配有冷却水，冷却水温度不能超过 50℃，且冷却水管不能堵塞，也不能缺水，堵塞或者缺水都将造成严重后果，冷却水的动力不在本设备上，水温和压力要可以显示。

10.2.1　硬件系统集成

1. 分析问题

根据已知的工艺要求，分析结论如下。

1）主电动机的速度要求可调，所以应选择变频器。

2）当有设备卡死时，要求系统能及时保护。当载荷超过一定数值时（特别是电动机卡死时），电流急剧上升，当电流达到一定数值时，即可判定电动机卡死，而电动机的电流是可以测量的。使用变频器可以测量电动机的瞬时电流，这个瞬时电流值可以用通信的方式获得。

3）很显然这个系统需要一个控制器，PLC、单片机系统都是可选的，但单片机系统的开发周期长，单件开发并不合算，因此选用 PLC 控制，由于本系统并不复杂，所以小型 PLC 即可满足要求。

4）冷却水的堵塞和缺水可以用压力判断。当水压力超过一定数值时，视为冷却水堵塞；当压力低于一定数值时，视为缺水。压力一般由压力传感器测量，温度由温度传感器测量。因此，PLC 系统要配置模拟量模块。

5）系统要求水温和压力可以显示，所以需要触摸屏或者其他显示设备。

2. 硬件系统集成

（1）硬件选型

1）小型 PLC 都可作为备选，由于 S7-200 SMART PLC 通信功能较强，而且性价比较高，所以初步确定选择 S7-200 SMART PLC。PLC 与变频器通信要占用一个通信口，与触摸屏通信也要占用一个通信口，CPU SR20 有一个编程口 PN，用于下载程序和与触摸屏通信，另一个串口则可以作为 USS 通信用。

由于压力变送器和温度变送器的信号都是电流信号，所以要考虑使用专用的 AD 模块，两路信号使用 EM AE04 是适当的选择。

由于 CPU SR20 的 I/O 点数合适，所以选择 CPU SR20。

2）G120C 是一款功能比较强大的变频器，价格适中，可以与 S7-200 SMART PLC 很方便地进行 USS 通信，所以选择 G120C 变频器。

3）触摸屏选择西门子的 Smart 700IE。

（2）系统的软硬件配置

1）1 台 CPU SR20。

2）1 台 EM AE04。

3）1 台 Smart 700IE 触摸屏。

4）1 台 G120C 变频器。

5）1 台压力传感器（含变送器）。

6）1 台温度传感器（含变送器）。

7）STEP 7-Micro/WIN SMART V2.7。

（3）原理图　系统的原理图如图 10-7 所示。

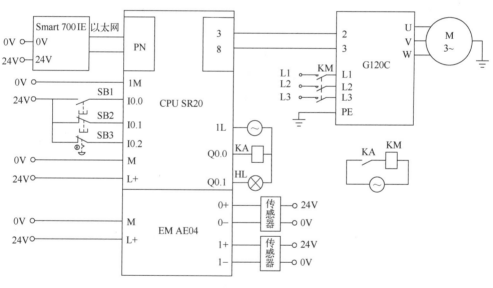

图 10-7　原理图

（4）变频器参数设定　变频器的参数设定见表 10-2。

表 10-2　变频器的参数设定

序号	变频器参数	设定值	单位	功 能 说 明
1	p0003	3	—	权限级别，3 是专家级
2	p0010	1/0	—	驱动调试参数筛选。先设置为 1，当 p0015 和电动机相关参数修改完成后，再设置为 0

（续）

序号	变频器参数	设定值	单位	功 能 说 明
3	p0015	21	—	驱动设备宏指令
4	p0304	380	V	电动机的额定电压
5	p0305	19.7	A	电动机的额定电流
6	p0307	7.5	kW	电动机的额定功率
7	p0310	50.00	Hz	电动机的额定频率
8	p0311	1400	r/min	电动机的额定转速
9	p2020	6	—	USS 通信波特率，6 代表 9600 bit/s
10	p2021	2	—	USS 地址
11	p2022	2	—	USS 通信 PZD 长度
12	p2023	127	—	USS 通信 PKW 长度
13	p2040	0	ms	总线监控时间

10.2.2 编写控制程序

1. I/O 分配

PLC 的 I/O 分配表见表 10-3。

表 10-3　PLC 的 I/O 分配表

序号	地址	功能	序号	地址	功能
1	I0.0	起动	8	AIW16	温度
2	I0.1	停止	9	AIW18	压力
3	I0.2	急停	10	VD0	满频率的百分比
4	M0.0	起/停	11	VD22	电流值
5	M0.3	缓停	12	VD50	转速设定
6	M0.4	起/停	13	VD104	温度显示
7	M0.5	快速停	14	VD204	压力显示

2. 编写程序

温度传感器的最大量程是 100℃，其对应的数字量是 27648，所以 AIW16 采集的数字量除以 27648 再乘 100（即 AIW16÷27648×100）就是温度值；压力传感器的最大量程是 10000 Pa，其对应的数字量是 27648，所以 AIW18 采集的数字量除以 27648 再乘 10000（即 AIW18÷27648×10000）就是压力值；程序中的 VD0 是满频率（本例就是额定频率）的百分比，由于电动机的额定转速是 1400 r/min，假设电动机转速是 700 r/min，那么 VD0 = 50.0，所以 VD0 = VD50÷1400×100 = VD50÷14。

梯形图如图 10-8 所示。

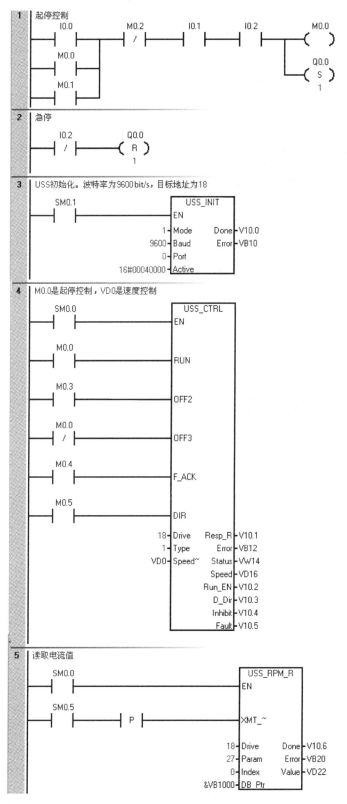

图 10-8　梯形图

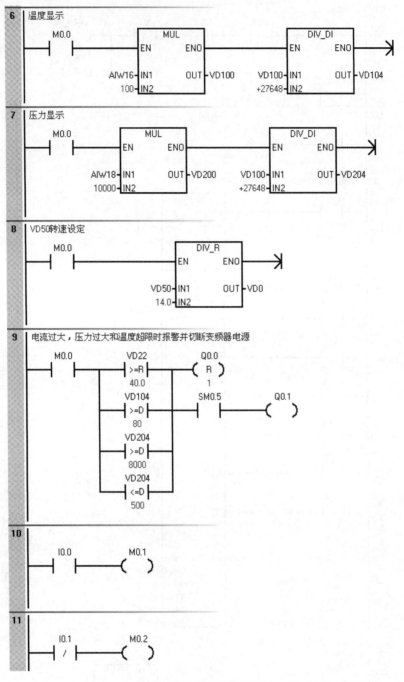

图 10-8 梯形图（续）

10. 2. 3 设计触摸屏项目

本例选用西门子 Smart 700IE 触摸屏，这个型号的触摸屏性价比很高，使用方法与西门子其他系列的触摸屏类似，以下介绍其工程的创建过程。

（1）新建连接 首先创建一个新工程，接着建立一个新连接，如图 10-9 所示。选择 "SIMATIC S7 200 Smart" 通信驱动程序，触摸屏与 PLC 的通信接口为"以太网"，设定 PLC

的 IP 地址为"192.168.0.1"，设定触摸屏的 IP 地址为"192.168.0.2"，这一步很关键。

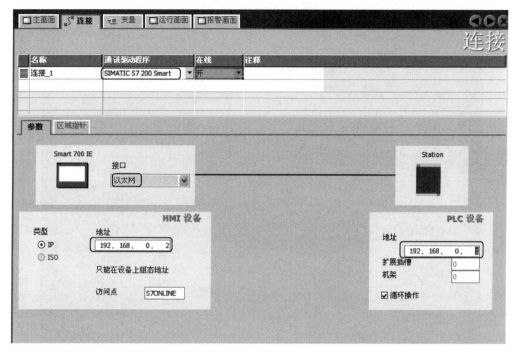

图 10-9　新建连接

（2）新建变量　变量是触摸屏与 PLC 交换数据的媒介。创建如图 10-10 所示的变量。

名称	连接	数据类型	地址 ▲	数组计数	采集周期	注释
VD50	连接_1	Real	VD50	1	100 ms	转速设定
VD 22	连接_1	Real	VD 22	1	100 ms	电流值
VD104	连接_1	Real	VD 104	1	100 ms	温度显示
VD204	连接_1	Real	VD 204	1	100 ms	压力显示
M0	连接_1	Bool	M 0.0	1	100 ms	起停指示和控制
M1	连接_1	Bool	M 0.1	1	100 ms	起动
M2	连接_1	Bool	M 0.2	1	100 ms	停止

图 10-10　新建变量

（3）组态报警　双击"项目树"中的"模拟量报警"，按照图 10-11 所示，组态报警。

文本	编号 ▲	类别	触发变量	限制	触发模式
温度过高	1	警告	VD104	50	上升沿时
压力过低	2	警告	VD204	1000	下降沿时

图 10-11　组态报警

（4）制作画面 本例共有三个画面，如图 10-12～图 10-14 所示。

（5）动画连接 在各个画面中，将组态的变量和画面连接在一起。

（6）保存 下载和运行工程 运行效果如图 10-12～图 10-14 所示。

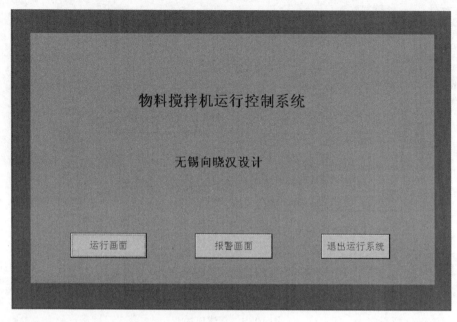

图 10-12 制作画面（1）

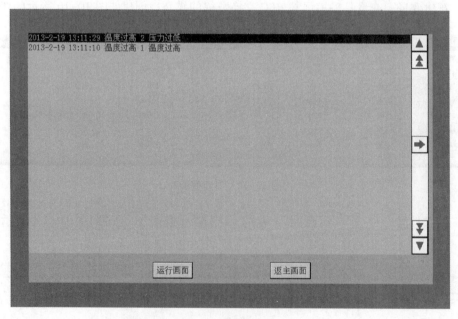

图 10-13 制作画面（2）

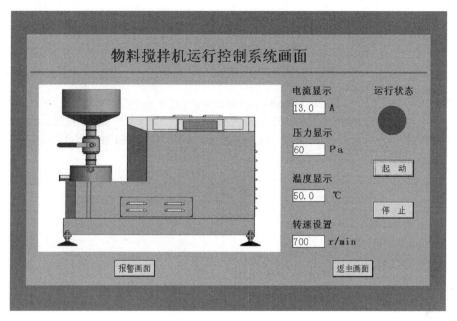

图 10-14　制作画面（3）

习　　题

用 PLC 实现三级输送机的顺序控制。系统描述如下。

现有一套三级输送机，用于实现货物的传输，每一级输送机由一台交流电动机进行控制，电动机为 M1~M3，分别由接触器 KM1~KM6 控制电动机的正反转。

控制任务：

1）当装置上电时，系统进行复位，所有电动机停止运行。

2）当手/自动转换开关 SA1 打到左边时，系统进入自动状态。按下系统起动按钮 SB1 时，电动机 M1 首先正转起动；运行 10 s 后，电动机 M2 正转起动；当电动机 M2 运行 10 s 后，电动机 M3 正转起动，此时系统完成起动过程，进入正常运转状态。

3）当按下系统停止按钮 SB2 时，电动机 M1 首先停止；当 M1 停止 10 s 后，M2 停止；当 M2 停止 10 s 后，电动机 M3 停止。系统在起动过程中按下停止按钮 SB2，电动机按起动顺序反向停止运行。

4）当系统按下急停按钮 SB3 时，三台电动机要求停止工作，直到急停按钮取消，系统恢复到当前状态。

5）当手/自动转换开关 SA1 打到右边时，系统进入手动状态，只能有手动开关控制电动机运行，操作者可以控制三台电动机正反转运行，实现货物的手动传输。

6）用触摸屏监控，要有主画面和运行画面，运行画面显示三台电动机是否起动、正反转、点动或者连动等运行状态。

参 考 文 献

［1］ 西门子（中国）有限公司．S7-200 SMART 可编程控制器系统手册 ［Z］. 2022.

［2］ 向晓汉，唐克彬．西门子 SINAMICS G120/S120 变频器技术与应用 ［M］. 北京：机械工业出版社，2019.

［3］ 向晓汉，李润海．西门子 S7-1200/1500 PLC 学习手册：基于 LAD 和 SCL 编程 ［M］. 北京：化学工业出版社，2019.